商管 全華圖書
叢書 BUSINESS MANAGEMENT

Financial Statement Analysis

財務報表分析 第5版

李元棟、蕭子誼、林有志、王光華、王瀅婷　編著

五版序

PREFACE

　　上市櫃公司透過財務報表傳遞其財務狀況及經營成果等相關資訊，投資人及財務資訊使用者將財務報表視為最重要的資訊來源，自金融危機以來，財務資訊使用者開始要求會計師查核報告提供更多資訊，不宜千篇一律。為回應此一趨勢，金管會宣布我國自2013年起全面採用國際財務報導準則（IFRS）並自2016年度起開始適用新式會計師查核報告，以利與國際準則正式接軌，自此，新式會計師查核報告書的實務邁入新的紀元。

　　財務報表分析是一種有用的專門技術，一位專業分析人員必須對會計原則及報表內容有深入了解，此外，必須熟悉各項分析方法、工具及預測能力，才能從一套完整的四大財務表內擷取與投資或授信等交易攸關之資訊，用於評估組織的風險、績效、財務狀況等，以協助商業決策。作者編寫本書之目的，即在培養讀者具有專業的分析能力。

　　本書自初版至今，一直承蒙各大專院校或讀者的厚愛與支持，惟為回應金管會有關規定增修及相關資料更新等，特再次改版。在第五版中新增第10章風險分析（原為「特殊個案分析」），第11章特殊個案探討（原為第10章）更新內容。其內容仍延續前版章節架構，融入新式會計師查核報告相關準則及法規修正，同時更新排版，讓讀者閱讀使用更有親切感，以提高閱讀效率與學習興趣。

　　新版本書共計11章，在編撰時，著重下列各點：

1. 為引領初學者入門，架構層次分別，內容簡潔扼要，以循序漸進方式介紹有關課題。

2. 務求理論與實務兼顧，以上市公司三星科技股份有限公司之會計師查核報告為實例，貫穿全書，以擴展其應用知識，提升學習興趣，而免流於紙上談兵之弊。

3. 順應各項考試命題趨勢，精選難易適中之作業習題，加強學習者對各章節內容之了解及提升應試能力。

4. 製作教學投影片，以利教師授課之用。同時於各章後編製各章習題詳解，以供參考。

　　著書立說，乃一大難事，本書能順利再版，首先感謝三星科技股份有限公司（股票代號5007），慨允以其最新年度年報，為本書個案之用，倍增分析之完整性。再者，感謝全華圖書公司商管編輯部同仁的大力協助，方可有成並如期出版。

　　著者才疏學淺，書中如有疏漏之處，尚祈不吝指正，以匡不逮。

李元棟、蕭子誼、林有志、王光華、王瀅婷
謹誌
110年11月

目次
CONTENTS

▶ Chapter 05 財務結構分析

▶ Chapter 06 週轉率及經營能力分析

▶ Chapter 07 獲利能力及成長率分析

▶ Chapter 08 財務預測

Chapter 09 企業評價

Chapter 10 風險分析

Chapter 11 特殊個案探討

▶01

財務報表分析基本概念

學習重點

1. 財務報表分析之意義
2. 財務資訊的使用者
3. 資本市場與財務資訊
4. 財務報表的內涵

FINANCIAL STATEMENT ANALYSIS

本章共分三節。第一節介紹財務報表分析的意義及目的。第二節介紹財務報表分析的基本架構,包括資本市場的財務資訊需求、財務資訊的使用者以及財務資訊的來源。第三節介紹基本的財務報表,包括資產負債表、綜合損益表、權益變動表及現金流量表。財務報表所提供之資訊也可視為資本市場運作中的一種商品,對於它的需求面及供給面都要有初步的認識。

壹 財務報表分析之意義

財務報表分析(Financial Statement Analysis)係指財務報表的外部使用者,將財務報表所提供的財務資訊加以分析整理,以獲取投資或授信等決策所需資訊的過程。由此定義,我們可歸納出下列幾點:

(一)財務報表分析的範疇侷限於外部的使用者

會計資訊的使用者可分為內部使用者及外部使用者。前者是指公司的各階層管理人員;後者是指公司外部的投資人、債權人、供應商等人。外部使用者無法接觸到公司內部的詳細營運資訊,故僅能針對公司所公布之財務報表進行分析,這些人也就是我們所定義的財務資訊使用者。

(二)財務報表分析的對象是財務報表

公開發行公司依規定須定期對外公布其財務報表,例如,上市或上櫃公司每季必須公告經會計師核閱或簽證之財務報表。一套完整的財務報表包括會計師查核報告、四張主要財務報表及其附註,稍後在第三節將有詳細說明。

(三)財務報表分析是專門技術

一個專業的分析人員必須對會計原則及財務報表內容有徹底的瞭解;此外,他也必須熟悉分析的方法或工具,才能從財務報表中萃取出有用的資訊來協助決策。

(四)財務報表分析的主要目的在於幫助作成投資或授信決策

對投資人或債權銀行而言，財務報表是他們決策的最重要資訊來源之一，財務報表分析就成為評估投資或授信決策不可或缺的一環。投資決策主要可分為買進（Buy）、持有（Hold）及賣出（Sell）等三種，也許有些投資人在購買股票時並未詳加分析財務報表，只是聽投顧或分析師的建議，在這種情況下也算間接使用財務報表的資訊，因為分析師所作的建議可能是仔細分析投資標的的財務報表之後而得的。財務報表的使用者並不限於投資者或債權人，因此，其他使用者也可能基於其他目的作財務分析，例如，國稅局為了課稅目的而分析企業的財務報表、大學教授為了教學或研究等目的而分析公司的財務報表等。

上市櫃公司透過財報表傳遞其財務狀況及經營成果等財務資訊，投資人、債權人及其他利害關係人則透過財務報表之分析來瞭解某特定之公司。例如，從台積電的財務報表可了解台積電在某年度的財務狀況及經營成果。

貳 財務報表分析之基本架構

財務報表也可視為一種資訊商品，從這個角度來看，提供這種商品運作的市場就是資本市場（Capital Market），在這個市場中，有下列幾個主要的參與者：

1. **財務資訊的提供者**：上市、上櫃及興櫃公司。這些公司是股票或公司債的發行人。
2. **財務資訊的使用者**：股東、投資人、分析師、債權人、供應商、顧客、員工、競爭對手、主管機關及專家學者等，這些不同的使用者，需要財物資訊來幫助決策。
3. **市場管理者**：金融監督管理委員會及台灣證券交易所，它們是資本市場的監督及管理單位。

4. 獨立的財務檢查者：會計師。

　　財務資訊在資本市場的運作如圖1-1所示。

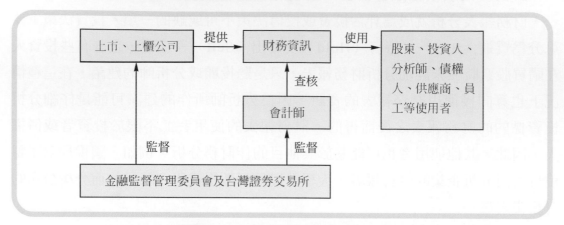

一、財務資訊的提供者

　　公司依財務公開程度可分為公開發行公司及未公開發行公司，過去公司法規定資本額達一定金額以上，必須公開發行，目前已取消這個規定。公開發行意即財務之對外公開，在公開發行公司中，截至2020年12月底止，計有948家上市公司及782家上櫃公司，這些公司上市或上櫃的目的之一，就是為了透過資本市場募集資金。為了使投資人在進行投資決策時，有充分的財務資訊可供參考，上市或上櫃公司在證期局及相關法令的要求下，必須每月公告營業額；每一、二、三季公告經會計師核閱之季報表；每年公告經會計師查核簽證之年度財務報表。除此之外，在初次上市上櫃、現金增資、盈餘及資本公積轉增資、發行可轉換公司債等年度必須編製公開說明書；召開股東會時還要編製年報供股東參考。資訊的充分揭露有助於投資人區分好公司或壞公司，降低逆選擇的機會，增進市場運作的公平性及效率性，因此，大部分公司也都樂意配合相關規定，提供能充分反映公司真實狀況的財務資訊。

二、財務資訊的使用者

　　股東想知道明年可以拿到多少股利、投資人想知道聯電今年的本益比是多少、分析師想知道哪一家上市公司第一季的盈餘成長率最高、債權銀行想評估貸款的風險有多高、員工想知道年終紅利會不會創新高等，這些問題都可由財

務報表中得到答案，也因此造就了對財務資訊的需求。我們把使用者作個簡單的分類，並分述如下：

(一) 股東及投資人

這一類人最關切的是公司股價有沒有被高估或低估？如果他們認為某一家公司的股價被高估，例如，台積電的真實價值假設是每股$600，目前台積電的市價是每股$800，則台積電的股價明顯被高估了，這時，台積電的股東可能會賣出手中的持股，而手上沒有股票的投資人也可以利用融券「放空」台積電；反之，如果台積電的真實價值是每股$600，而目前台積電的市價是每股$400，則台積電的股價明顯被低估了，這時台積電的股東可加碼買進，而潛在的投資者也可能以現金或融資的方式買進台積電的股票。

當然，要從財務報表中分析出哪一家的股票被高估或低估並不是一件簡單的事情。不過，野心勃勃的投資人總是懷著希望在股市中搜尋被高、低估的標的。其實，換個角度來看，也是因為有這些人的努力，股價才會回歸基本面，反映公司的真實價值，而不會長久被高估或低估。

(二) 分析師或投資顧問公司

有些股東或投資人雖然很想用心研讀財務報表，但礙於專業知識不足，經常面臨「臨表涕泣，不知所云」的窘境，因此，不得不求助於專業的證券分析師或投資顧問公司。分析師或投資顧問公司也就在市場中扮演「股市軍師」的角色，他們利用本身的專長，研究投資標的的財務資訊之後，再建議一般散戶投資人買進或賣出。所以，我們很可能會認為，很多菜籃族的投資人買賣股票只憑投顧、分析師的建議進出，完全忽略公司的財務報表。其實這種看法並不正確，嚴格來說，這些菜籃族透過分析師或投顧也間接使用了財務報表。當然，有些不具分析師執照，只是憑三寸不爛之舌，到處招搖撞騙的冒牌分析師也就另當別論。

(三) 債權人（銀行）

公司的主要債權人除了供應商之外就是銀行了，銀行在進行授信決策時，都會衡量貸款的風險性，財務資訊就是銀行評估借款人還款能力的重要資訊來源。因此，國內相關法令規定，當一家公司向銀行借款的總額度超過新台

幣參仟萬元時，就必須提出經會計師簽證的財務報表，這也就是俗稱的「融資簽證」。債權人所扮演的是資金提供者的角色，為了控制資金的風險，對於債務人的財務狀況都應詳細評估，才能作成授信之決策。就債權人而言，最關切的就是借款人的還本付息能力，如果借款人無法履行債務，債權人就會遭到呆帳損失。

(四) 供應商及顧客

供應商也是公司的債權人，對供應商而言，最關切的就是貨款能否如期回收？為了避免造成大量的呆帳損失，供應商通常在供貨前會針對買方的財務狀況及過去往來情形，設立一信用額度以控管風險。

供應商有財務資訊的需求比較容易理解，為什麼公司的顧客也是財務資訊的使用者就比較難以理解。其實，顧客想知道的是公司的定價或收費是否太高？有無足夠的產能可以維持穩定的供貨關係。例如，聯電的客戶就很想透過財務報表，瞭解聯電所收取的晶圓代工費是否偏高？晶圓代工產能是否足以支應未來的需求？

(五) 員工

我國公司法規定，公司章程應明訂員工分紅的成數，因此，員工可由財務報表推算可分得之紅利數。此外，員工或工會也可以財務報表作為向資方要求加薪的談判籌碼。

(六) 其他財務資訊使用者

有許多人對財務報表感興趣，例如，國稅局為了課稅目的而分析企業的財務報表；證期局及台灣證券交易所為了監管目的要求企業提供財務報表；學者為了教學的需要而分析財務報表；競爭對手為了知己知彼而分析同業的財務報表等。

三、市場管理者

資本市場大致可分為發行市場及流通市場，除了發行公司以外，還有證券商、投資信託公司、投資顧問公司、證券櫃檯買賣中心及台灣證券交易所等單位也都扮演重要的角色，而負責管理資本市場的主管機關就是隸屬金融監督管理委員會的「證券期貨局」。證期局除了監督資本市場的運作外，也參與會計準則的制定及會計師的管理。

證期局的權力很大，但位階不高，使得它的運作有些困難。依相關法令的規定，發行公司的增資案、共同資金的募集、會計師的懲戒、投顧及投信的設立等，都需得到證期局的核可。

四、會計師

對於公司所提出之財務報表，投資人或股東並不完全信任，這種信心危機會造成市場的崩潰。有鑑於此，從十九世紀末起，會計師這種行業就出現了。會計師是財務專家，他以公正第三者的立場查核財務報表，然後提出專家的意見。

經會計師查核過的財務報表，其可信度自然大為提高，這對促進財務資訊的充分揭露及自由流通大有助益。但是，會計師的專業能力及超然立場也經常遭受質疑與挑戰，在美國，常有控告會計師的案子發生，一個案子的賠償金額動輒數千萬，甚至上億美元的天文數字。

會計師是一種專門職業，這個行業能否得到社會大眾的信賴，關鍵在於會計師能否恪遵職業道德，發揮公正第三者的角色而定。

我國上市（櫃）公司之財務報告須兩位會計師之簽名，其中一名為主查會計師，另一名為協同會計師，美國等國家則以會計師事務所的名義出具查核報告。

參　分析的材料

　　財務報表面對不同的財務資訊需求者及各種不同的決策模式，實在無法針對使用者的特定需求提供特定的資訊，只能退而求其次，提供一般目的使用的財務報表，使用者必須從財務報表中擷取本身所需的資訊。財務報表就如同烹飪所用的食材，廚師要對所烹飪的食材有充分的瞭解，才能選用適當的食材，煮出各種美食。同樣的，分析人員也要對所分析的財務報表有充分的認識，才能從報表中獲得決策所需的資訊。完整的財務報表包含會計師查核報告、基本財務報表及財務報表附註等部分。（參閱P1-18至P1-27本書所採用釋例之三星科技股份有限公司之財務報表）

　　目前我國上市櫃公司財務報表之編製係依照「證券發行人財務報告編製準則及經金融監督管理委員會認可並發布生效之國際財務報導準則（IFRS）」編製，因此在閱讀上市櫃公司之財務報表時應注意下列幾點：

1. 財務報表以合併財務報表為主，個體財務報表為輔。第一、二、三季季報只公告合併財務報表，只有年報才同時公告合併財務報表及個體財務報表。

2. IFRS準則偏向「原則基礎」而非細則基礎，很多會計處理依賴專業之判斷。

3. IFRS傾向按「公允價值」衡量，財務報表中的項目如金融資產、金融負債、投資性不動產及生物資產等皆以公允價值衡量為原則。

一、會計師查核報告

　　會計師就像企業的醫生，查核報告就像診斷書。當我們想瞭解企業的財務狀況時，就應該先看看會計師的查核報告。

　　上市櫃公司每季編製季報表，會計師針對前三季之季報只做核閱，出具核閱報告，只有在第四季針對年度財務報告查核後，才會出具會計師查核報告。

會計師查核報告之基本內容通常依序如下：

1. 報告名稱。

2. 報告收受者。

3. 查核意見。

4. 查核意見之基礎。

5. 關鍵查核事項。

6. 管理階層與治理單位對財務報表之責任。

7. 會計師查核財務報表之責任。

8. 其他事項。

9. 會計師事務所名稱及地址。

10. 會計師之簽名及蓋章。

11. 查核報告日。

會計師的查核報告是會計師的專家意見，一般而言，會計師查核報告依其所提意見不同而有四種類型：無保留意見（Unqualified Opinion）、保留意見（Qualified Opinion）、無法表示意見（Disclaimer of Opinion）及否定意見（Adverse Opinion）。

在採用國際會計準則之後，上市櫃公司財務報告以母子公司之合併財務報告為主，會計師查核報告也以合併財務報告之查核報告為準。

如果會計師已依照一般公認審計準則執行查核工作，未受任何限制，而且財務報表在所有重大方面已依照適用之財務報導架構編製並適當揭露，會計師應出具無保留意見之查核報告，對上市（櫃）公司依照允當表達架構編製之合併財務報告所出具無保留意見查核報告例示如下：

會計師查核報告

甲公司（或其他適當之報告收受者）公鑒：

查核意見

　　甲公司及其子公司民國109年12月31日及民國108年12月31日之合併資產負債表，暨民國109年1月1日至12月31日及民國108年1月1日至12月31日之合併綜合損益表、合併權益變動表、合併現金流量表，以及合併財務報表附註（包括重大會計政策彙總），業經本會計師查核竣事。

　　依本會計師之意見，上開合併財務報表在所有重大方面係依照證券發行人財務報告編製準則暨經金融監督管理委員會認可並發布生效之國際財務報導準則、國際會計準則、解釋及解釋公告編製，足以允當表達甲公司及其子公司民國109年12月31日及民國108年12月31日之合併財務狀況，暨民國109年1月1日至12月31日及民國108年1月1日至12月31日之合併財務績效及合併現金流量。

查核意見之基礎

　　本會計師係依照會計師查核簽證財務報表規則及一般公認審計準則執行查核工作。本會計師於該等準則下之責任將於會計師查核合併財務報表之責任段進一步說明。本會計師所隸屬事務所受獨立性規範之人員已依會計師職業道規，與甲集團保持超然獨立，並履行該規範之其他責任。本會計師相信已取得足夠及適切之查核證據，以作為表示查核意見之基礎。

關鍵查核事項

　　關鍵查核事項係指依本會計師之專業判斷，對甲公司及其子公司民國109年度合併財務報表之查核最為重要之事項。該等事項已於查核合併財務報表整體及形成查核意見之過程中予以因應，本會計師並不對該等事項單獨表示意見。

　　[依審計準則公報第五十八號之規定，逐一敘明關鍵查核事項]

（接下頁）

(承上頁)

管理階層與治理單位對合併財務報表之責任

管理階層之責任係依照證券發行人財務報告編製準則暨經金融監督管理委員會認可並發布生效之國際財務報導準則、國際會計準則、解釋及解釋公告編製允當表達之合併財務報表,且維持與合併財務報表編製有關之必要內部控制,以確保合併財務報表未存有導因於舞弊或錯誤之重大不實表達。

於編製合併財務報表時,管理階層之責任亦包括評估甲集團繼續經營之能力、相關事項之揭露,以及繼續經營會計基礎之採用,除非管理階層意圖清算甲公司及其子公司或停止營業,或除清算或停業外別無實際可行之其他方案。

甲公司及其子公司之治理單位(含審計委員會或監察人)負有監督財務報導流程之責任。

會計師查核合併財務報表之責任

本會計師查核合併財務報表之目的,係對合併財務報表整體是否存有導因於舞弊或錯誤之重大不實表達取得合理確信,並出具查核報告。合理確信係高度確信,惟依照一般公認審計準則執行之查核工作無法保證必能偵出合併財務報表存有之重大不實表達。不實表達可能導因於舞弊或錯誤。如不實表達之個別金額或彙總數可合理預期將影響合併財務報表使用者所作之經濟決策,則被認為具有重大性。

本會計師依照一般公認審計準則查核時,運用專業判斷並保持專業上之懷疑。本會計師亦執行下列工作:

1. 辨認並評估合併財務報表導因於舞弊或錯誤之重大不實表達風險;對所評估之風險設計及執行適當之因應對策;並取得足夠及適切之查核證據以作為查核意見之基礎。因舞弊可能涉及共謀、偽造、故意遺漏、不實聲明或逾越內部控制,故未偵出導因於舞弊之重大不實表達之風險高於導因於錯誤者。

2. 對與查核攸關之內部控制取得必要之瞭解,以設計當時情況下適當之查核程序,惟其目的非對甲集團內部控制之有效性表示意見。

3. 評估管理階層所採用會計政策之適當性,及其所作會計估計與相關揭露之合理性。

(接下頁)

4. 依據所取得之查核證據，對管理階層採用繼續經營會計基礎之適當性，以及使甲公司及其子公司繼續經營之能力可能產生重大疑慮之事件或情況是否存在重大不確定性，作出結論。本會計師若認為該等事件或情況存在重大不確定性，則須於查核報告中提醒合併財務報表使用者注意合併財務報表之相關揭露，或於該等揭露係屬不適當時修正查核意見。本會計師之結論係以截至查核報告日所取得之查核證據為基礎。惟未來事件或情況可能導致甲集團不再具有經營績效之能力。

5. 評估合併財務報表（包括相關附註）之整體表達、結構及內容，以及合併財務報表是否允當表達相關交易及事件。

6. 對於集團內組成個體之財務資訊取得足夠及適切之查核證據，以對合併財務報表表示意見。本會計師負責集團查核案件之指導、監督及執行，並負責形成集團查核意見。

　　本會計師與治理單位溝通之事項，包括所規劃之查核範圍及時間，以及重大查核發現（包括於查核過程中所辨認之內部控制顯著缺失）。

　　本會計師亦向治理單位提供本會計師所隸屬事務所受獨立性規範之人員已遵循會計師職業道德規範中有關獨立性之聲明，並與治理單位溝通所有可能被認為會影響會計師獨立性之關係及其他事項（包括相關防護措施）。

　　本會計師從與治理單位溝通之事項中，決定對甲公司及其子公司民國109年度合併財務報表查核之關鍵查核事項。本會計師於查核報告中敘明該等事項，除非法令不允許公開揭露特定事項，或在極罕見情況下，本會計師決定不於查核報告中溝通特定事項，因可合理預期此溝通所產生之負面影響大於所增進之公眾利益。

　　其他甲公司及其子公司已編製民國109年及108年度之個體財務報告，並經本會計師出具無保留意見之查核報告在案，備供參考。

　　　　　　　　　　　　　　　××會計師事務所

　　　　　　　　　　　　　　　會計師：（簽名及蓋章）

　　　　　　　　　　　　　　　會計師：（簽名及蓋章）

　　　　　　　　　　　　　　　××會計師事務所地址：

　　　　　　　　　　　　　　　中華民國110年×月×日

有下列情況之一時，會計師應出具修正式意見（包括保留意見、否定意見及無法表示意見）之查核報告：

1. 以所取得之查核證據為基礎，作成財務報表整體存有重大不實表達之結論。

2. 無法取得足夠及適切之查核證據，以作成財務報表整體未存有重大不實表達之結論。

會計師查核報告雖然有上述四類意見，但對投資人而言，只有無保留意見才是可接受之意見，依台灣證券交易所營業細則之規定，會計師若出具無法表示意見或否定意見之查核報告，將被處以停止股票買賣之處分。

二、資產負債表

資產負債表（Statement of Financial Position）是用來表達企業在某一定點時（會計年度終了日）所擁有之經濟資源（即資產）及對資產的請求權或資產的來源（負債及權益）。企業所擁有的資產又可分為流動資產、基金及長期投資、不動產、廠房及設備、無形資產及其他資產等類。負債可分為流動負債、長期負債及其他負債等三類，而權益可分為股本、資本公積及保留盈餘及其他權益等四類。資產負債表的分類不但會影響比率的計算，也會影響損益的取決，例如，股票投資列為交易目的投資或備供出售投資就關係重大，因為在期末必須對所投資的股票以「公允價值」衡量，如果市價低於成本，就會產生「評價損益」。交易目的投資的評價損益是要計入當期損益的，而備供出售投資的未實現跌價損失則放在綜合損益表中之其他綜合損益，再結轉至股東權益項下之其他權益。

在合併資產負債表中，權益則分為歸屬於母公司業主之權益及非控制權益兩類，歸屬於母公司業主之權益再細分為股本、資本公積、保留盈餘及其他權益等項目。

資產負債表是由會計基本等式演變而來，所以資產一定等於負債加股東權益，所以，資產負債表的格式有報告式及帳戶式兩種，報告式採上、下排列，帳戶式採左右對稱，資產在左，負債及股東權益在右。

資產負債表中至少應列報下列項目：

1. 現金及約當現金。

2. 應收帳款及其他應收款。

3. 金融資產。

4. 存貨。

5. 不動產、廠房及設備。

6. 投資性不動產。

7. 無形資產。

8. 生物資產。

9. 採用權益法之投資。

10. 應付帳款及其他應付款。

11. 負債準備。

12. 金融負債。

13. 本期所得稅負債及資產。

14. 遞延所得稅負債及遞延所得稅資產。

15. 資本（股本）。

16. 資本公積。

17. 保留盈餘（或累積虧損）。

18. 其他權益。

19. 庫藏股票。

三、綜合損益表

綜合損益表（Statement of Comprehensive Income）是用來表達企業在某一會計期間的經營成果，列示如表1-1：

綜合損益係指本期淨利加上其他綜合損益（Other Comprehensive Income）所構成。傳統之損益表只編至本期淨利為止，國際會計準則要求編製含其他綜合損益在內的綜合損益表。其他綜合損益包括未實現重估增值、確定福利計畫精算損益、某些金融資產之未實現損益及外幣算調整數等。

表 1-1　多站式損益表

××公司 綜合損益表 ×年1月1日全×年12月31日	
營業收入淨額	$×××
減：營業成本	×××
營業毛利	$×××
減：營業費用	×××
營業利益	$×××
加：營業外收入	×××
減：營業外支出	×××
繼續營業單位稅前淨利	$×××
減：所得稅	×××
繼續營業單位損益	$×××
停業單位損益（稅後淨額）	×××
本期淨利	$×××
其他綜合損益	×××
本期綜合損益	×××
每股盈餘	
繼續營業單位	$××
停業單位	××
	$××

表中停業單位損益及其他綜合損益都是不常見的項目，即使發生也很少影響到以後年度，所以分析時的重視程度不高，分析人員比較重視的是持續性高的營業利益。

因會計原則變動所產生的會計原則變動累積影響數造成不同年度間財務報表的比較十分困擾，有鑑於此，國際會計準則委員會規定，會計原則改變一律追溯調整、重編報表，因此，綜合損益表不再出現會計原則變動累積影響數。

綜合損益表至少應列報下列項目：

1. 收入。

2. 費用。

3. 財務成本。

4. 採用權益法所認列之投資損益。

5. 所得稅費用。

6. 停業單位損益，包括：

   (1) 停業單位之稅後損益。

   (2) 構成停業單位之資產或處分群組，於處分或按公允價值減出售成本衡量時，所認列之稅後利益或損失。

7. 本期損益。

8. 本期其他綜合損益之各組成項目。

9. 本期綜合損益總額。

四、權益變動表

權益變動表（Statement of Change in Equity）是用來表達企業在某一會計期間，股東權益的項目——股本、資本公積及保留盈餘及其他權益，如何由期初增減變化至期末。

如果權益項目的變化並不複雜，也可以只編製保留盈餘表代替，國內公司大部分都採用編製權益變動表的方式表達。

五、現金流量表

現金流量表（Statement of Cash Flows）是用來表達企業在某一會計期間現金流入及流出的情形。

現金流量表通常以「現金及約當現金」為編製基礎，內容包含營業活動現金流量、投資活動之現金流量及籌資活動之現金流量等三大部分。

現金流量表在營業活動之現金流量部分，有直接法及間接法等二種表達方式。國內實務上大多採取間接法，亦即由本期稅前淨利為起點，加減某些調節項目之後，得到營業活動之現金流量。採取間接法編製時，在現金流量表中須單獨揭露本期支付利息及本期支付所得稅等項目。

現金流量尤其是營業活動之現金流量對財務報表分析的重要性與日俱增，因此，越來越多的財務比率使用營業活動之現金流量來計算。有關現金流量表之詳細介紹列於本書第4章。

六、財務報表附註

財務報表附註（Footnote）是財務報表的一部分，但常被閱讀財務報表者所忽略。其實，很多重大的資訊都隱藏在附註中，像重要會計政策之彙總說明、重要會計科目之說明、關係人交易事項、質押之資產、重大承諾事項及或有事項、重大期後事項、大陸投資資訊之揭露等。閱讀財務報表不看附註，就像把沉在甕底的好酒棄如敝屣一樣可惜。

七、釋例

為使讀者深入瞭解我國上市櫃公司之財務報表，並便於往後各章節之分析，將以三星科技股份有限公司（本書簡稱三星科技公司）（股票代號：5007）之財務報表為例，請參閱「個案介紹」。三星科技公司原名三星五金工廠股份有限公司，於民國1998年元月上櫃，其後遭逢財務危機，在前總經理吳順勝的卓越領導下，浴火重生，是難得一見的絕佳財務分析個案。

除了三星科技公司之外，本書也會提到相關的上市櫃公司，為方便讀者查詢相關公司資料，本書節錄重要上市櫃公司代號，請參閱「補充資料」。

個案介紹

一、個案公司三星科技（5007）109年度之會計師查核報告書、財務報表及財務比率列示如下，其餘詳細之財務報表附註及說明請讀者自行至公開資訊觀測站下載參閱。

會計師查核報告

三星科技股份有限公司　公鑒：

查核意見

　　三星科技股份有限公司及其子公司民國109年12月31日及民國108年12月31日之合併資產負債表，暨民國109年01月01日至12月31日及民國108年01月01日至12月31日之合併綜合損益表、合併權益變動表、合併現金流量表，以及合併財務報表附註（包括重大會計政策彙總），業經本會計師查核竣事。

　　依本會計師之意見，上開合併財務報表在所有重大方面係依照證券發行人財務報告編製準則暨經金融監督管理委員會認可並發布生效之國際財務報導準則、國際會計準則、國際財務報導解釋及解釋公告編製，足以允當表達三星科技股份有限公司及其子公司民國109年12月31日及民國108年12月31日之合併財務狀況，暨民國109年01月01日至12月31日及民國108年01月01日至12月31日之合併財務績效及合併現金流量。

查核意見之基礎

　　本會計師係依照會計師查核簽證財務報表規則及一般公認審計準則執行查核工作。本會計師於該等準則下之責任將於會計師查核合併財務報表之責任段進一步說明。本會計師所隸屬事務所受獨立性規範之人員已依會計師職業道德規範，與三星科技股份有限公司及其子公司保持超然獨立，並履行該規範之其他責任。本會計師相信已取得足夠及適切之查核證據，以作為表示查核意見之基礎。

關鍵查核事項

　　關鍵查核事項係指依本會計師之專業判斷，對三星科技股份有限公司及其子公司民國109年度合併財務報表之查核最為重要之事項。該等事項已於查核

合併財務報表整體及形成查核意見之過程中予以因應，本會計師並不對該等事項單獨表示意見。

應收帳款之備抵損失

截至民國109年12月31日止，應收帳款淨額為1,197,638仟元，占合併資產總額16%，對三星科技股份有限公司及其子公司之合併財務報表係屬重大。由於應收帳款之備抵損失金額係以存續期間之預期信用損失衡量，基於衡量預期信用損失涉及判斷、分析及估計，且衡量結果影響應收帳款淨額，本會計師因此決定為關鍵查核事項。

本會計師之查核程序包括（但不限於）評估應收款項預期信用損失率之適當性，包括瞭解並測試管理階層針對應收款項管理所建立之內部控制的有效性，抽選樣本執行應收款項函證，並複核應收款項之期後收款情形，以評估其可回收性，測試帳齡之正確性，分析帳齡變動情況，並評估其合理性，測試以滾動率計算之損失率及相關統計資訊，考量納入損失率評估之前瞻資訊合理性及評估預期信用損失率之適當性。本會計師亦考量三星科技股份有限公司及其子公司合併財務報表（五）及附註（六）中有關應收帳款減損損失相關揭露的適當性。

存貨評價

截至民國109年12月31日止，三星科技股份有限公司及其子公司之存貨淨額為1,319,878仟元，占合併資產總額17%，對合併財務報表係屬重大，其主要製成品及在製品係高度客製化之產品，以致呆滯或過時之存貨備抵評價涉及管理階層之重大判斷，本會計師因此決定存貨評價為關鍵查核事項。

本會計師之查核程序包括（但不限於）瞭解並測試管理階層對於存貨評價之內部控制，如存貨庫齡之管理制度；評估管理階層對呆滯及過時存貨之會計政策的適當性；評估管理階層之盤點計畫，選擇重大庫存地點並實地觀察存貨盤點，檢視存貨是否有陳舊或呆滯之情況；抽核驗證存貨庫齡表之庫齡區間是否正確表達與區間變動情形是否合理，及評估跌價及呆滯損失之提列比率，以確認管理階層對於存貨跌價及呆滯損失之評估是否合理。本會計師亦考量三星科技股份有限公司及其子公司合併財務報表（五）及附註（六）中有關存貨揭露的適當性。

管理階層與治理單位對合併財務報表之責任

　　管理階層之責任係依照證券發行人財務報告編製準則暨經金融監督管理委員會認可並發布生效之國際財務報導準則、國際會計準則、國際財務報導解釋及解釋公告編製允當表達之合併財務報表，且維持與合併財務報表編製有關之必要內部控制，以確保合併財務報表未存有導因於舞弊或錯誤之重大不實表達。

　　於編製合併財務報表時，管理階層之責任亦包括評估三星科技股份有限公司及其子公司繼續經營之能力、相關事項之揭露，以及繼續經營會計基礎之採用，除非管理階層意圖清算三星科技股份有限公司及其子公司或停止營業，或除清算或停業外別無實際可行之其他方案。

　　三星科技股份有限公司及其子公司之治理單位（含審計委員會）負有監督財務報導流程之責任。

會計師查核合併財務報表之責任

　　本會計師查核合併財務報表之目的，係對合併財務報表整體是否存有導因於舞弊或錯誤之重大不實表達取得合理確信，並出具查核報告。合理確信係高度確信，惟依照一般公認審計準則執行之查核工作無法保證必能偵出合併財務報表存有之重大不實表達。不實表達可能導因於舞弊或錯誤。如不實表達之個別金額或彙總數可合理預期將影響合併財務報表使用者所作之經濟決策，則被認為具有重大性。

　　本會計師依照一般公認審計準則查核時，運用專業判斷並保持專業上之懷疑。本會計師亦執行下列工作：

1. 辨認並評估合併財務報表導因於舞弊或錯誤之重大不實表達風險；對所評估之風險設計及執行適當之因應對策；並取得足夠及適切之查核證據以作為查核意見之基礎。因舞弊可能涉及共謀、偽造、故意遺漏、不實聲明及逾越內部控制，故未偵出導因於舞弊之重大不實表達之風險高於導因於錯誤者。

2. 對與查核攸關之內部控制取得必要之瞭解，以設計當時情況下適當之查核程序，惟其目的非對三星科技股份有限公司及其子公司內部控制之有效性表示意見。

3. 評估管理階層所採用會計政策之適當性，及其所作會計估計與相關揭露之合理性。

4. 依據所取得之查核證據，對管理階層採用繼續經營會計基礎之適當性，以及

使三星科技股份有限公司及其子公司繼續經營之能力可能產生重大疑慮之事件或情況是否存在重大不確定性，作出結論。本會計師若認為該等事件或情況存在重大不確定性，則須於查核報告中提醒合併財務報表使用者注意合併財務報表之相關揭露，或於該等揭露係屬不適當時修正查核意見。本會計師之結論係以截至查核報告日所取得之查核證據為基礎。惟未來事件或情況可能導致三星科技股份有限公司及其子公司不再具有繼續經營之能力。

5. 評估合併財務報表（包括相關附註）之整體表達、結構及內容，以及合併財務報表是否允當表達相關交易及事件。

6. 對於集團內組成個體之財務資訊取得足夠及適切之查核證據，以對合併財務報表表示意見。本會計師負責集團查核案件之指導、監督及執行，並負責形成集團財務報告之查核意見。

　　本會計師與治理單位溝通之事項，包括所規劃之查核範圍及時間，以及重大查核發現（包括於查核過程中所辨認之內部控制顯著缺失）。

　　本會計師亦向治理單位提供本會計師所隸屬事務所受獨立性規範之人員已遵循會計師職業道德規範中有關獨立性之聲明，並與治理單位溝通所有可能被認為會影響會計師獨立性之關係及其他事項（包括相關防護措施）。

　　本會計師從與治理單位溝通之事項中，決定對三星科技股份有限公司及其子公司民國109年度合併財務報表查核之關鍵查核事項。本會計師於查核報告中敘明該等事項，除非法令不允許公開揭露特定事項，或在極罕見情況下，本會計師決定不於查核報告中溝通特定事項，因可合理預期此溝通所產生之負面影響大於所增進之公眾利益。

其他

　　三星科技股份有限公司已編製民國109年及108年度之合併財務報告，並經本會計師出具無保留意見查核報告在案，備供參考。

安永聯合會計師事務所
主管機關核准辦理公開發行公司財務報告
查核簽證文號：金管證六字第0970038990號
金管證六字第0950104133號
會計師：陳政初
　　　　黃世杰
中華民國110年03月18日

二、109年及108年財務報表

三星科技股份有限公司
合併資產負債表
民國109年12月31日及民國108年12月31日

單位：新台幣仟元

資產 會計項目	109年12月31日 金額	%	108年12月31日 金額	%
流動資產				
現金及約當現金	$1,637,006	22	$1,411,723	18
透過損益按公允價值衡量之金融資產－流動	5,261	－	3,322	－
按攤銷後成本衡量之金融資產－流動	167,939	2	80,911	1
應收票據淨額	9,577	－	12,275	－
應收票據－關係人淨額	－	－	9,242	－
應收帳款淨額	1,186,402	16	1,149,167	15
應收帳款－關係人淨額	11,236	－	13,846	－
其他應收款	20,437	－	23,691	－
存貨	1,319,878	17	1,613,002	21
預付款項	37,587	－	27,778	－
流動資產合計	4,395,323	57	4,344,957	55
非流動資產				
按攤銷後成本衡量之金融資產－非流動	6,496	－	7,344	－
不動產、廠房及設備	3,085,691	40	3,265,887	42
無形資產	135,383	2	144,534	2
遞延所得稅資產	71,002	1	70,351	1
其他非流動資產	27,009	－	15,233	－
非流動資產合計	3,325,581	43	3,503,349	45
資產總計	$7,720,904	100	$7,848,306	100

負債及權益 會計項目	109年12月31日 金額	%	108年12月31日 金額	%
流動負債				
短期借款	$ 23	–	$171,261	2
透過損益按公允價值衡量之金融負債－流動	9,801	–	412	–
合約負債－流動	32,414	–	23,583	–
應付票據	156,782	2	171,021	2
應付帳款	152,612	2	134,336	2
應付帳款－關係人	1,319	–	500	–
其他應付款	359,634	5	362,232	5
其他應付款－關係人	–	–	1,051	–
本期所得稅負債	123,830	2	51,313	1
其他流動負債	1,473	–	2,564	–
流動負債合計	837,888	11	918,273	12
非流動負債				
遞延所得稅負債	230,183	3	229,721	3
其他非流動負債	45,222	–	47,871	–
淨確定福利負債－非流動	129,970	2	157,468	2
非流動負債合計	405,375	5	435,060	5
負債總計	1,243,263	16	1,353,333	17
歸屬於母公司業主之權益				
股本				
普通股股本	2,949,401	38	2,949,401	38
資本公積	479,341	6	479,270	6
保留盈餘				
法定盈餘公積	1,211,261	16	1,130,975	14
特別盈餘公積	259,309	3	259,309	3
未分配盈餘	1,424,621	18	1,496,871	19
保留盈餘合計	2,895,191	37	2,887,155	36
其他權益	(41,967)	–	(35,237)	–
隸屬於母公司業主之權益總計	6,281,966	81	6,280,589	80
非控制權益	195,675	3	214,384	3
權益總計	6,477,641	84	6,494,973	83
負債及權益總計	$7,720,904	100	$7,848,306	100

（請詳合併財務報表附註）

董事長：　　　　　經理人：　　　　　會計主管：

三星科技股份有限公司
合併綜合損益表
民國109年12月31日及民國108年12月31日

單位：新台幣仟元

會計項目	109年度		108年度	
	金額	%	金額	%
營業收入	$5,072,643	100	$6,549,045	100
營業成本	(4,052,201)	(80)	(5,142,275)	(79)
營業毛利	1,020,442	20	1,406,770	21
營業費用				
推銷費用	(178,697)	(4)	(207,721)	(3)
管理費用	(157,166)	(3)	(177,161)	(3)
研究發展費用	(27,216)	–	(28,782)	–
營業費用合計	(363,079)	(7)	(413,664)	(6)
營業利益	657,363	13	993,106	15
營業外收入及支出				
利息收入	8,816	–	8,744	–
其他收入	99,661	2	31,079	1
其他利益及損失	(4,864)	–	4,408	–
財務成本	(1,159)	–	(2,251)	–
營業外收入及支出合計	102,454	2	41,980	1
稅前淨利	759,817	15	1,035,086	16
所得稅費用	(144,161)	(3)	(201,538)	(3)
繼續營業單位本期淨利	615,656	12	833,548	13
本期淨利	615,656	12	833,548	13
其他綜合損益				
不重分類至損益之項目				
確定福利計畫之再衡量數	(4,525)	–	(6,050)	–
與不重分類之項目相關之所得稅	905	–	(8,727)	–
後續可能重分類至損益之項目				
國外營運機構財務報表換算之兌換差額	(14,523)	–	(2,446)	–
與可能重分類至損益之項目相關之所得稅	1,682	–	283	–
本期其他綜合損益（稅後淨額）	(16,461)	–	(16,940)	–
本期綜合損益總額	599,195	12	816,608	13
淨利歸屬於：				
母公司業主	$601,536	12	$817,640	13
非控制權益	14,120	–	15,908	–
	$615,656	12	$833,548	13
綜合損益總額歸屬於：				
母公司業主	$591,186	12	$801,730	13
非控制權益	8,009	–	14,878	–
	$599,195	12	$816,608	13
每股盈餘（元）				
基本每股盈餘	$2.04		$2.77	
稀釋每股盈餘	$2.04		$2.77	

（請詳合併財務報表附註）

董事長：　　　　　　　經理人：　　　　　　　會計主管：

三星科技股份有限公司
合併權益變動表
民國 109 年及 108 年 01 月 01 日至 12 月 31 日

單位：新台幣仟元

| 項目 | 股本 | 資本公積 | 歸屬於母公司業主之權益 | | | | 總計 | 非控制權益 | 權益總額 |
| | | | 保留盈餘 | | | 其他權益項目 | | | |
			法定盈餘公積	特別盈餘公積	未分配盈餘	國外營運機構財務報表換算之兌換差額			
民國108年01月01日餘額	$2,949,401	$478,843	$1,018,829	$259,309	$1,690,975	($34,104)	$6,363,253	$202,556	$6,565,809
107年度盈餘指撥及分配：									
提列法定盈餘公積	—	—	112,146		(112,146)	—	—	—	—
普通股現金股利	—	—	—		(884,821)	—	(884,821)	—	(884,821)
其他資本公積變動數	—	427	—		—	—	427	—	427
108年度淨利	—	—	—		817,640	—	817,640	15,908	833,548
108年度其他綜合損益	—	—	—		(14,777)	(1,133)	(15,910)	(1,030)	(16,940)
本期綜合損益總額	—	—	—		802,863	(1,133)	801,730	14,878	816,608
非控制權益增減	—	—	—		—	—	—	(3,050)	(3,050)
民國108年12月31日餘額	$2,949,401	$479,270	$1,130,975	$259,309	$1,496,871	($35,237)	$6,280,589	$214,384	$6,494,973
民國109年01月01日餘額	$2,949,401	$479,270	$1,130,975	$259,309	$1,496,871	($35,237)	$6,280,589	$214,384	$6,494,973
108年度盈餘指撥及分配：									
提列法定盈餘公積	—	—	80,286		(80,286)	—	—	—	—
普通股現金股利	—	—	—		(589,880)	—	(589,880)	—	(589,880)
其他資本公積變動數	—	71	—		—	—	71	—	71
109年度淨利	—	—	—		601,536	—	601,536	14,120	615,656
109年度其他綜合損益	—	—	—		(3,620)	(6,730)	(10,350)	(6,111)	(16,461)
本期綜合損益總額	—	—	—		597,916	(6,730)	591,186	8,009	599,195
非控制權益增減	—	—	—		—	—	—	(26,718)	(26,718)
民國109年12月31日餘額	$2,949,401	$479,341	$1,211,261	$259,309	$1,424,621	($41,967)	$6,281,966	$195,675	$6,477,641

（請詳合併財務報表附註）

董事長：　　　　　　　　經理人：　　　　　　　　會計主管：

三星科技股份有限公司
合併現金流量表
民國 109 年 12 月 31 日及民國 108 年 12 月 31 日

單位：新台幣仟元

項目	109年度 金額	108年度 金額
營業活動之現金流量：		
本期稅前淨利	$759,817	$1,035,086
調整項目：		
收益費損項目：		
折舊費用	231,608	251,547
攤銷費用	9,151	9,511
預期信用減損損失	294	—
透過損益按公允價值衡量金融資產及負債之淨利益	(5,004)	(18,483)
利息費用	1,159	2,251
利息收入	(8,816)	(8,744)
處分及報廢不動產、廠房及設備利益	(130)	(247)
其他項目	11,000	13,000
與營業活動相關之資產／負債變動數：		
強制透過損益按公允價值衡量之金融資產	12,454	17,235
應收票據	2,698	(4,255)
應收票據－關係人	9,242	(4)
應收帳款	(37,454)	244,507
應收帳款－關係人	2,610	(1,525)
其他應收款	3,254	18,688
其他應收款－關係人	—	20
存貨	282,124	444,748
預付款項	(9,809)	(8,866)
合約負債	8,831	(24,494)
應付票據	(14,239)	(201,117)
應付帳款	18,276	(45,436)
其他應付款－關係人	819	(3,348)
其他應付款	(26,010)	(70,915)
其他應付款－關係人	(1,051)	(2,048)
其他流動負債	(1,091)	(17,172)
淨確定福利負債	(32,023)	(50,761)
營運產生之現金流入	1,217,710	1,579,178
支付之所得稅	(69,246)	(311,130)
營業活動之淨現金流入	1,148,464	1,268,048

項目	109年度 金額	108年度 金額
投資活動之現金流量：		
取得按攤銷後成本衡量之金融資產	(89,085)	(21,807)
取得不動產、廠房及設備	(40,651)	(126,757)
處分不動產、廠房及設備	136	271
其他非流動資產增加	(25,027)	—
其他非流動資產減少	—	24,649
收取之利息	8,816	8,744
投資活動之淨現金流出	(145,811)	(114,900)
籌資活動之現金流量：		
短期借款減少	(171,238)	(7,846)
其他非流動負債減少	(2,649)	(3,707)
發放現金股利	(589,880)	(884,821)
支付之利息	(1,465)	(2,226)
非控制權益變動	(3,000)	(3,050)
其他籌資活動	71	427
籌資活動之淨現金流出	(768,161)	(901,223)
匯率變動對現金及約當現金之影響	(9,209)	(2,152)
本期現金及約當現金增加數	225,283	249,773
期初現金及約當現金餘額	1,411,723	1,161,950
期末現金及約當現金餘額	$1,637,000	$1,411,723

（請詳合併財務報表附註）

董事長： 經理人： 會計主管：

三、107年至109年財務比率

三星公司財務比率

		107年度	108年度	109年度
財務結構	負債佔資產比率（%）	22.30	17.24	16.10
	長期資金佔不動產、廠房及設備比率（%）	193.62	198.87	209.92
償債能力	流動比率（%）	339.97	473.16	524.57
	速動比率（%）	191.33	294.48	362.56
	利息保障倍數（%）	608.44	460.83	656.57
經營能力	應收款項週轉率（次）	5.55	5.02	4.24
	平均收現日數	65.76	72.70	86.08
	存貨週轉率（次）	3.35	2.79	2.76
	平均銷貨日數	108.95	130.83	132.24
	不動產、廠房及設備週轉率（次）	2.35	2.00	1.64
	總資產週轉率（次）	0.94	0.83	0.65
獲利能力	資產報酬率（%）	13.72	10.25	7.92
	權益報酬率（%）	17.67	12.76	9.49
	稅前純益佔實收資本比率（%）	48.58	35.09	25.76
	純益率（%）	14.26	12.72	12.13
	每股盈餘（元）	3.80	2.77	2.04
現金流量	現金流量比率（%）	67.78	138.09	137.06
	現金流量允當比率（%）	109.19	108.57	122.61
	現金再投資比率（%）	0.60	3.64	5.22

補充資料

公司名稱	代號	公司名稱	代號
台　泥	1101	長榮海	2603
統　一	1216	華　航	2610
台　塑	1301	東　森	2614
南　亞	1303	彰　銀	2801
台　化	1326	華南金	2880
東　元	1504	富邦金	2881
台　紙	1902	國泰金	2882
中　鋼	2002	開發金	2883
正　新	2015	兆豐金	2886
裕　隆	2201	台新金	2887
光寶科	2301	新光金	2888
聯　電	2303	中信金	2891
日月光	2311	第一金	2892
鴻　海	2317	統一超	2912
仁　寶	2324	大立光	3008
台積電	2330	緯　創	3231
聯　強	2347	聯　詠	3034
佳世達	2352	欣　興	3037
英業達	2356	台灣大	3045
華　碩	2357	益　通	3452
大　同	2371	上　緯	3708
廣　達	2382	遠　傳	4904
威　盛	2388	和　碩	4938
億　光	2393	三　星	5007
友　達	2409	中美晶	5483
中華電	2412	彩　晶	6116
聯發科	2454	茂　迪	6244
宏達電	2498	台塑化	6505
		華　冠	8101

本章習題

一、選擇題

(　　) 1. 財務報表分析的主要目的為何？
(A) 評估公司各部門績效
(B) 作投資或授信決策
(C) 決定股利政策
(D) 檢查有無逃漏稅。

(　　) 2. 財務資訊的提供者是：
(A) 會計師　　　　　　　　(B) 台灣證券交易所
(C) 上市、櫃公司　　　　　(D) 證期局。

(　　) 3. 我國證券市場的主管機關為何？
(A) 財政部　　　　　　　　(B) 金監會證期局
(C) 立法院　　　　　　　　(D) 台灣證券交易所。

(　　) 4. 我國上市公司資產負債表通常採用何種格式？
(A) 帳戶式　(B) 報告式　(C) 單站式　(D) 多站式。

(　　) 5. 我國上市公司綜合損益表通常採用何種格式？
(A) 帳戶式　(B) 報告式　(C) 單站式　(D) 多站式。

(　　) 6. 下列何種會計師查核報告指出財務報表無法允當表達公司的財務狀況及經營成果？
(A) 修正式無保留意見　　　(B) 保留意見
(C) 無法表示意見　　　　　(D) 否定意見。

(　　) 7. 想知道公司本期支付利息若干，應查閱下列哪種報表？
(A) 資產負債表　(B) 綜合損益表　(C) 權益變動表　(D) 現金流量表。

(　　) 8. 想知道公司本期有那些關係人交易，應查閱下列哪種報表？
(A) 財務報表附註　　　　　(B) 綜合損益表
(C) 資產負債表　　　　　　(D) 會計師查核報告。

(　　) 9. 投資大陸相關資訊會出現在哪裡？
(A) 資產負債表　　　　　　(B) 會計師查核報告
(C) 財務報表附註　　　　　(D) 綜合損益表及其附註。

(　　) 10. 營業活動之淨現金流量與本期純益之關係為何？
(A) 一定大於本期純益　　　(B) 一定小於本期純益
(C) 呈等比例相關　　　　　(D) 沒有必然關係。

(　) 11. 下列何者非綜合損益表中之項目？
　　　　(A) 會計原則變動累積影響數　(B) 其他綜合損益
　　　　(C) 本期損益　　　　　　　　(D) 營業外收入及支出。

(　) 12. 生物資產應列為：
　　　　(A) 流動資產　(B) 非流動資產　(C) 流動或非流動資產　(D) 以上皆非。

(　) 13. 甲公司購入供出租之辦公大樓應列為
　　　　(A)財產、廠房及設備　(B)投資性不動產　(C)租賃資產　(D)以上皆非。

二、問答題

1. 財務報導與財務報表有何不同？
2. 財務報表分析的意義為何？
3. 財務報表分析的目的為何？
4. 投資人的決策主要有哪三種？
5. 財務資訊的外部使用者有哪些？
6. 資本市場的參與者有哪些人？
7. 會計師的查核報告所表示的意見可分為哪幾種？
8. 現金流量表包含哪三大部分？
9. 何謂停業單位損益？
10. 會計師在什麼情形下可簽發無保留意見的查核報告書？
11. 一份完整的財務報表包括哪些項目？

三、計算及分析題

1. 王先生最近手頭比較寬裕，他想把部分資金投入股市，一方面賺取較多的報酬，一方面也可分散風險。王先生請教鄰居老張如何選股，老張回答：「很簡單，選好股就對了，從公司的財務報表作分析就可挑出好股。」

　　試作：請問王先生可以從哪些管道取得公司之財務報表？

2. 財務報表是投資決策的重要資訊來源，王先生為了投資股市，研究了老半天的財務報表還是一頭霧水，他想知道除了財務報表之外還有沒有其他財務資訊來源。

　　試作：請列舉財務報表之外的財務資訊來源。

3. 台積電 93 年度稅後純益為 923 億，每股盈餘 $3.97，94 年 5 月 10 日股東會通過每股分配 2 元現金股利及 $0.5 股票股利。94 年 10 月 30 日，台積電公布 94 年前三季之純益為 597 億，每股盈餘為 $2.42。老王於 94 年 10 月底買進台積電股票，他很想知道明年台積電可分配多少股利。

試作：

(1) 投資人可從哪裡看到公司之股利政策？

(2) 假設台積電第四季的獲利和前三季相當，股票股利維持每股 $0.5，試估計台積電 95 年可能宣告之現金股利。

(3) 分析師預測，台積電 94 年第四季的獲利為 230 億，假設股票股利維持每股 $0.5，試估計台積電 95 年可能宣告之現金股利。

02

財務報表分析方法

學習重點

1. 縱剖面分析：共同比財務報表與比率分析
2. 各種財務比率之計算
3. 橫斷面分析：趨勢分析、圖形分析與統計模型分析
4. 特殊目的之財務報表分析
5. 財務報表分析之限制

FINANCIAL STATEMENT ANALYSIS

本章主要介紹財務報表分析之各種技巧或方法。本章共計四節,第一節從縱剖面來分析財務表,包括共同比財務報表及比率分析,著重在同一期間,不同項目間之比較分析。第二節討論財務報表的橫斷面分析,包括時間數列或趨勢分析,著重在同一項目,不同期間之比較。第三節為特殊目的之財報分析,包括新上市、上櫃承銷價格之分析,財務預測、購併分析及損益兩平分析等。第四節則探討財務報表分析可能遭遇之限制。財務報表分析可由不同的角度或面向來看,從橫向來看,我們可以比較同一時期,不同公司間某一財務比率的差異,也可以比較同一公司,某一財務比率在不同時期的趨勢。分析的目的可能是單純的投資或授信決策,也可能是複雜的購併或新上市承銷價格決定,不同目的所採用的分析方法也有所差異。

壹 縱剖面分析

財務報表分析可以從兩個角度來切入,一個是從縱剖面來看,一個是從橫斷面來分析。縱剖面分析(Vertical Analysis)是同一時期,不同公司間之比較分析,常用之分析方法為共同比財務報表及比率分析。

一、共同比財務報表

不同公司間因規模差異大,如果沒有共同的基準就很難比較,例如,甲公司負債$1,000,000,乙公司負債$2,000,000,從絕對數字來看,當然是乙公司負債較多,但如果甲公司之資產總額為$2,000,000,乙公司之資產總額為$10,000,000,如果以相對比率來看,甲公司的負債程度就高於乙公司了。因此,共同比財務報表(Common Size Financial Statement)就是將所有公司以同一基準來比較。以資產負債表而言,這共同的基準就是以資產總額為100%,其餘項目則以占資產總額之百分比列示,例如,甲公司110年底的資產總額為$530,301,000,長期負債為$95,719,000,在共同比資產負債表中就可顯示長期負債為18%。以綜合損益表而言,共同的基準就是以銷貨淨額為100%,其餘項目則以占銷貨淨額之百分比列示,例如,甲公司110年度的銷貨淨額為$1,334,000,000,銷貨成本為$823,000,000,則在共同比損益表中就顯示銷貨成本為61.7%。表2-1為甲、乙、丙三家公司106年度之共同比財務報表:

表 2-1 共同比財務報表

共同比資產負債表
110年12月31日

	甲公司	乙公司	丙公司
資產			
現金及約當現金	4.0 %	5.0 %	10.2%
應收帳款	7.1	6.6	6.3
存貨	21.3	6.9	11.2
其他流動資產	1.2	2.2	3.7
不動產、廠房及設備	64.2	74.0	67.7
其他資產	2.2	5.3	0.9
	100.0 %	100.0 %	100.0 %
負債及股東權益			
應付帳款	15.9 %	7.6 %	5.4 %
其他流動負債	10.0	9.1	9.7
長期負債	18.0	22.2	0
其他負債	11.0	13.2	10.5
股東權益	45.1	47.9	74.4
	100.0 %	100.0 %	100.0 %
資產總額（單位仟元）	$530,301	$4,330,000	$1,156,000

共同比綜合損益表
110年度

	甲公司	乙公司	丙公司
銷貨收入	100.15 %	100.10 %	100.5 %
銷貨退回	(0.15)	(0.1)	(0.5)
銷貨收入淨額	100.0	100.0	100.0
銷貨成本	(61.7)	(67.7)	(57.5)
銷貨毛利	39.3	32.3	42.5
營業費用	(29.6)	(27.6)	(27.7)
營業利益	9.7	4.7	14.8
營業外收入	0.6	0.2	0.9
營業外支出	(0.7)	(1.2)	(0.1)
稅前淨利	9.6	3.7	15.6
所得稅費用	(3.7)	(0.5)	(5.3)
稅後淨利	5.9	3.2	10.3
銷貨收入淨額（單位仟元）	$1,334,000	$6,671,000	$1,254,000

　　由表2-1可看出下列幾點：(1)丙公司擁有最高比例的現金（10.2%）；(2)丙公司的長期負債最少（0%）；(3)丙公司的淨利率最高（10.3%），相反的，甲公司的現金比例最低（4.0%），乙公司的長期負債比例最高（22.2%），淨利率也最低（3.2%）。

二、比率分析

比率分析（Ratio Analysis）是縱剖面分析中最常見的分析工具，它是利用二個財務報表項目之間的比率來推論。學術界或實務界所應用的比率多如牛毛，但大致可分為償債能力分析、現金流量分析、財務結構分析、週轉率及經營能力分析、獲利能力及成長率分析等。本書將以我國銀行公會常用財務分析比率為主（詳參補充資料2-1），另介紹我國上市櫃公司公開說明書所使用之比率（詳參補充資料2-2），其他常用之各項比率以下各章節會有深入之介紹，在此不贅述。當我們在應用比率分析時，須注意的是，財務比率所隱含的假設是分子和分母之間存有比例的關係，但事實上，這種關係可能並不存在。例如，存貨週轉率（銷貨成本／平均存貨）即隱含銷貨量與存貨水平之間存有比例關係。而理論上，存貨水平卻是與需求量的平方根成比例關係，亦即，存貨水平與需求量並非線性關係。

三、縱剖面分析應注意事項

縱剖面分析涉及不同公司間之比較，應用範圍頗為廣泛，例如，分析人員可用單一變數（如負債比率）或多個變數作為財務困難公司之預測或解釋會計方法之選擇等。假設我們認為負債比率、獲利能力及資產週轉率等三個變數可用來預測公司是否會發生財務困難，我們可以下列模型測試：

$$Y = \beta_0 + \beta_1 X_1 + \beta_2 X_2 + \beta_3 X_3 + \varepsilon$$

其中，Y = 1，財務困難公司

Y = 0，非財務困難公司

X_1 = 負債／資產總額

X_2 = 稅前息前淨利／利息費用

X_3 = 銷貨收入淨額／總資產

在選擇作為比較之公司時，下列幾點應特別注意：

(一) 選擇類似的公司作比較

拿台塑和建台水泥作比較一點意義也沒有，因為兩者的行業及規模差異太大，因此，選擇相同行業，規模大小類似的公司作比較才有意義。例如，台積電與聯電，台泥與亞泥，東元與聲寶的比較就很有意思。

(二) 會計年度要一致

我國上市或上櫃公司的會計年度大部分採曆年制，因此，沒有會計年度差異的問題，其他國家會計年度就有很大的差異，例如，日本企業的會計年度結束日在三月居多，紐西蘭以三月及六月居多，英國則以十二月及三月居多。

(三) 會計方法的比較性

公司可能採用不同的會計方法，因此，在選樣比較時要考慮會計方法不同所帶來的影響。

(四) 跨國比較

作跨國比較時，要考慮各國會計原則的差異，財務報導規範的不同，文化背景及政治環境的差異及所得稅制度的不同。

(五) 資料的取得

上市或上櫃公司的資料取得較為容易，但像部門別之資料、未上市或上櫃公司資料及外國公司的資料就不易取得。例如，奇美實業公司並未上市或上櫃，福特汽車為外國公司，這些公司的財務資料就是非公開之資訊。

貳 橫斷面分析

　　橫斷面分析（Horizontal Analysis）是用來比較同一家公司，不同年度或期間之財務資料，常用的分析方法包括趨勢分析、圖形分析及統計模型分析。

　　橫斷面分析因為分析一序列時間的財務資料，所以也稱為時間數列分析（Time Series Analysis）。

一、趨勢分析

　　趨勢分析（Trend Analysis）即選定某一年為基期，各年之數字即以此基期之百分比表示，例如，依本書所採用釋例之三星科技公司101年度至109年度之營業收入如下（單位新台幣百萬元）：

	101年度	102年度	103年度	104年度	105年度
營業收入	$5,224	$6,451	$7,103	$6,697	$6,801

	106年度	107年度	108年度	109年度
營業收入	$7,259	$7,982	$6,549	$5,073

　　以101年度為基期之趨勢分析如下：

	101年度	102年度	103年度	104年度	105年度
營業收入	100	123	136	128	130

	106年度	107年度	108年度	109年度
營業收入	138	153	125	97

　　趨勢分析要考慮基期的適當性，基期太高或太低都會產生一些不利的影響。我國自民國102年起之上市櫃公司財務報表改採國際會計準則編製，但因採比較報表的緣故，所以101年起之財務資料已改採國際會計準則，因此基期宜選101年以後較為適宜。

二、圖形分析

我們只要把各年的資料畫出來，就很容易看出線型或**趨勢**。例如，前述三星科技公司的營業收入如圖2-1所示：

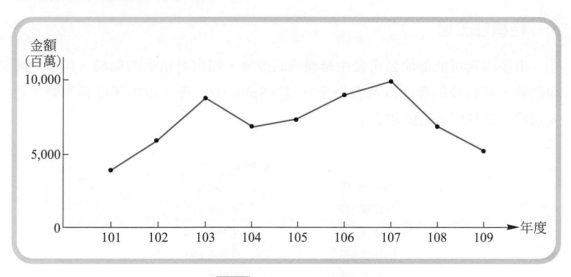

圖 2-1 營業收入趨勢圖

三、統計模型分析

時間數列常具有某種程度的自我相關，因此，必須使用適當的數學模型來分析，常用的時間數列模型為隨機漫步模型（Random Walk Model），列示如下：

$$E_t = E_{t-1} + \varepsilon$$

其中，E_t = t期之盈餘

E_{t-1} = t − 1期之盈餘

此模型的意義乃是以前一期之數值作為本期之估計值。此模型雖然簡單，但卻廣為使用，例如，所得稅的暫繳制度即是應用此模型。

四、橫斷面分析應注意事項

進行橫斷面的時間數列分析時，由於相關期間頗長，因此，必須考慮下列因素：

(一)結構性改變

很多因素可能促使公司發生結構性的改變，如政府法令的鬆綁、競爭環境的改變、新科技的發展以及合併或分拆（Spin-off）等。以中美晶各季營業收入為例，所呈現的數值如下：

	營業收入（仟元）
105年第1季	$7,090,560
105年第2季	7,549,770
105年第3季	7,183,416
105年第4季	9,775,294
106年第1季	13,577,050
106年第2季	14,014,891
106年第3季	15,771,921
106年第4季	15,891,795

如果我們忽略了結構性的改變，我們可能會認為從105年起第四季中美晶的營業收入呈現大幅成長，其實這成長的背後，主要原因是由於中美晶自旗下環球晶圓105年起接連收購了Topsil與SunEdison公司所致，因此，在分析時應將此結構性改變列入考慮。

(二) 會計方法的改變

　　會計方法的改變可能對公司造成重大的影響，試以統一集團關係企業統合開發公司為例，該公司83至88年的稅後盈餘如下所示：

	稅後盈餘（仟元）	稅後EPS（調整前）
83年度	$ (59,051)	$ (2.98)
84年度	(123,024)	(6.21)
85年度	278,182	14.05
86年度	538,270	19.14
87年度	160,723	2.86
88年度	163,100	2.07

　　如果我們沒有注意到會計方法的改變，則可能以為統合開發公司在85年度及86年度有非常傑出的盈餘表現，然而事實上統合開發公司在85年度作了會計方法的改變，簡單來說，就是把出售會員卡的收入由分五年遞延承認改為當期全部承認，這項改變使得統合開發公司85年度的稅後淨利增加$334,935,000，每股盈餘（稅後）增加$16.92。因此，如果沒有這項改變，統合開發公司85年度仍然是虧損，以後幾年的業績也不會有這麼亮麗的表現。從前述例子我們可看出，進行時間數列分析時，必須考慮到所分析之公司有無進行會計方法之變更，免得被這些表面的數字所誤導。

(三) 會計分類的改變

　　財務報表科目有時會作重分類，在分析時最好能注意此點。在正常情況下，科目重分類並不會引起太多的注意，對財務報表的影響也不是很大，因此，分析者常忽略會計分類改變的因素。

參 特殊目的分析

我們常會針對特殊目的進行財務分析，例如，新上市或上櫃承銷價格之訂定、財務預測、購併分析及損益兩平分析等，茲分述如下：

一、新上市、上櫃承銷價格之決定

89年中華電信及台灣大哥大分別上市及上櫃，中華電信所訂的承銷價為$104，台灣大哥大為$86，二者承銷價的高低引起了市場廣泛的討論。一般而言，承銷價格的決定並不容易，通常會考慮獲利能力、每股帳面淨值、同業本益比及當時一年期定存利率等因素來決定。以三星科技上櫃時之股票認購價格為例，市場慣用之承銷價格計算如下：

$$P = A \times 40\% + B \times 20\% + C \times 20\% + D \times 20\%$$

其中，P = 承銷參考價格

　　　A = 三年度平均每股稅後純益×類似上市公司股票最近三年度平均本益比（Price-to-Earnings Ratio）

　　　$B = \dfrac{\text{三年度平均每股股利}}{\text{類似上市公司股票最近三年度平均每股股利率}} \left(\dfrac{\text{每股股利}}{\text{每股平均價}} \right)$

　　　C = 最近經會計師簽證之每股淨值

　　　$D = \dfrac{\text{當年度預估每股股利}}{\text{金融機構一年期存款利率}}$

依本書所採用釋例之三星科技公司上櫃前最近三年度財務資料如下：

	84年度	85年度	86年度（估）	平均
每股稅後純益 （追溯調整後）	$2.02	$1.35	$1.62	$1.66
每股股利 （不含資本公積配股）	1.31	1.33	2.00	1.55

86年6月30日之每股淨值為$13.34，另外三星科技公司之主要產品為螺帽、磨光盤元、模具、鋼模及其他等，經考量產品及規模等因素後，選定上市公司之春雨、聚亨及中鋼為採樣之類似公司，其最近三年度之本益比為38.42倍，平均股利率為2.58%，依證期會規定，類似公司平均本益比之計算結果，不得高於最近期之上市或上櫃股票之平均本益比較低者，而最近期（86年11月）台灣證交所及櫃檯買賣中心發佈之平均本益比分別為25.59倍及16.05倍，平均股利率則分別為3.52%及3.09%，經比較取其較低者，故採用上櫃股票之平均本益比16.05及股利率3.09%為計算基礎。金融機構一年期定期存款利率以6.15%為計算基礎。承銷參考價計算如下：

P = (1.66×16.05×40%) + (1.55／3.09%×20%) +

    (13.34×20%) + (2.0／6.15%×20%)

  = $29.86

實際認購價格在考量經營績效、未來發展及市場價格狀況，由推薦券商及三星科技公司共同議訂認購價格為$35。

二、財務預測

預測不是件容易的事，與公司實際達成的數據可能不盡相同，其間可能存有某種程度的誤差。證期會過去曾要求在新上市或現金增資年度，必須提出財務預測（Financial Forecast），這是一種強制性財務預測。另外，公司經理人也會基於市場的需要或其他目的而發布財務預測，這就屬於自願性的財務預測。不管是強制性或自願性財務預測都是經理人的預測，其預測年度通常一年。本書第八章將對財務預測作深入探討。

市場上也有專業的分析師針對某些公司進行財務預測，這些預測主要是提供投資人買進或賣出股票的參考。此外，投資人也可利用數學模型來預測。一般而言，經理人的預測準確性應該高於分析師預測，而分析師預測的準確性應該高於數學模型，因為數學模型只用到過去的實際數字作預測，分析師則可加入本身專業的判斷，而經理人因擁有更多的內部資訊，所以預測的結果應是使用越多資訊的越準確，可是實際上並非如此。美國的實證研究大致支持經理人預測準確性高於分析師預測，而分析師預測又較純數學模型準確；而台灣的實證研究反而顯示數學模型優於經理人預測，而分析師預測又和經理人預測無明顯區隔，考其原因，大概是台灣經理人預測所背負的法律成本較低，在私利的考量下，有某種程度的動機作不實之預測。

三、購併分析與企業評價

購併（Merger and Acquisition）是資本市場的重頭戲，大家都在尋找可能被購併的目標公司，在購併活動中，由於能創造出2 + 2 = 5的購併利益，而且目標公司的股東又是最大贏家，因此，若能預測或得知具有那些特質的公司較易成為被購併的對象，就可以先「上轎」了。對購併者而言，比較目標公司的財務資料，分析可能產生的合併效益，對於購併與否的決策將有重大之影響。

購併的一項重要考量是，如何衡量目標公司的價值，這就是一般通稱的企業評價（Business Valuation）。常見的企業評價模型可分為下列三類：

1. **現金流量折現法（Discounted Cash Flow Approach）**：將未來估計之現金流量按適當的利率計算折現值，現金流量可以是股利、營業活動之現金流量或自由現金流量。

2. **相對評價法（Relative Value Approach）**：又稱為乘數訂價法，主要認為一公司股票價值之乘數（Multiple），應與市場同類公司的乘數相近，例如，甲公司的每股盈餘$5，同類公司之平均本益比為10倍，則甲公司股票價值為$50。

3. **選擇權定價法（Option Pricing Approach）**：將公司之價值按照選擇權定價模型來計算公司之價值。

不管用哪一種方法，都需要未來盈餘、股利或其他現金流量之預測，有關財務預測請參閱第八章。

四、損益兩平分析

成本可劃分爲固定成本（Fixed Cost）及變動成本（Variable Cost），假設在攸關範圍內每單位售價不變，則一個有趣的分析是，當銷售量或金額達到多少時，才能達到不賺不賠的兩平點？假設某公司的固定成本爲$2,000,000，每單位變動成本爲$9，售價爲$14。每單位邊際貢獻（Contribution Margin）爲$5（售價減變動成本），則該公司的損益兩平點（Break-Even Point）公式如下：

$$損益兩平點銷售量 = \frac{固定成本}{每單位邊際貢獻} = \frac{\$2,000,000}{\$14-9} = 400,000單位$$

$$損益兩平點銷售額 = \frac{固定成本}{邊際貢獻率} = \frac{\$2,000,000}{1-9/14} = \$5,600,000$$

損益兩平分析將在本書第七章詳細介紹。

五、特殊的個案分析

每家公司都有特殊性，需針對個案進行詳細分析才能找出有用資訊。本書第11章將列舉幾個個案供大家參考。

肆 財務報表分析之限制

一、報表編製的基礎

財務報表是根據「一般公認會計原則」編製，一般公認會計原則有其假設及限制，因此，所產生的報表並不能滿足使用者多方面的需求。例如，對於不動產、廠房及設備，財務報表所提供的是歷史成本或經資產重估價的資料，而非現時成本或公允價值。歷史成本通常遠低於市價，對投資決策的攸關性不高。另外，在新經濟的時代，無形資產（如專利、知識、創新的能力等）是很重要的，但傳統的財務報表通常不予認列，或僅認列象徵性的微小數額，諸如此類的限制就是來自會計原則本身的限制。

二、財務報表的真實性

財務報表如果不實，就會造成「假報表真分析」的怪現象，財務報表不實，再怎麼分析也是枉然。這個問題對中小企業尤其嚴重，雖然沒有確實的統計數字指出有多少百分比的財務報表之真實性有瑕疵，但從報章媒體及銀行徵信主管的反映，這確實是個嚴重的問題。

三、分析模型的限制

財務報表分析所使用的模型也許解釋力偏低，其原因可能是未能掌握所有攸關的變數，或者是變數衡量偏差所導致。沒有任何一個數學模型是完美的，因此，分析所得之結果極可能受所使用模型之影響。

四、分析人員之能力

財務報表分析難免因分析人員的主觀判斷或分析能力之差異而有所出入。例如，對於同一家公司所做的分析，甲分析師可能建議買進；乙分析師可能建議賣出。因此，並不是每一個分析師的看法都一致，也不是每一個分析師的看法都是對的。

補充資料

銀行公會常用財務分析比率一覽表

		名稱	計算方法	理論基礎	說明
短期償債能力	1.	流動比率	流動資產／流動負債	應≥200%	宜注意流動資產組成成分及貶值之可能，並與相同產業之平均比率比較。
	2.	速動比率（酸性測驗比率）	（流動資產－存貨）／流動負債	應≥100%	此比率人於1，則短期債權人之保障可免依賴債務人變賣存貨。
	3.	存貨信賴度	（流動負債－速動資產）／存貨	應<100%	此比率僅適用於速動比率小於1時，以測度存貨償付流動負債債權人之能力。
獲利能力	4.	毛利率	毛利／銷貨淨額	正常情況愈大愈好	年有變動，注意看利率變動之原因。
	5.	淨利率	淨利／銷貨淨額	正常情況愈大愈好	應與投資報酬率一同比較，並注意淨利率變動因素及股利發放原則。
	6.	淨值收益率	淨利／淨值	正常情況愈大愈好	測驗經營能力之一種，應與毛利率、營業週轉率及總資產收益率一同比較。
	7.	總資產收益率	淨利／總資產	正常情況愈大愈好	應與淨值收益率比較，以便比較資本結構之槓桿利益。
	8.	營運資金收益率	淨利／營運資金	視個案分析	表示營運資金運用之效率。
週轉率及經營能力	9.	淨值週轉率	銷貨淨額／淨值	正常情況愈大愈好	如此比率過高，則可能公司有過銷之可能，注意其負債情形。
	10.	營運資金週轉率	銷貨淨額／營運資金	視個案分析	太高的營運資金週轉率，可能由於過銷而產生營運資金需求甚殷，應與短期籌資比較。
	11.	存貨週轉率	銷貨淨額（成本）／（平均）存貨	正常情況愈大愈好	此比率代表流動性，過大與過小的存貨都應注意分析其原因，存貨的大小與營運資金有關。
	12.	存貨週轉日數	365天／存貨週轉率，或（平均）存貨×365／淨銷（成本）	正常情況愈短愈好	與同業比較
	13.	應收帳款週轉率	銷貨淨額／應收帳款	正常情況愈大愈好	如有月平均資料，宜用月平均資料。此比率代表流動性，正常情形愈高愈好。

 (接下頁)

(承上頁)

		名稱	計算方法	理論基礎	說明
週轉率及經營能力	14.	應收帳款週轉日數	365天／應收帳款週轉率，或應收帳款×365／淨銷	正常情況愈短愈好	應與同業及該公司銷售條件比較，以不超過銷售條件期限之三分之一為宜（70日～90日為宜）。
	15.	固定資產週轉率（註）	銷貨淨額／固定資產	正常情況愈大愈好	宜逐年比較，並且與同業比較，查是否過分投資於固定資產。
	16.	銷貨成本率	銷貨成本／銷貨淨額	正常情況愈小愈好	銷貨成本率愈小，毛利率愈大。
	17.	銷管費用率	銷管費用／銷管淨額	正常情況愈小愈好	單位產品之管銷費用愈小愈好。
	18.	存貨對營運資金比	存貨／營運資金	應<100%	此比率如大於1，則清算時，將會分配到非速動資產，並表示存貨與營運資金之相對關係。
財務結構	19.	固定比率	固定資產／淨值	應<100%	宜與同業比較，如此比率大於1，乃債權人之籌資於固定資產大過業主（75%～65%）。
	20.	資本比率	淨值／資產總額		
	21.	負債比率	負債總額／淨值	應<100%	應與同業比較，並分析負債總額中有無遞延或長期負債。應與毛利率及淨利率比較。
	22.	流動負債對淨值比	流動負債／淨值		應與負債比率一同分析，並須瞭解流動負債之組成分子（75%～65%）。
	23.	流動負債對存貨比	流動負債／存貨	應<100%	此比率表示短期債權依賴存貨程度，如果此比率大於1，則為債權人需仰賴存貨以外之保障。
	24.	長期負債對淨值比	長期負債／淨值		
成長率	25.	銷貨成長率	計算期銷貨淨額／基期銷貨淨額	逐年穩健成長為佳	
	26.	淨利成長率	計算期淨利／基期淨利	逐年穩健成長為佳	
	27.	總資產成長率	計算期總資產／基期總資產	逐年穩健成長為佳	
	28.	淨值成長率	計算期淨值／基期淨值	逐年穩健成長為佳	
	29.	營運資金成長率	計算期營運資金／基期營運資金	逐年穩健成長為佳	

註：固定資產包括不動產、廠房及設備。

補充資料

我國上市櫃公司公開說明書使用之財務分析比率

1. 財務結構

    (1) 負債占資產比率 = 負債總額 / 資產總額

    (2) 長期資金占不動產、廠房及設備比率
        = （權益總額+非流動負債） / 不動產、廠房及設備淨額

2. 償債能力

    (1) 流動比率 = 流動資產 / 流動負債

    (2) 速動比率 =（流動資產－存貨－預付費用） / 流動負債

    (3) 利息保障倍數 = 所得稅及利息費用前純益 / 本期利息支出

3. 經營能力

    (1) 應收款項（包括應收帳款與因營業而產生之應收票據）週轉率
        = 銷貨淨額 / 各期平均應收款項餘額

    (2) 平均收現日數 = 365 / 應收款項週轉率

    (3) 存貨週轉率 = 銷貨成本 / 平均存貨額

    (4) 應付款項（包括應付帳款與因營業而產生之應付票據）週轉率
        = 銷貨成本 / 各期平均應付款項餘額

    (5) 平均售貨日數 = 365 / 存貨週轉率

    (6) 不動產、廠房及設備週轉率
        = 銷貨淨額 / 平均不動產、廠房及設備淨額

    (7) 總資產週轉率 = 銷貨淨額 / 平均資產總額

4. 獲利能力

    (1) 資產報酬率
        =〔稅後損益+利息費用*(1－稅率)〕 / 平均資產總額

    (2) 權益報酬率 = 稅後損益 / 平均權益淨額

（接下頁）

(承上頁)

(3) 純益率 = 稅後損益 / 銷貨淨額

(4) 每股盈餘 =（稅後淨利－特別股股利）/ 加權平均已發行股數

5. 現金流量

(1) 現金流量比率 = 營業活動淨現金流量 / 流動負債

(2) 現金流量允當比率

= 最近五年度營業活動淨現金流量 / 最近五年度（資本支出＋存貨
增加額＋現金股利）

(3) 現金再投資比率

=（營業活動淨現金流量－現金股利）/（不動產、廠房及設備毛
額＋長期投資＋其他資產＋營運資金）

6. 槓桿度

(1) 營運槓桿度

=（營業收入淨額－變動營業成本及費用）/ 營業利益

(2) 財務槓桿度 = 營業利益 /（營業利益－利息費用）

本章習題

一、選擇題

(　　) 1. 共同比財務報表屬於何種分析？
  (A) 縱剖面分析   (B) 橫斷面分析
  (C) 趨勢分析   (D) 比率分析。

(　　) 2. 共同比資產負債表的共同基準為何？
  (A) 負債總額   (B) 股東權益總額
  (C) 資產總額   (D) 流動資產總額。

(　　) 3. 共同比綜合損益表的共同基準為何？
  (A) 銷貨收入總額   (B) 銷貨收入淨額
  (C) 本期純益   (D) 營業利益。

(　　) 4. 比率分析所隱含的假設是，分子分母間具有何種關係？
  (A) 非線性關係   (B) 線性關係
  (C) 遞增關係   (D) 遞減關係。

(　　) 5. 台中公司 ×9 年度銷貨收入為 $800,000，×10 年度銷貨收入為 $1,000,000，則台中公司 ×10 年度銷貨收入的成長率是多少？
  (A) 20% (B) 125% (C) 120% (D) 25%。

(　　) 6. 下列哪一項比率可用來衡量短期償債能力？
  (A) 負債比率   (B) 資產報酬率
  (C) 純益率   (D) 速動比率。

(　　) 7. 總槓桿度等於什麼？
  (A) 營運槓桿度加財務槓桿度 (B) 營運槓桿度除以財務槓桿度
  (C) 營運槓桿度乘財務槓桿度 (D) 營運槓桿度。

(　　) 8. 下列哪一項比率常用來衡量財務結構？
  (A) 負債占資產比率   (B) 流動比率
  (C) 利息保障倍數   (D) 資產週轉率。

(　　) 9. 降低損益兩平點的方法為何？
  (A) 降低固定成本   (B) 增加固定成本
  (C) 增加銷貨收入   (D) 降低售價。

(　　) 10. 下列哪一種模型適合用來預測下年度盈餘？
  (A) 迴歸模型   (B) 時間數列模型
  (C) 資本財定價模型   (D) 股利模型。

(　) 11. 共同比資產負債表是以何者為基準？

 (A) 資產總額　 (B) 負債總額　 (C) 淨值總額　 (D) 以上皆非。

(　) 12. 共同比綜合損益表是以何者為基準？

 (A) 營業收入總額　 (B) 營業收入淨額　 (C) 營業利益　 (D) 本期損益。

二、問答題

1. 何謂橫斷面分析？

2. 何謂縱剖面分析？

3. 何謂共同比財務報表？

4. 財務比率隱含什麼樣的假設？

5. 何謂趨勢分析？

6. 我國新上市上櫃公司承銷價格如何計算？

7. 財務報表分析有哪些限制？

8. 損益兩平點如何決定？如何才能降低損益兩平點？

9. 比率分析時，如何解決不同公司間會計方法不一致的問題？

10. 跨國比較時，如何解決各國會計原則差異的問題？

11. 作時間數列分析時，應考慮哪些重要因素？

12. 何謂隨機漫步模型？

13. 作縱剖面分析時應考慮哪些重要因素？

14. 共同比財務報表的基準是什麼？

三、計算及分析題

1. 甲公司只生產單一產品，其每年之固定成本為 $1,000,000，每單位產品之售價為 $1,000，變動成本率為 80%。

   試作：

   (1) 甲公司損益兩平點的銷貨金額為若干？

   (2) 甲公司損益兩平點的銷售量為若干？

   (3) 甲公司如欲達每年獲利 $500,000 之目標，銷貨量應為若干？

2. 請上網搜尋台積電及聯電最近年度之財務報表，並據以做成共同比資產負債表及綜合損益表，然後回答下列問題：

(1) 台積電與聯電，哪家公司的獲利能力較強？

(2) 台積電與聯電，哪家公司的負債比率較高？

(3) 台積電與聯電，哪家公司的毛利率較高？

3. 甲公司最近幾年稅前淨利如下：

×1 年度	×2 年度	×3 年度	×4 年度	×5 年度	×6 年度
$1,200,000	$1,300,000	$900,000	$1,500,000	$1,600,000	$1,400,000

試作：

(1) 以 ×1 年度為基期，作甲公司稅前淨利之趨勢分析。

(2) 以圖形顯示甲公司稅前淨利之趨勢圖。

(3) 採用隨機漫步模型估計甲公司 ×7 年度之稅前淨利應為若干？

4. 甲公司擬進行上市前公開承銷，其承銷參考價依公式計算為 $53.21，承銷商與甲公司共同議訂承銷價格為每股 49 元整。

試作：

(1) 為何議訂之承銷價格與公式計算之承銷參考價會有差異？差異的原因何在？

(2) 我國市場慣用之承銷參考價計算方式為何？

5. 林中虎先生最近開了一家咖啡廳，每月相關財務資料如下：

店面租金	$20,000
店員薪資	30,000
每月固定營業費用	15,000
每杯咖啡平均售價	120
每杯咖啡材料成本	15
每杯咖啡其他變動成本	5

試作：

(1) 林中虎先生每月要賣多少杯咖啡才能損益兩平？

(2) 本月份共賣出 800 杯咖啡，試計算本月份之損益金額。

6. 有效的財務報表分析需要瞭解企業的特性，從報表中各科目間之關係可以提供相關產業特性之資訊。下列為四家公司共同比財務報表，其中，未顯示百分比之科目表示金額甚小，並不表示為零。

資產負債表

	報表(1)	報表(2)	報表(3)	報表(4)
現金及約當現金	$ 13.44	$ 22.56	$ 0.72	$ 2.55
短期投資	10.86	10.81	0.05	9.82
應收款項	6.01	38.73	1.73	4.05
存貨	2.90	3.90	—	—
長期投資	15.03	16.33	97.44	19.57
不動產、廠房及設備	46.75	5.25	—	49.64
其他資產	5.01	2.42	0.06	14.37
資產總額	$100.00	$100.00	$100.00	$100.00
流動負債	$ 12.43	$ 54.90	$ 8.40	$ 10.40
長期負債	4.87	0.10	3.91	22.66
其他負債	0.87	0.41	0.07	0.17
股東權益	81.83	44.59	87.62	66.77
負債及權益總額	$100.00	$100.00	$100.00	$100.00

綜合損益表

	報表(1)	報表(2)	報表(3)	報表(4)
營業收入	$100.00	$100.00	$100.00	$100.00
營業成本	(56.96)	(94.76)	(－)	(41.09)
營業毛利	$ 43.04	$ 5.23	$100.00	$ 58.91
營業費用	(4.21)	(2.00)	(3.11)	(22.75)
研究及發展費用	(4.88)	(0.90)	—	—
營業外收支	2.11	1.36	1.11	6.89
所得稅費用	—	—	—	(6.11)
本期淨利	$ 36.06	$ 3.69	$ 98.00	$ 36.94

這四家公司及其營業內容分別為：

(1) 台灣大哥大 (3045)：電信及數據服務。

(2) 廣達 (2382)：筆記型電腦製造及銷售，以代工為主。

(3) 台積電 (2330)：專業晶圓代工，世界級領導廠商。

(4) 富邦金控 (2881)：大型金融控股公司。

試作：辨別每一張報表所代表之公司，並就每一答案說明其辨識的理由。

7. 台中公司 ×2 年度稅後淨利為 $3,000,000，該公司全年核准發行之股份為 1,250,000 股，已發行並流通在外股份為 1,000,000 股。

試作：假設台中公司合理本益比為 6 ～ 10 倍，試計算台中公司合理的股價範圍。

MEMO

短期償債能力分析

1. 短期償債能力的意義
2. 流動資產與流動負債的組成內容
3. 營運資金、流動比率、速動比率、現金比率、存貨
   信賴度之計算

　　短期償債能力為在一年或一個營業週期內，企業承擔短期負債的能力，因此，短期償債能力的衡量著重在流動資產與流動負債的相對關係，以及營業活動產生之現金流量。營運資金、流動比率、速動比率、現金比率是短期償債能力分析時，常用的衡量指標，但是，使用上述比率衡量短期流動性是有缺點的，流動性係指企業產生足夠的現金流入，以支付其所需的現金支出的能力，如此，流動性的診斷就必須由現金流量預測著手，現金流量預測又以銷貨為出發點，因為銷售是整個企業營業循環的火星塞，營業循環由購買原料、生產、銷貨，一直到向顧客收取現金，只要銷貨一啟動現金流出與現金流入就全部動起來。

　　因此，除營運資金、流動比率、速動比率外，還要分析應收帳款週轉率、應收帳款收款天數、存貨週轉率、存貨銷售天數、應付帳款週轉率、應付帳款延遲付款天數等衡量指標，才能真正瞭解企業對營運資金管理是否有效率。

　　在評估短期償債能力之前，先要對流動資產與流動負債有基本的認識，特別是流動資產的品質更為重要，其次，應注意各比率間相關關係，才能對比率數值的意義有更深切的瞭解，當然任何比率分析都必須考量企業特性、經營環境、經濟情況後才會有意義。

壹　短期償債能力之意義

　　企業的經營不可能完全仰賴業主的投資，而從事無負債經營，因此，舉債經營已成為企業籌措資金的不二法門。企業的資金來源除自有資金外，還可向外舉債，舉債對象可以是銀行也可以是一般投資大眾。對投資大眾而言，企業籌資組合的設計與管理直接關係企業的償債能力，籌資組合是否穩健可由「現金流入與流出的配合」、「資金成本」來評估。現金流入與流出的配合，就短期而言即是短期償債能力，又稱流動性；就長期而言即是長期償債能力，又稱安全性。流動性是指企業將資產轉換成現金或是在需要時快速取得現金的能力。

短期償債能力（Liquidity Ratios）的衡量著重在流動資產與流動負債的相對關係，以及營業活動產生之現金流量。「流動資產」係指現金或其他預期在一年或一個營業週期內變現或耗用的資產。「流動負債」係指預期在一年或一營業週期內動用流動資產或產生新的流動負債加以償還的負債。營業週期則為企業從購入存貨並持有，經銷售存貨轉為應收帳款，再一直到應收帳款收現為止所經歷的期間。

短期償債能力的分析，對透視企業的財務狀況有重大的價值及影響，當企業已無能力償還短期債務時，其繼續經營能力即受到懷疑，此時再對財務報表進行其他分析及評估，已無價值和可信度。若企業的短期償債能力不足，勢必要被迫出售非流動性資產，如此則企業與供應商、客戶的往來關係也會受影響。久而久之，企業的信用評等也會降低，籌措資金能力會減弱，取得資金的方式和來源必較以往困難，資金成本亦將攀升，這些都會對企業造成嚴重傷害。同時，這種利空訊息也將反映在股價上，使得企業本身和投資人的風險將隨之提高，而獲利亦相對受損。

企業獲利卻因資金週轉不靈發生倒閉之消息時有耳聞，其主要原因為：(1)賒銷的信用政策過分寬鬆，應收帳款過鉅，一旦催收困難，企業將面臨可用資金減少，衍生週轉不靈而倒閉；(2)以短期資金支應長期投資，導致龐大的短期債務與利息負擔，造成企業週轉不靈而倒閉。

貳 短期償債能力之組成內容

短期償債能力為在一年或一個營業週期內，企業承擔短期負債的能力，因此短期償債能力的組成包括流動資產與流動負債，以下分別敘述其組成項目。

一、流動資產

流動資產係指現金及其他預期在一年或一個營業週期內（以較長為準）變現或耗用的資產，依其變現速度快慢依序排列，包括現金及約當現金、短期投資、應收帳款及票據、應收收益、存貨以及預付費用。

1. **現金及約當現金**：包含庫存現金如硬幣、紙幣，以及活期存款、活期儲蓄存款、支票存款等存放於銀行或類似的儲藏機構之存款等資源。另已指定用途而無法供營業使用之現金，不能列為現金。

2. **短期投資**：可立即變現、以交易為目的、短期買賣的投資或意圖在次年或一個營業週期（以較長者為準）內轉換為現金者。

3. **應收帳款**：由於出售商品或提供勞務產生顧客賒帳所積欠的款項，而對顧客有貨幣請求權。

4. **應收票據**：為一種以正式信用工具作為證明的債務求償權，發票人或付款人須在特定日或特定期間無條件支付一定金額給本公司的書面承諾，這種信用工具通常規定債務人必須付利息。

5. **應收收益**：為企業在交易的過程中，已賺得而尚未收到之收益，此非為企業的主要營業項目所產生，例如，應收利息、應收租金等。

6. **存貨**：在一定的營業期間內，企業所持有以供銷售給顧客的商品，此商品可能是原料、加工的半成品或是可直接消費的完成品。

7. **預付費用**：在使用或耗用前已支付現金，且於一會計期間結束時尚未使用的部分，此為預先支付的費用，而應以資產列帳，例如，預付保險費、預付租金等。

二、流動負債

　　流動負債係指可合理預期將在一年或一個營業週期內（以較長者為準），動用流動資產或產生新的流動負債加以清償之債務。一般常見的流動負債科目如下：

1. **短期借款**：對外舉債，其償還期限在十二個月之內者。

2. **應付帳款**：指企業賒購商品或接受服務時，所發生之應付而未付的債務。

3. **應付票據**：企業因賒購、借款或償還負債等原因而簽發書面票據的形式所產生之義務，於票據到期日由發票人或指定付款人，無條件付款之票據。

4. **應付費用**：指應屬本期負擔業已發生但尚未付款之各項費用，就本期而言乃為債務之一種，通常於會計期間結束日將相關應付而未付的費用調整入帳，例如，應付薪資、應付利息、應付租金及應付水電費等。

5. **應付所得稅**：指企業在會計期間結束後，根據企業之經營成果，倘若為本期淨利，即可設算出應繳納之所得稅，此應付而未付之營利事業所得稅為應付所得稅。

6. **預收收入**：指企業在未賺得前已收到現金，由於尚未提供商品或相關勞務，故屬於企業的負債，此為以負債帳列之收入，例如，預收貨款及預收租金。

7. **即將到期之長期負債**：原列為長期負債但將於十二個月內清償，則應將其轉列為流動負債。

三、適用IAS39及IFRS9的金融資產

(一)IAS39及IFRS9的關係

　　國際會計準則第三十九號（以下稱IAS39）及國際財務報導準則第九號（以下稱IFRS9）之目的，在規範金融商品之會計處理。IAS39金融工具認列與衡量中，訂定金融資產、金融負債及某些購買或出售非金融項目合約之認列與衡量原則。IAS39自1998年12月頒訂後，為順應時勢潮流及公允評價，經過多次的修訂，由於IAS39中所規範的金融工具之種類過於複雜，且對於不同的金融工具其續後評價方式也不同。為此，2008年3月國際會計準則委員會（IASB）決定重擬新準則以取代備受爭議的IAS39。然而，2008年9月發生全球性的金融風暴後，金融工具會計議題更顯得重要。於是，IASB決定制訂新準則來取代IAS39，此新準則即為國際財務報導準則第九號（IFRS9）。原本國際會計準則委員會（IASB）決議於2013年起全面實施IFRS9，但部分金融資產的評價基準尚未定案，之後再經修正及增添，IASB已發布IFRS9自2018年起生效適用。

　　一般而言，金融資產依投資人持有目的可將其分為三類：營業性、投資性及避險性。營業性金融資產即是放款及應收帳款，投資性金融資產係指權益證券投資（股票投資）及債務證券投資（債券投資），避險性金融資產泛指衍生性金融商品（例如，期貨、選擇權）。於IAS39中，對此三類金融資產的認列、評價及處分皆有詳細規範，但太多規範性內容且會計處理方法過於瑣碎，以致失去國際財務報導準則中以原則為基礎（Principles-Based）的精神。

　　因此，IASB對IAS39進行修訂，修訂的內容重點有三：金融資產之分類與衡量、金融資產減損認列之模式及放寬避險會計之適用條件。

(二) 金融資產的會計處理

　　IFRS9中，對於投資性金融資產應考量「經營模式（Business Model）」及「現金流量特性（Cash Flow Characteristics）」的不同，對於金融資產的續後評價可採「公允價值」衡量或「攤銷後成本」衡量。「經營模式」係指企業管理金融資產及評估績效的方式，例如，以「收取明確現金流量」為目的及以「賺取買賣價差」為目的，即屬不同經營模式。「金融資產合約現金流量特性」係指金融資產本身是否具有「明確」的合約現金流量，例如，持有債券每期可得利息及到期可收回之本金均明訂於合約中，即屬具有明確合約現金流量，而持有普通股每期可得股利及處分可得價金並未於合約中明確規定，即不具有合約現金流量特性。

1. 以攤銷後成本衡量之債券投資

　　企業持有債券之目的若為，(1)以收取合約現金流量為經營模式，(2)且該合約現金流量僅為回收投資的本金與流通在外本金之利息，則應按攤銷後成本衡量。債券投資若僅符合上述二條件之一，例如，雖有明確合約現金流量，但其經營模式係以賺取買賣價差評估績效，則不得歸類為以攤銷後成本衡量之債券投資。股票投資因可收取之金額不可依合約明確決定，故不能歸類為以攤銷後成本衡量之證券投資。

　　「按攤銷後成本衡量之債券投資」（又稱持有至到期日之債券投資）一般被認定為非短期內實現其公允價值變動，故將其列入非流動資產項目中。當債券將在一年內到期者，則應重新分類為流動資產。

2. 以公允價值衡量之證券投資（含債券與股票）

　　凡不屬於以攤銷後成本衡量之債券投資，均歸類為以公允價值衡量之證券投資，此類投資又可分類為「透過損益按公允價值衡量之金融資產」及「透過其他綜合損益按公允價值衡量之金融資產」等兩類。

　　「透過損益按公允價值衡量之金融資產」係指買賣活動頻繁，且以短期內再出售賺取差價為主要目的，又稱交易目的之證券投資，其主要投資工具有債券、股票及衍生性金融商品，此類別的證券投資通常列入流動資產項

下，續後評價所產生的「未實現持有損益」列入損益表的營業外收入及支出項下，作為當期損益。

「透過其他綜合損益按公允價值衡量之金融資產」係指非以交易為目的，且非短期內實現其公允價值變動，故列入非流動資產項目中。若企業認定此類證券投資即將於近期內實現其公允價值變動時，則可列入流動資產項下。此類證券投資的續後評價所產生的「未實現持有損益」列為其他綜合損益，並於期末結轉列於權益項下。

期末有關減損議題，由於「透過損益按公允價值衡量之金融資產」及「透過其他綜合損益按公允價值衡量之金融資產」，其續後評價均已採「公允價值」衡量，故此兩類金融資產於期末時，無須再認列減損損失。對於債券投資，依IAS39之規定，僅於已發生債務人違約或財務困難等重大負面證據時才認列減損損失。為能忠實表達金融資產的可能風險，IFRS9規定以「按攤銷後成本衡量」之債券投資，以及未入帳的不可撤銷放款承諾與財務保證合約，必須持續按「預期信用損失模式」評估減損並予認列。

IFRS9也簡化了金融資產投資之重分類議題，依據IFRS9之規定，唯有企業改變對金融資產的經營模式，才能將金融資產重新分類。因權益證券投資（股票投資）均已採「公允價值」衡量，故無重分類之必要，僅債務證券投資（債券投資）可依經營模式的改變，而將該債券投資重分類。有關IAS39及IFRS9之差異如表3-1、金融資產分類之會計處理如表3-2。

表 3-1 兩準則之差異比較

	IAS39	IFRS9
分類	1. 持有供交易金融資產（透過損益按公允價值衡量之金融資產） 2. 備供出售金融資產 3. 放款及應收款 4. 持有至到期日投資	1. 透過損益按公允價值衡量之金融資產 2. 透過其他綜合損益按公允價值衡量之金融資產 3. 攤銷後成本衡量之金融資產
重分類	1. 「持有供交易金融資產」得重分類至其他分類。 2. 其他分類之金融工具於原始認列後，不得重分類為「持有供交易金融資產」。	1. 權益商品之金融資產均已採「公允價值」衡量，無須重分類。 2. 當經營模式變動時，債券商品之金融資產可相互重分類。

表 3-2　金融資產分類之會計處理

投資內容及表達			續後衡量基礎	公允價值變動	減損	重分類
債券投資	透過損益按公允價值衡量之金融資產		公允價值	當期損益	無須認列	可
	透過其他綜合損益按公允價值衡量之金融資產		公允價值	其他綜合損益	無須認列	可
	按攤銷後成本衡量之金融資產		攤銷後成本	不認列	須認列	可
股票投資	不具重大影響力（持股20%以下）	透過損益按公允價值衡量之金融資產	公允價值	當期損益	無須認列	無
		透過其他綜合損益按公允價值衡量之金融資產	公允價值	其他綜合損益	無須認列	無
	具重大影響力（持股20%～50%）		權益法	不認列	須認列	
	具控制能力（持股50%以上）		權益法＋合併報表	不認列		

（三）金融商品的財務表達

　　以公允價值衡量之證券投資，不論是「透過損益按公允價值衡量之金融資產」或「透過其他綜合損益按公允價值衡量之金融資產」，應依其預期持有期間之長短，劃分為流動資產與非流動資產兩部分，股票投資與債券投資可合併列示，但屬於交易目的者通常列為流動資產。

　　「按攤銷後成本衡量之金融資產」通常分類為非流動資產，對於預期將於報導期間後十二個月內處分或到期的部分，再轉列流動資產。採權益法之股權投資通常以長期持有居多，故屬非流動資產，通常以「採用權益法之投資」為其科目名稱。有關金融資產在財務報表之表達如表3-3。

表 3-3　金融資產在財務報表之表達

流動資產 （短期投資）	透過損益按公允價值衡量之金融資產—流動
	透過其他綜合損益按公允價值衡量之金融資產—流動
	按攤銷後成本衡量之金融資產—流動（預期一年內到期部分）
	避險之金融資產－流動
	合約資產－流動
	其他金融資產—流動
非流動資產 （長期投資）	透過損益按公允價值衡量之金融資產—非流動
	透過其他綜合損益按公允價值衡量之金融資產—非流動
	按攤銷後成本衡量之金融資產—非流動
	避險之金融資產－非流動
	合約資產－非流動
	採用權益法之投資
	其他金融資產－非流動

參　短期償債能力之衡量指標

　　短期償債能力的衡量著重在流動資產與流動負債的相對關係，以及營業活動產生之現金流量。

一、營運資金（Working Capital）

(一) 營運資金之意義

　　營運資金用以衡量一年或一個營業週期內（以較長者為準），流動資產大於流動負債的金額，表示企業以流動資產支付流動負債的能力。營運資金是一種靜態的觀念，當企業要在某一時點結束營業時才具有意義。假定企業的營運正常，生產與銷售活動持續進行中，則其營業循環是種動態的狀態，此時，欠供應商的貨款與短期借款會處於動態均衡狀態，意即舊的應付款項還清後新的應付款項又產生，短期借款還清後又再籌資新的短期借款，如此，並不會發生

在某一特定時點必須將所有流動負債清償完畢的情況。同樣地，應收帳款與存貨等流動資產也是處於動態均衡狀態，意即向顧客收取了舊的應收款項後新的應收款項又產生，舊的存貨出售後又購入新的存貨。

> 營運資金＝流動資產－流動負債
> ＝（現金及約當現金＋短期投資＋應收帳款及票據
> ＋存貨＋預付費用）－（短期借款＋應付帳款及票據
> ＋應付所得稅＋應付費用＋預收收入＋即將到期之長
> 期負債）

(二)營運資金之管理

營運資金是有成本的，降低營運資金可以省下資金成本。營運資金係由流動資產減除流動負債之淨額，流動資產中的存貨、應收帳款，以及流動負債中的應付帳款是構成營運資金的主要項目，要降低營運資金便朝降低存貨、應收帳款，或是增加應付帳款等方向調節，如此將可達成零營運資金目標。

然而，採用營運資金評估短期償債能力有下列缺點：

1. 營運資金和現金流量可能相差甚大，在營運資金仍然相當良好情況下，現金流量可能已經嚴重惡化。

2. 容易受到流動資產及流動負債劃分標準的影響，劃分標準不同營運資金數額亦會不同。

二、流動比率（Current Ratio）

(一)流動比率之意義

由於營運資金僅能以絕對的數值瞭解企業的流動資產超過流動負債的金額，若要分析流動資產占流動負債的相對比重，則需透過流動比率衡量。流動比率衡量企業每1元流動負債有多少流動資產作為償還的保證，流動比率可反映企業在一年內變現流動資產用以償還流動負債的能力，該指標的值愈大，表示企業短期償債能力愈強。但是，過高的流動比率並非好現象，因為流動比率越高可能是企業滯留在流動資產上的資金過多，未能有效加以利用，可能會影響企業的獲利能力。

　　流動比率要達到何種程度以上才稱得上擁有良好的短期償債能力，並無一個通用的標準，一般經驗流動比率在2左右。但是流動比率為2也不能看成是絕對的，依照產業營運特性的不同，會有不同的流動比率，因此，進行財務分析時，通常會納入同產業的公司以進行比較。

$$流動比率 = \frac{流動資產}{流動負債}$$

$$= \frac{現金及約當現金＋短期投資＋應收帳款及票據＋存貨＋預付費用}{短期借款＋應付帳款及票據＋應付所得稅＋應付費用＋預收收入＋即將到期之長期負債}$$

(二) 流動比率之優缺點

　　以流動比率衡量短期償債能力有下列之優點：

1. 流動比率在實務上廣受採用，最可能的原因在於其基本觀念簡單易懂、容易計算，以及相關資料取得方便。

2. 流動比率可顯示企業流動資產能夠抵償流動負債的程度，比率愈高，表示流動負債受償的可能性愈高，債權人愈有保障。

3. 流動資產超過流動負債部分即為營運資金，對企業而言是可以避免出售非流動資產以彌補短期償債能力不足的一項指標。因為出售非流動資產不僅影響現階段企業資產的生產及運作，且可能是削價求售，通常無法獲得公允的價格，將造成莫大損失。因此，流動比率的大小對企業具有警訊效果。

　　但是，使用流動比率衡量短期流動性亦有下列缺點：

1. 流動比率僅表示在某特定時刻可用資源的靜態及存量的觀念，因其分子及分母都取自時點報表（資產負債表），不代表全年平均的一般狀況，而這種靜態的現金償付概念顯然無法反應未來真正資金流動的情形。

2. 流動比率並未能真正而充分的顯示企業向金融機構籌資的實力和額度。

3. 應收帳款是流動資產內的主要項目，其額度的大小往往受銷貨條件及信用政策所影響，只要企業存在一天，應收帳款便會不斷發生，若僅以其額度大小來評估未來現金流入則會產生誤導。所以在進行分析時，一定要將企業的銷貨條件、信用政策及其他攸關因素納入考慮。

4. 存貨也是流動資產內重要項目之一，存貨被視爲企業未來現金流入的重要來源，然而出售存貨所換進的現金中，其構成因素除銷貨收入外還有銷貨毛利，但在計算流動比率時並未考慮在內。

三、速動比率（Quick Ratio）

(一)速動比率之意義

速動資產係指流動資產減去存貨與預付費用之後的餘額。在評估流動負債背後有多少流動性保障時，僅以流動性較高的流動資產，亦即速動資產來計算，是比較保險的做法。因爲，流動資產中的存貨通常無法迅速變現以供營業活動或短期債務清償之用，且存貨可能產生積壓過久或過時等情況，而使其變現價值低於帳面價值，亦即降低帳面資產轉換爲現金的價值。另外，待攤提的預付費用爲預先支付的費用，包括預付的租金、水電費、保險費、稅捐等，能在一年或一個營業週期內消耗，但卻無法產生現金流入。

通常認爲正常的速動比率爲1，低於1的速動比率被認爲是短期償債能力偏低，但因行業不同其速動比率會有很大差別，沒有統一標準。

$$速動比率 = \frac{速動資產}{流動負債}$$

$$= \frac{現金及約當現金＋短期投資＋應收帳款及票據}{短期借款＋應付帳款及票據＋應付所得稅＋應付費用＋預收收入＋即將到期之長期負債}$$

(二)速動比率之優缺點

速動比率衡量短期償債能力有下列優點：

1. 速動比率是比流動比率更爲嚴謹的短期償債能力指標。

2. 速動比率的構成考量了企業的風險應變能力，較符合實際需求。

3. 資料取得和計算均較簡單。

速動比率衡量短期償債能力亦有下列缺點：

1. 速動比率的資料亦取自時點報表（資產負債表），也是一項靜態比率，同樣地也不能眞正顯示未來現金流量的變化情形。

2. 進行分析時只依據速動比率一項指標則容易產生偏差，須配合現金比率、應收帳款週轉率等指標，才能做出正確判斷。

四、存貨信賴度

當速動比率小於1時，應檢視存貨信賴度，存貨信賴度表示短期債權人收回債權時，對存貨依賴的程度，亦即當速動資產無法清償流動負債時，有多少帳面存貨可以變現以支付流動負債。存貨信賴度應小於1，表示速動資產加上存貨足敷償還流動負債。

$$存貨信賴度 = \frac{（流動負債－速動資產）}{存貨}$$

五、現金比率（Cash Ratio）

(一) 現金比率之意義

速動比率考量存貨無法迅速變現，以及待攤提的預付費用無法產生現金流入等因素，而將流動資產排除了存貨與預付費用，以避免高估企業資產的流動性。但是，速動資產中的應收帳款與應收票據亦可能受到壞帳的扭曲，例如，企業的壞帳率過高，應收款項的收現品質不良，納入該資產亦可能高估企業資產的流動性。因此，為更謹慎的衡量企業的短期償債能力，可採用現金比率，該衡量指標除了將流動資產扣除存貨與預付費用外，並將應收帳款、應收票據予以排除。

$$現金比率 = \frac{現金及約當現金＋短期投資}{流動負債}$$

不同學者對現金比率的衡量有不同的主張，有的學者強調分子的部分不同，有的學者重視分母部分的不同。分子包括兩種：1.現金＋約當現金、2.現金＋約當現金＋短期投資；分母包括兩種：1.流動資產、2.流動負債。兩種分子與兩種分母合起來便有四種可能，本書的現金比率其分子以（現金＋約當現金＋短期投資）為之，分母則以流動負債為之。

　　雖然現金比率最能反映企業直接償付流動負債的能力，現金比率愈高，企業償債能力越強，但是如果企業保有過多的現金類資產，也意味著企業保有現金的機會成本增加。

(二) 現金比率之優缺點

　　現金無等待變現的時間問題，現金比率高表示企業緊急應變能力強，但也顯露出管理當局不善於運用現金，使現金閒置不事生產。現金比率忽略了企業流動資產和流動負債間的循環關係。

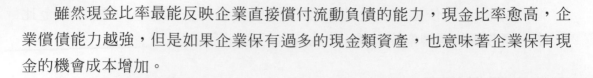

肆　短期償債能力分析之應用

　　依本書所採用釋例之三星科技股份有限公司及其子公司合併財務報表金額（單位新台幣仟元），其108年度與109年度之短期償債能力之各項比率列示如下。為使分析更具意義，將選取同為螺絲扣件產業之春雨工廠股份有限公司，以進行公司間之比較分析，同時，亦將此二者公司依臺灣證券交易所上市公司之分類所處之鋼鐵工業平均值列示如下。基於資訊取得的狀況，有關之比較僅以流動比率及速動比率為之。

| | 流動比率（%） | | |
年度	三星	春雨	鋼鐵工業
108	$\dfrac{\$4,344,957}{\$918,273} = 473.17$	191.38	141.80
109	$\dfrac{\$4,395,323}{\$837,888} = 524.57$	170.71	140.59

| | 速動比率（%） | | |
年度	三星	春雨	鋼鐵工業
108	$\dfrac{\$2,704,177}{\$918,273} = 294.49$	85.75	60.92
109	$\dfrac{\$3,037,858}{\$837,888} = 362.56$	78.25	66.00

速動資產＝現金及約當現金＋短期投資＋應收款項

三星公司108年速動資產＝$1,411,723＋$84,233＋$1,208,221＝$2,704,177

三星公司109速動資產＝$1,637,006＋$173,200＋$1,227,652＝$3,037,858

年度	三星公司存貨信賴度（％）
108	速動比率大於100%不需再計算存貨信賴度
109	速動比率大於100%不需再計算存貨信賴度

年度	三星公司營運資金（仟元）
108	$4,344,957－$918,273＝$3,426,684
109	$4,395,323－$837,888＝$3,557,435

年度	三星公司現金比率（％）
108	$\dfrac{\$1,495,956}{\$918,273}=162.91$
109	$\dfrac{\$1,810,206}{\$837,888}=216.04$

108年現金及約當現金＋短期投資＝$1,411,723＋$84,233＝$1,495,956

109年現金及約當現金＋短期投資＝$1,637,006＋$173,200＝$1,810,206

其分析結果為：

1. 三星科技公司109年度的流動比率、速動比率、營運資金及現金比率，皆比108年度的情況好，顯示三星科技公司短期償債能力愈來愈強。

2. 速動比率明顯比流動比率低許多，108年度流動比率473.17%、速動比率294.49%，109年度流動比率524.57%、速動比率362.56%。由此可知，三星科技的存貨所占比重蠻高的，應注意存貨是否有積壓現象。

3. 三星科技公司108及109年度的速動比率皆大於100%，表示變現力強的速動資產足以償還流動負債，因此不需再計算存貨信賴度的指標。

4. 108年底的流動負債與109年底的流動負債變化不大，但因流動負債是公司短期籌資的來源，且以外部籌資占大多數，因此需分析該公司短期籌資管理情況。由財務報表附註中得知，三星科技公司短期借款來自無擔保銀行借款、擔保銀行借款等兩項，且截至109年12月31日止尚有未使用的短期借款額度為$4,377,111仟元，所以該公司短期資金來源非常充裕。

5. 於108及109年度，三星科技公司之流動比率與速動比率皆呈上升趨勢，且均遠高於春雨公司及鋼鐵工業平均值；春雨公司此二比率之值較接近且微高於產業平均值，然而，於此二年度皆呈些微下降的趨勢。

6. 營運資金指標必須與過去期間的營運資金相比，才能衡量指標的合理性，如果營運資金顯得不正常就必需逐項分析流動資產和流動負債。分析三星科技公司五年度之營運資金顯示，在105年度為$2,591,519（仟元），其後持續微幅上升，至109年度為$3,557,435（仟元）。再以速動比率及現金比率變化的趨勢觀之，在105年度為分別為170.32%及90.39%，其後均為持續上升的趨勢，至109年度已分別為362.56%及216.04%。依此可知，三星科技公司應足敷償付到期之短期債務。

補充資料　SUPPLEMENT

流動比率與速動比率之管理

　　流動比率與速動比率要達到何種程度以上才稱得上是擁有良好的短期償債能力，並無一個通用標準，因為依照產業營運特性不同，會有不同的比率，因此，進行財務報表比率分析時，需與同產業公司之比率及產業平均值進行比較，如此將使分析更具意義。下列表中報導臺灣證券交易所上市公司10類傳統產業，於108及109年度之流動比率與速動比率產業平均值。

（接下頁）

（承上頁）

指標 ＼ 產業年度	水泥工業	食品工業	塑膠工業	紡織纖維	電機機械
流動比率　108年度	153.73%	121.75%	223.02%	129.37%	146.85%
流動比率　109年度	163.00%	118.43%	230.97%	130.24%	151.49%
速動比率　108年度	137.26%	87.16%	179.54%	84.98%	95.76%
速動比率　109年度	146.89%	85.21%	189.61%	88.05%	102.95%

指標 ＼ 產業年度	電器電纜	生技醫療業	玻璃陶瓷	造紙工業	橡膠工業
流動比率　108年度	158.31%	187.43%	118.43%	109.81%	175.90%
流動比率　109年度	180.30%	202.43%	128.00%	113.15%	181.11%
速動比率　108年度	102.70%	142.36%	75.63%	79.54%	119.27%
速動比率　109年度	118.35%	153.74%	91.75%	81.93%	125.37%

　　於此10類產業中，相較上，塑膠工業之流動比率與速動比率為最高，而造紙工業則為最低。另外，於此二年度變化的趨勢觀之，除了食品工業為些微下降的狀況，其餘產業均為上升的情況。

　　進行比率趨勢分析時要特別小心，因為比率之變動，有時會受到操弄。當比率大於1時，分子與分母同時增加（減少）相同數額時，比率會下降（提高）；相反地，若比率小於1時，分子與分母同時增加（減少）相同數額時，則比率會提高（下降）。

本章習題

一、選擇題

( ) 1. 若流動比率大於 1，以賒帳購入商品，則：
(A) 流動比率增加　　　　　(B) 流動比率減少
(C) 對流動比率無影響　　　(D) 毛利率減少。

( ) 2. 如其他有關項目皆不變，而發生銷貨折讓，則：
(A) 流動比率增加　　　　　(B) 流動比率減少
(C) 對流動比率無影響　　　(D) 毛利率無影響。

( ) 3. 甲公司將短期應付票據轉換為長期應付票據時，此一交易事項將導致：
(A) 僅營運資金減少　　　　(B) 營運資金與流動比率同時減少
(C) 僅營運資金增加　　　　(D) 營運資金與流動比率同時增加。

( ) 4. 甲公司應收帳款收現 $85,000，則：
(A) 流動比率上升　　　　　(B) 流動比率下降
(C) 速動比率上升　　　　　(D) 不影響流動比率及速動比率。

( ) 5. 甲公司沖銷過時之存貨 $125,000，則：
(A) 速動比率下降　　　　　(B) 速動比率上升
(C) 營運資金增加　　　　　(D) 流動比率下降。

( ) 6. 下列何者不包括在速動資產內：
(A) 現金　(B) 存貨　(C) 有價證券投資　(D) 應收帳款。

( ) 7. 流動資產超過流動負債的部分，就是：
(A) 速動資產　(B) 變現資產　(C) 營運資金　(D) 約當現金。

( ) 8. 甲公司的流動比率較高，但速動比率偏低，則表示該公司可能具有：
(A) 鉅額應收帳款餘額　　　(B) 鉅額流動負債
(C) 鉅額存貨投資　　　　　(D) 超高的現金比率。

( ) 9. 共同比財務報表必須指定一項合計金額作為共同尺度，在損益表中以下列何者作為共同尺度：
(A) 銷貨成本　(B) 銷貨收入淨額　(C) 營業外收入　(D) 營業外費用。

( ) 10. 趨勢分析是企業成長或衰退的重要指標，趨勢分析是一種：
(A) 縱向分析　(B) 縱橫向分析　(C) 橫向分析　(D) 垂直分析。

( ) 11. 逢甲公司 ×1 年底之流動負債為 $250,000，流動資產則包括現金 $100,000，應收帳款 $150,000，存貨 $200,000，預付費用 $50,000，則逢甲公司 ×1 年底之速動比率為：　(A) 1.0　(B) 1.6　(C) 1.8　(D) 2.0。

(　) 12. 甲公司 ×1 年底現金及約當現金為 $1,000,000，短期投資 $500,000，應收款項 $1,000,000，存貨 $1,500,000，預付費用 $400,000，流動負債為 $2,000,000，則甲公司 ×1 年底的營運資金為：

(A) $2,000,000　(B) $500,000　(C) $2,400,000　(D) $2,500,000。

(　) 13. 承第 12 題，甲公司 ×1 年底之速動比率為：

(A) 2.2　(B) 1.25　(C) 2.0　(D) 1.0。

二、問答題

1. 衡量短期償債能力常用之比率有哪些？

2. 速動比率和流動比率有何不同？

3. 何謂現金比率？如何計算？

4. 何謂約當現金？在財務報表中如何表達？

5. 速動資產包括哪些？

三、計算及分析題

1. 試寫出下列各項比率的計算公式：

(1) 速動比率。

(2) 流動比率。

(3) 營運資金。

(4) 現金比率。

2. 七賢公司 ×1 年底之流動資產及流動負債資料如下：

現金	$450,000	存貨	$480,000
短期投資	240,000	預付費用	60,000
應收票據	360,000	應付票據	180,000
應收帳款	600,000	應付帳款	495,000
備抵呆帳	30,000	應付費用	45,000

試作：

(1) 流動資產。　　　　　　　　　(4) 流動比率。

(2) 流動負債。　　　　　　　　　(5) 速動比率。

(3) 速動資產。

3. 假設台中公司目前流動比率大於 1，速動比率小於 1，請指出下列交易事項對各項比率或金額所造成之影響：增加（＋），減少（－）或無影響（0）

交易事項	流動比率	速動比率	營運資金
(1) 沖銷壞帳	（ ）	（ ）	（ ）
(2) 賒購商品	（ ）	（ ）	（ ）
(3) 宣告現金股利	（ ）	（ ）	（ ）
(4) 支付已宣告之現金股利	（ ）	（ ）	（ ）
(5) 長期負債轉列一年內到期負債	（ ）	（ ）	（ ）
(6) 以應付票據償還應付帳款	（ ）	（ ）	（ ）
(7) 應收帳款收現	（ ）	（ ）	（ ）
(8) 提列壞帳費用	（ ）	（ ）	（ ）

4. 台中公司 ×1 年底資產負債表部分科目如下：

流動資產

現金及約當現金	$1,128,000
應收帳款及票據	1,385,000
存貨	1,244,000
預付費用	253,000
流動資產合計	$4,010,000

流動負債

銀行借款	$ 868,000
應付短期票券	1,264,000
應付帳款及票據	484,000
其他流動負債	260,000
流動負債合計	$2,876,000

試作：

(1) 流動比率。

(2) 速動比率。

(3) 營運資金。

5. 下列為西安公司 ×1 年度部分財務資料：

現金及約當現金	$	70,000
應收款項		150,000
存貨		250,000
預付費用		100,000
應付帳款		230,000
應付票據		50,000
其他流動負債		30,000
銷貨收入		4,000,000
銷貨成本		3,000,000

試作：

(1) 流動比率。

(2) 速動比率。

(3) 營運資金。

6. 台北公司在 ×1 年度發生下列交易：

(1) 應收帳款收現 $76,000。

(2) 現購機器設備 $150,000。

(3) 壞帳沖銷 $20,000（沖銷備抵壞帳）。

(4) 現金增資 $200,000。

(5) 宣告股票股利 $100,000。

試作：各項交易對營運資金、流動比率、速動比率的影響（增加、減少、不變）。

7. 高雄公司目前流動比率為 2：1，試說明下列交易對於流動比率、速動比率及營運資金之影響。（增加、減少、不變）

(1) 股東現金增資 $500,000。

(2) 以現金 $100,000 償還應付帳款。

(3) 顧客破產，所欠帳款 $30,000 確定無法收回。

(4) 宣告現金股利 $40,000，預計 3 個月後發放。

(5) 開立 60 天期票據，向銀行借入現金 $80,000。

MEMO

現金流量分析

學習重點

1. 現金流量之意義
2. 現金流量表之編製
3. 各項現金流量比率分析及其共同比財務報表分析
4. 短期現金預測方法與目的
5. 現金流量分析之應用

FINANCIAL STATEMENT ANALYSIS

現金流量分析係屬一動態分析模式，以「現在」作為分析之始點，並參酌企業財務預測所訂之未來營業、投資及籌資計畫，以預測未來某特定期間之現金（包括約當現金）之流入與流出的變動狀況，並以之估計企業可資運用之資金額度及運用方式。企業常以現金流量分析、評估其立即償債能力，若未能有效衡量現金流入、流出狀況，將易造成企業週轉不靈而出現倒閉風險。傳統權責基礎會計之發展，日益複雜，致綜合損益表所列淨利與營業活動現金流量間之差異日益擴大，營業活動淨現金流量於評估管理當局經營績效上之重要性，日益提高。

本章第一節闡述現金流量之意義及現金流量表之編製，第二節介紹現金流量比率分析及共同比財務報表分析，第三節釋例說明短期現金預測之目的及方法，第四節介紹現金流量分析之應用。

壹　現金流量之意義

一、現金流量之意義

現金係企業營業週期（Operating Cycle）起點與終點之表徵。企業之營業活動始於將現金流出而轉換成各項資產（如原料、物料、不動產、廠房及設備等），其次，透過生產製程產出商品存貨，再經銷售過程將存貨轉換成應收帳款，俟應收帳款收現使現金流入企業而達營業週期之終點。

現金流量分析係屬一動態分析模式（Dynamic Analysis），以「現在」作為分析之始點，並參酌企業財務預測（Financial Forecast）所訂之未來營業、投資及籌資計畫，以預測未來某特定期間之現金（包括約當現金）之流入與流出的變動狀況，並以之估計企業可資運用之資金額度及運用方式。

現金流量係指現金及約當現金（Cash Equivalent）之流入與流出，現金包括庫存現金及活期存款，約當現金係指短期並具高度流動性之投資，該投資可隨時轉換成定額現金且價值變動之風險甚小者。常見之約當現金通常包括自取得日起三個月內到期或清償之國庫券、商業本票及銀行承兌匯票等。另外，凡

於描述現金流量時，宜明確指出該現金流量係由何項活動產生，亦即須明確指出現金之流入、流出係由營業、投資或籌資活動產生，且於稱現金流量時，須明確指明其係現金流入量、現金流出量或現金流入、流出之淨額，方能進行正確之現金流量分析。

二、現金流量分析之重要性

(一) 現金流量為立即償債能力之指標

現金為企業流動性最高之資產，其代表企業立即償債能力之指標，若未能有效衡量現金之流入、流出狀況，將易造成企業週轉不靈而出現倒閉風險。

(二) 現金流量為獲利能力最有效之指標

財務報表分析人員及企業管理者均已體認，傳統權責基礎會計之發展日益複雜，因此，亦使企業綜合損益表所列示之淨利與營業活動淨現金流量間之差異日益擴大，淨利無法顯現營業活動淨現金流量下，企業管理者於評估經營績效時，將以營業活動淨現金流量為其最終且有效之指標，畢竟企業於進貨、購置設備、償還借款時，所動用者為現金而非淨利。

(三) 現金流量為投資方案效益之衡量指標

一項投資方案之效益在求其淨現金流入量之極大化，尤其對資本支出計畫而言，通常其成本之回收須耗較長之時間，若舉債以為購置不動產、廠房及設備，其產生之現金流入量若不足以清償初期之債務本息之下，將造成週轉不靈現象，該計畫將被拒絕，故現金流量為衡量投資方案之最適指標。

依以上分析，一企業之營業、投資及籌資活動之現金流量分析，實關乎其償債能力及經營績效之重要分析工具。

三、現金流量表之編製

(一) 現金流量表之意義及目的

現金流量表係以現金之流入與流出，彙總說明企業在特定期間之營業、投資及籌資活動。其目的：

1. 提供企業有關現金流量變動之資訊，可供財務報表使用者瞭解企業營業、投資及籌資之政策，評估其流動性、財務彈性、產生現金之能力與風險；亦可比較不同企業未來現金流量之現值，並消除相同交易在不同企業間使用不同會計處理方式之影響。

2. 現金流量表連同其他財務報表所提供之資訊，可用以評估企業：

   (1) 未來淨現金流入之能力。

   (2) 償還負債與支付股利之能力，及向外界籌資之需要。

   (3) 本期損益與營業活動所產生現金流量之差異原因。

   (4) 本期現金與非現金之投資及籌資活動對財務狀況的影響。

(二) 現金流量表構成要素

依現行國際會計準則第七號（IAS 7）：現金流量表之規範，現金流量表構成要素如下：

1. 營業活動之現金流量（Cash Flows From Operating Activities）

營業活動係指企業主要營收活動及非屬投資或籌資之其他活動。營業活動之現金流量大多來自主要營收活動，故通常來自用以決定損益之交易及其他事項，例如：自銷售商品、提供勞務、權利金、佣金等之現金收取；對進貨、員工及其他營業費用之現金支付；自因自營或交易目的而持有證券及放款之現金收、付；所得稅（可明確歸屬於投資或籌資者除外）之現金支付或退回等。

 股市見聞

綜觀2017年台灣資本市場表現，39家新掛牌企業（另有3家上櫃轉上市），籌資金額為新台幣148.1億元，相較前五年的平均值，家數少了17家、金額下滑50%，缺乏大型募資案下，表現來到五年最低。八成掛牌主流產業來自生技醫療產業、製造產業及高科技產業，分別募得新台幣45.2億元（31%）、39.6億元（27%）及32.7億元（22%）。（中央社，2018/1/24）

(接下頁)

(承上頁)

　　針對台灣資本市場新掛牌家數創五年新低之現象，台灣證券交易所表示（聯合新聞網，2018/1/4），這和私募基金直接投資及發債管道多元有關，全球市場IPO都見下滑，台股也不例外，不過證交所仍力推IPO，近期積極與主管機關溝通鬆綁上市條件，台灣證券交易所表示，目前上市條件以實收資本額達到新台幣6億元且近年無累積虧損等作為審查標準，擬鬆綁的上市條件，可能改為資本額、市值、淨值等三條件擇一，也就是無獲利公司，若市值或淨值符合門檻，也可申請上市，但為把關公司績效，市值與淨值條件，擬再附加現金流量、營收金額等細部標準，一併審查。

　　觀察此次台股上市條件之變更，可發現其後企業掛牌上市門檻，不再以「是否賺錢」為要件，惟台股上市條件中不論鬆綁前或鬆綁後，其仍堅守現金流量須為「正數」，其考量乃資金是企業之動脈，物流、人流、資訊流其後均顯現於金流，現金流量中尤其營業活動現金流量方足代表企業具經常性、穩定性之金流，企業常因現金流量不足，即使財務報表上未出現赤字，仍可能因長期現金淨流出而發生「黑字倒閉」。

2. 投資活動之現金流量（Cash Flows From Investing Activities）

投資活動係指對長期資產及非屬約當現金之其他投資之取得與處分，例如：因取得或處分不動產、廠房及設備、無形資產及其他長期資產之現金支付或收取，包括與資本化之發展成本及自建不動產、廠房及設備相關之支出；因取得或處份其他企業之權益或債務工具及合資權益之現金支付或收取（不包括取得視為約當現金或持有供自營或交易目的之工具之現金支付）；對他方之現金墊款及放款（不包括金融機構承作之墊及放款）之承作或收回；因期貨合約、遠期合約、選擇權合及交換合之現金支付或收取（持有供自營或交易目的之合約或該現金支付被分類為籌資活動者除外）等。

股市見聞

　　臺灣上市櫃公司之海外投資活動，仍集中於大陸，並於2014年創歷史新高（科技政策研究與資訊中心，2015/4/23）。我國金融監督管理委員會（2015/4/21）公布，2014年國內上市上櫃公司在大陸投資獲利達新台幣2,137億元，首度突破2,000億元、創下新高；此外，去年上市櫃公司匯回之大陸投資利益高達482億元，也就是投資收益匯回比率達22.5%。金融監督委員會表示，依據證交所及櫃買中心彙總統計國內上市（櫃）公司截至103年底止大陸投資情況如下：

(一)截至103年底止，上市公司649家，上櫃公司498家，合計1,147家赴大陸投資，占全體上市（櫃）公司總家數1,481家之77.45%，較102年底增加25家。

(二)累計投資金額：截至103年底止，上市公司累計投資新台幣（以下同）1兆7,420億元，上櫃公司1,998億元，合計1兆9,418億元，較102年底增加2,276億元。上市、上櫃公司分別以電腦及週邊設備業、電子零組件業投資金額較大。

(三)投資損益：103年度投資損益，上市公司收益2,105億元，上櫃公司收益32億，合計收益2,137億元，較102年底增加681億元，主係市場需求持續增加且產品良率提升所致。上市、上櫃公司分別以其他電子業，電腦及週邊業獲利較佳。

(四)投資收益累計匯回金額：截至103年底止，上市、上櫃公司投資收益累計匯回金額分別為1,941億元及201億元，合計2,142億元，占累積原始投資金額1兆9,418億元之11.03%，較102年底增加482億元。上市、上櫃公司分別以電腦及週邊設備業及電子零件業匯回金額較大。

3. **籌資活動之現金流量（Cash Flows From Financing Activies）**

　　籌資活動係指導致企業之投入權益及借款之規模及組成項目發生變動之活動，例如：自發行或贖回股票或其他權益工具之現金收取或支付；自發行或償還債權憑證、借款、票據之現金收取或支付等。

股市見聞

　　觀察國內2004年至2016年直接與間接金融的變化情形（2017中小企業白皮書）國內間接金融存量比率自2004年以來呈現穩定成長，大致上直接金融存量占比則逐年下滑，顯見間接金融持續為國內企業籌資的主要管道，且有不斷擴張的趨勢。然而，在2016年直接金融比率一改過去持續下滑的姿態，呈現微幅的成長。2016年間接金融比為79.37%，直接金融比率為20.63%。

　　從籌資的管道來看，企業自金融機構貸款的比例占所有籌資管道的6成以上，2004年至2016年平均為68.16%，2016年則為68.55%，較2015年增加0.33個百分點。資產證券化受益證券，則自2008年後持續減少，2016年僅占0.22%，與2015年的占比相同。股權證券則略為減少至19.67%。公司債占企業融資自2014年以來比重持續下降，2016年下滑至4.28%、短期票券則持續微幅增加為3.35%；海外公司債比率，自2011年後則持續下滑至3.92%。（如圖4-1所示）

■金融機構放款　■股權證券　■短期票券　■公司債　■海外債　□資產證券化受益證券

%	0.22	0.69	1.07	1.29	0.99	0.78	0.62	0.48	0.39	0.34	0.28	0.22	0.22
100	4.60	4.69	4.40	4.62	4.44	4.53	4.54	4.59	4.48	4.39	4.20	4.09	3.92
	4.21	3.85	3.60	3.36	3.39	3.36	3.41	3.66	4.21	4.63	4.79	4.64	4.28
	2.71	2.44	2.27	2.04	2.07	1.94	1.97	2.01	2.67	2.99	3.12	3.13	3.35
80	21.32	21.14	21.09	20.76	20.63	20.94	20.22	20.12	19.86	19.77	19.54	19.70	19.67
60													
40													
	66.95	67.19	67.57	67.92	68.48	68.44	69.24	69.14	68.40	67.89	68.06	68.22	68.55
20													
0	2004	2005	2006	2007	2008	2009	2010	2011	2012	2013	2014	2015	2016

圖 4-1　2004 年至 2016 年企業籌資管道之比較

附　註：1.金融機構包含：包含央行、其他貨幣機構及人壽保險公司。
　　　　2.金融機構放款含催收及轉銷呆帳。
　　　　3.籌資管道中不含金融機構投資及政府債券。
資料來源：中央銀行（2017年7月），《直接金融與間接金融存量分析》。

4. 非現金交易

非現金交易不涉及當期之現金流量，故將該等項目自現金流量表中排除，例如：以股票清償債務；非以現金或以融資租賃方式取得資產；以發行股票進行企業併購等。

5. 外幣現金流量

外幣交易產生之現金流量，應按現金流量發生日之功能性貨幣與外幣間之匯率，將該外幣金額以企業之功能性貨幣記錄之。國外子公司之現金流量，應按現金流量發生日之功能性貨幣與外幣間之匯率換算。因外幣匯率變動而產生之未實現利益及損失並非現金流量。惟為調節期初及期末之現金及約當現金餘額，應於現金流量表中報導匯率變動對持有或積欠之外幣現金及約當現金之影響。

(三)現金流量表之編製方法

企業之營業收入於收現時即產生現金流入，營業成本及費用於付現時即產生現金流出，但因損益認列之時間（按應計基礎）與現金收支之時間（按現金基礎）可能不同，故從綜合損益表之資料以求算由營業活動產生之現金流量，須調整不影響現金之收益及費用項目；即應將應計基礎之損益數字調整為現金基礎之損益數字。本章擬以釋例[1]，說明現金流量表之編製方法。

1　我國財務會計準則公報第十七號：「現金流量表」之附錄改編。

釋例

綜合損益表

<table>
<tr><td colspan="3" align="center">南海公司
綜合損益表
2020年度</td></tr>
<tr><td>銷貨收入</td><td></td><td>$8,000,000</td></tr>
<tr><td>減：銷貨成本</td><td></td><td>(5,500,000)</td></tr>
<tr><td>銷貨毛利</td><td></td><td>$2,500,000</td></tr>
<tr><td>營業費用：</td><td></td><td></td></tr>
<tr><td>　壞　帳</td><td>$10,000</td><td></td></tr>
<tr><td>　折　舊</td><td>250,000</td><td></td></tr>
<tr><td>　專利權攤銷</td><td>30,000</td><td></td></tr>
<tr><td>　其　他</td><td>900,000</td><td>(1,190,000)</td></tr>
<tr><td>營業純益</td><td></td><td>$1,310,000</td></tr>
<tr><td>營業外收入及費用：</td><td></td><td></td></tr>
<tr><td>　採權益法認列之損益份額</td><td>$100,000</td><td></td></tr>
<tr><td>　出售設備利益</td><td>50,000</td><td></td></tr>
<tr><td>　利息費用</td><td>(200,000)</td><td></td></tr>
<tr><td>　專利權訴訟損失</td><td>(10,000)</td><td>(60,000)</td></tr>
<tr><td>本期稅前純益</td><td></td><td>$1,250,000</td></tr>
<tr><td>所得稅：</td><td></td><td></td></tr>
<tr><td>　本期已付及應付</td><td>$450,000</td><td></td></tr>
<tr><td>　遞　延</td><td>50,000</td><td>(500,000)</td></tr>
<tr><td>本期純益</td><td></td><td>$750,000</td></tr>
</table>

比較資產負債表

<table>
<tr><td colspan="4" align="center">南海公司
比較資產負債表
2019年及2020年12月31日</td></tr>
<tr><th>資產</th><th>2020年</th><th>2019年</th><th>增（減）數</th></tr>
<tr><td>現金及約當現金</td><td>$400,000</td><td>$238,000</td><td>$162,000</td></tr>
<tr><td>應收票據</td><td>220,000</td><td>130,000</td><td>90,000</td></tr>
<tr><td>應收帳款</td><td>603,000</td><td>690,000</td><td>(87,000)</td></tr>
<tr><td>減：備抵壞帳</td><td>(13,000)</td><td>(8,000)</td><td>(5,000)</td></tr>
<tr><td>存貨</td><td>460,000</td><td>480,000</td><td>(20,000)</td></tr>
<tr><td>預付費用</td><td>130,000</td><td>120,000</td><td>10,000</td></tr>
<tr><td>採權益法之投資</td><td>1,260,000</td><td>1,200,000</td><td>60,000</td></tr>
<tr><td>土地</td><td>1,300,000</td><td>900,000</td><td>400,000</td></tr>
<tr><td>房屋</td><td>2,600,000</td><td>2,000,000</td><td>600,000</td></tr>
<tr><td>減：累計折舊</td><td>(1,000,000)</td><td>(800,000)</td><td>(200,000)</td></tr>
<tr><td>設備</td><td>600,000</td><td>1,000,000</td><td>(400,000)</td></tr>
<tr><td>減：累計折舊</td><td>(100,000)</td><td>(300,000)</td><td>200,000</td></tr>
<tr><td>專利權（淨額）</td><td>120,000</td><td>150,000</td><td>(30,000)</td></tr>
<tr><td>資產合計</td><td>$6,580,000</td><td>$5,800,000</td><td>$780,000</td></tr>
<tr><td colspan="4">負債及股東權益</td></tr>
<tr><td>應付帳款</td><td>$380,000</td><td>$350,000</td><td>$30,000</td></tr>
<tr><td>應付費用</td><td>200,000</td><td>150,000</td><td>50,000</td></tr>
<tr><td>應付利息</td><td>100,000</td><td>150,000</td><td>(50,000)</td></tr>
<tr><td>應付所得稅</td><td>280,000</td><td>310,000</td><td>(30,000)</td></tr>
<tr><td>可轉換公司債一年內到期部分</td><td>350,000</td><td>500,000</td><td>(150,000)</td></tr>
<tr><td>長期應付票據</td><td>700,000</td><td>0</td><td>700,000</td></tr>
<tr><td>可轉換公司債</td><td>150,000</td><td>1,100,000</td><td>(950,000)</td></tr>
<tr><td>遞延所得稅負債</td><td>350,000</td><td>300,000</td><td>50,000</td></tr>
<tr><td>股本</td><td>2,400,000</td><td>1,800,000</td><td>600,000</td></tr>
<tr><td>資本公積</td><td>380,000</td><td>380,000</td><td>0</td></tr>
<tr><td>法定盈餘公積</td><td>635,000</td><td>560,000</td><td>75,000</td></tr>
<tr><td>保留盈餘</td><td>775,000</td><td>200,000</td><td>575,000</td></tr>
<tr><td>庫藏股票（成本）</td><td>(120,000)</td><td>0</td><td>(120,000)</td></tr>
<tr><td>負債及股東權益合計</td><td>$6,580,000</td><td>$5,800,000</td><td>$780,000</td></tr>
</table>

其他補充資料

1. 本期提列壞帳費用$10,000,應收帳款確定無法收回而轉銷者$5,000。

2. 出售設備:成本$400,000,累計折舊$250,000,售價$200,000。

3. 面額$600,000之可轉換公司債,轉換為每股面值$10之普通股60,000股,二種證券之市價均與面額相等。

4. 支付現金$300,000及簽發三年期應付票據$700,000以購買土地及房屋。票面利率10%,土地及房屋市價分別為$400,000及$600,000。

5. 本年度房屋折舊費用$200,000,設備折舊費用$50,000,專利權攤銷數$30,000。

6. 長期股權投資採權益法評價,本年度認列之損益份額為$100,000,並收到被投資公司現金股利$40,000。

7. 本年度償還「可轉換公司債一年內到期部分」$500,000,下年度應償還之可轉換公司債$350,000。

8. 依公司法之規定,應少數股東之請求,購買庫藏股票10,000股,成本$120,000,公司預期於六個月內再出售。

9. 本年度純益$750,000,發放現金股利$100,000。

1. 間接法

(1) 營業活動現金流量

間接法(Indirect Approach)係從綜合損益表中之「本期稅前淨利」調整當期不影響現金流量之損益項目、與損益有關之流動資產及流動負債項目之變動金額,以求算當期由營業活動產生之淨現金流入或流出。

①非付現費用項目

企業綜合損益表列示之費用中,部分費用項目並非於本期付出現金,惟其已自本期收益中扣除以計得本期損益,故於衡量本期自營業活動產生之現金流量時,應將此等費用加回本期損益。此等非付現費用項目包括:壞帳費用、不動產、廠房及設備之折舊費用、遞耗資產之折耗、無形資產及遞延借項之攤銷、應付公司債折價攤銷、公司債發行成本攤銷、長期債券投資溢價攤銷、採權益法認列之損失份額、退休金負債增加等。

釋例南海公司2020年綜合損益表中所列示之壞帳$10,000，折舊$250,000，專利權攤銷數$30,000，均屬非付現費用項目，按間接法編製現金流量表時，應作本期純益之加項。另利息費用$200,000亦先行作為純益之加項，另將因利息費用而付出現金$250,000（利息費用$200,000加應付利息減少數$50,000）列為現金之流出。（如表4-1營業活動之現金流量所示）

②非收現收益項目

企業綜合損益表列示之收益中，部分收益項目並非本期收到現金，故於衡量本期自營業活動產生之現金流量時，應將此等收益減除。此等非收現收益項目包括：遞延收益攤銷、應付公司債溢價攤銷、長期債券投資折價攤銷、採權益法認列之利益份額投資收益等。

依釋例南海公司而言，其2020年綜合損益表中所列示之採權益法認列之利益份額$100,000，應自本期純益減除之，而其收到被投資公司現金股利$40,000列為現金之流入。（如表4-1營業活動之現金流量所示）

③與營業活動有關之資產／負債變動數

應計基礎下損益表所列示之損益金額並不能反映出實際之現金流量，應計基礎與現金基礎之差異性，適反應於應收、應付、預收、預付及存貨等項目之變動上，故於衡量營業活動之現金流量時，應自本期損益調整此等項目之變動。

A.應收帳款及應收票據

本期期末應收帳款及應收票據（因銷貨產生部分）餘額若較期初餘額為大，則其增加數表示本期銷貨收入中尚未收現者，亦即本期自銷貨收入收現數較綜合損益表所列示之銷貨收入為少，故此增加數應減自本期損益，反之應收帳款、應收票據（因銷貨產生部分）減少數應加回本期損益，方得正確衡量營業活動之現金流量。

依釋例南海公司而言，其2020年資產負債表中應收票據增加數$90,000，應自本期損益扣除之。應收帳款減少數$82,000（應收帳款期末餘額$603,000＋應收帳款確定無法收回而轉銷數$5,000－應收帳款期初餘額$690,000），應加回本期損益。（如表4-1營業活動之現金流量所示）

B.存貨、應付帳款及應付票據

本期期末存貨數若較期初數為大，則存貨增加數將造成銷貨成本減少，本期損益增加，惟未增加現金，故存貨增加數應自本期損益減除之。反之，存貨減少數應加回本期損益。本期期末應付帳款、應付票據（因進貨產生部分）餘額若較期初餘額為大，則其增加數表示本期進貨中尚未付現者，惟因進貨已轉入銷貨成本，並使本期純益減少，故應付帳款、應付票據（因進貨產生部分）增加數應加回本期損益。反之，應付帳款、應付票據（因進貨產生部分）減少數應自本期損益減除之。

釋例南海公司2020年資產負債表中存貨減少數$20,000，應付帳款增加數$30,000，均應加回本期損益。（如表4-1營業活動之現金流量所示）

C.應收收益及預收收益

本期因應收租金、應收利息等所產生之應收收益，其期末餘額若較期初餘額為大，表示本期自租金收入、利息收入所收到之現金數較綜合損益表列示之租金收入、利息收入為小，惟租金收入、利息收入等收益已造成本期純益增加，故應收收益增加數應自本期損益減除之。反之，應收收益減少數，應加回本期損益。本期因預收租金等所產生之預收收益，其期末餘額若較期初餘額為大，則表本期自預收收益之收現數較綜合損益表列示之收益金額為大，故預收收益增加數應加回本期損益。反之，預收收益減少數，應自本期損益減除之。

釋例南海公司2020年度並未見此應收收益及預收收益項目，故本期損益不必調整之。

D.應付費用及預付費用

本期因應付租金、應付薪資等所產生之應付費用，其期末餘額若較期初餘額為大，表示本期因租金及薪資費用而實際支付之現金數較綜合損益表列示之租金及薪資費用為小，惟此等費用已造成本期純益減少，故應付費用增加數應加回本期損益。反之，應付費用減少數，應自本期損益減除之。

本期因預付租金、預付保費等所產生之預付費用，其期末餘額若較期初餘額為大，則表本期因租金費用、保險費而實際支付之現金較

綜合損益表列示之租金費用、保險費為大，故預付費用增加數應自本期損益減除之。反之預付費用減少數則應加回本期損益。

依釋例南海公司而言，其2020年資產負債表中應付費用增加數$50,000，應加回本期損益。預付費用增加數$10,000應自本期損益減除之。（如表4-1營業活動之現金流量所示）

E. 與投資及籌資相關之損益項目

本期處分資產係屬投資活動，故其處分資產所產生之現金應全數列入投資活動之現金流入。惟處分資產利益已造成本期純益增加，故應自本期損益減除之。反之，處分資產損失則應加回本期損益。

本期清償債務係屬籌資活動，故其清償債務所支付之現金應全數列入籌資活動之現金流出。惟清償債務之利益已造成本期純益增加，故應自本期損益減除之。反之，清償債務損失則應加回本期損益。

依釋例南海公司而言，其2020年以$200,000出售設備（成本$400,000， 累計折舊$250,000），產生出售設備利益$50,000，則出售設備收到之現金$200,000已全數列示於投資活動之現金流入（如表4-1投資活動之現金流量所示），故該出售設備利益$50,000應自本期損益減除之。（如表4-1營業活動之現金流量所示）

(2) 投資活動

南海公司2020年出售設備收到之現金$200,000，應列示於投資活動之現金流入（如表4-1投資活動之現金流量所示）。另該公司支付現金$300,000及簽發三年期應付票據$700,000以購買土地$400,000及房屋$600,000，則其中支付現金$300,000係屬投資活動之現金流出（如表4-1投資活動之現金流量所示），簽發三年期應付票據$700,000部分則屬不影響現金流量之投資及籌資活動。

(3) 籌資活動

南海公司2020年發放現金股利$100,000，購買庫藏股票$120,000，償還到期之可轉換公司債$50,000，均屬籌資活動之現金流出。（如表4-1籌資活動之現金流量所示）

表 4-1 現金流量表（間接法）

南海公司
現金流量表
2020年度

營業活動之現金流量：		
本期稅前淨利		$1,250,000
調整項目：		
收益費損項目：		
壞帳費用	$10,000	
折舊費用	250,000	
利息費用	200,000	
專利權攤銷	30,000	
採權益法認列之利益份額	(100,000)	
	$390,000	
與營業活動相關之資產／負債變動數：		
應收票據增加	$(90,000)	
應收帳款減少	82,000	
存貨減少	20,000	
預付費用增加	(10,000)	
應付帳款增加	30,000	
應付費用增加	50,000	
	$82,000	
與投資相關之損益：		
出售設備利益	$(50,000)	422,000
營運產生之現金		$1,672,000
收取股利（註1）	$40,000	
支付利息（註2）	(250,000)	
支付所得稅	(480,000)	(690,000)
營運活動之淨現金流入		$982,000
投資活動之現金流量：		
出售設備	$200,000	
購買土地及房屋	(300,000)	
投資活動之淨現金流出		(100,000)
籌資活動之現金流量：		
發放現金股利（註3）	$(100,000)	
購買庫藏股票	(120,000)	
償還到期之可轉換公司債	(500,000)	
籌資活動之淨現金流出		(720,000)
本期現金及約當現金增加數		$162,000
期初現金及約當現金餘額		238,000
期末現金及約當現金餘額		$400,000

註1：可列為投資活動之現金流量。
註2：可列為籌資活動之現金流量。
註3：可列為營業活動之現金流量。

2. 直接法

(1) 營業活動現金流量

‧ 直接法（Direct Approach）係直接列出當期營業活動所產生之各項現金流入及現金流出，即直接將綜合損益表中與營業活動有關之各項目由應計基礎轉換成現金基礎以求算之：

①銷貨之收現

　　銷貨之收現數＝本期銷貨收入＋本期應收帳款、應收票據
　　　　　　　　　　（因銷貨產生部分）減少數－本期應收帳
　　　　　　　　　　款、應收票據（因銷貨產生部分）增加數

南海公司2020年現銷及應收帳款收現數為$7,992,000（銷貨收入$8,000,000＋應收帳款減少數$82,000－應收票據增加數$90,000）。（如表4-2營業活動之現金流量所示）

②其他營業收益之收現

　　其他營業收益之收現數＝其他營業收益＋本期應收收益減少數、
　　　　　　　　　　　　　預收收益增加數－本期應收收益增加數、
　　　　　　　　　　　　　預收收益減少數

南海公司2020年綜合損益表列示之採權益法認列之利益份額$100,000中收到之現金股利$40,000列示於營業活動現金流入。（如表4-2營業活動之現金流量所示）

③進貨之付現

　　本期進貨＝銷貨成本＋本期存貨增加數－本期存貨減少數
　　進貨之付現數＝本期進貨＋本期應付帳款、應付票據（因進貨產生部
　　　　　　　　　分）減少數－本期應付帳款、應付票據（因進貨產生
　　　　　　　　　部分）增加數
　　　　　　　　＝銷貨成本＋本期存貨增加數＋本期應付帳款、
　　　　　　　　　應付票據（因進貨產生部分）減少數
　　　　　　　　　－本期存貨減少數－本期應付帳款、
　　　　　　　　　應付票據（因進貨產生部分）增加數

南海公司2020年進貨付現數為$5,450,000（銷貨成本$5,500,000－存貨減少數$20,000－應付帳款增加數$30,000），列示於營業活動之現金流出。（如表4-2營業活動之現金流量所示）

④其他營業費用之付現

其他營業費用之付現數＝其他營業費用＋本期應付費用減少數、
　　　　　　　　　　　　預付費用增加數－本期應付費用增加數、
　　　　　　　　　　　　預付費用減少數

釋例南海公司，其2020年：

A.營業費用付現數為$860,000（其他營業費用$900,000－應付費用增加數$50,000＋預付費用增加數$10,000）。

B.利息費用付現數為$250,000（利息費用$200,000＋應付利息減少數$50,000）。

C.專利權訴訟損失付現為$10,000。

以上均屬營業活動之現金流出。（如表4-2營業活動之現金流量所示）

⑤所得稅費用之付現

所得稅費用付現數＝所得稅費用＋$\begin{bmatrix} \text{遞延所得稅負債減少數} \\ \text{遞延所得稅資產增加數} \\ \text{應付所得稅減少數} \end{bmatrix}$－$\begin{bmatrix} \text{遞延所得稅負債增加數} \\ \text{遞延所得稅資產減少數} \\ \text{應付所得稅增加數} \end{bmatrix}$

南海公司2020年所得稅費用付現數為$480,000（所得稅費用$500,000＋應付所得稅減少數$30,000－遞延所得稅負債增加數$50,000）列示於營業活動之現金流出。（如表4-2營業活動之現金流量）

(2) 投資及籌資活動

按間接法、直接法編製現金流量表，兩法之差異只有在營業活動現金流量之表達方式不同，對投資活動、籌資活動之表達而言，兩法完全相同。故直接法下投資活動、籌資活動之現金流量及不影響現金流量之投資與籌資活動揭露與間接法相同。（如表4-2投資活動、籌資活動之現金流量所示）

表 4-2　現金流量表（直接法）

南海公司
現金流量表
2020年度

營業活動之現金流量：		
現銷及應收帳款收現	$7,992,000	
進貨付現	(5,450,000)	
營業費用付現	(860,000)	
專利權訴訟損失付現	(10,000)	
營運產生之現金	$1,672,000	
收取股利（註1）	40,000	
支付利息（註2）	(250,000)	
支付所得稅	(480,000)	
營業活動之淨現金流入		$982,000
投資活動之現金流量：		
出售設備	$200,000	
購買土地及房屋	(300,000)	
投資活動之淨現金流出		(100,000)
籌資活動之現金流量：		
發放現金股利（註3）	$(100,000)	
購買庫藏股票	(120,000)	
償還到期之可轉換公司債	(500,000)	
籌資活動之淨現金流出		(720,000)
本期現金及約當現金增加數		$162,000
期初現金及約當現金餘額		238,000
期末現金及約當現金餘額		$400,000

註1：可列為投資活動之現金流量。
註2：可列為籌資活動之現金流量。
註3：可列為營業活動之現金流量。

股市見聞

15家上市櫃金控配息逾1,800億　創歷史新高

金控股現金股息大放送！15家上市櫃金控去年盈餘分派至昨（29）日全數出爐，整體金控發放現金股息總額突破1,800億元，再創歷史新高。

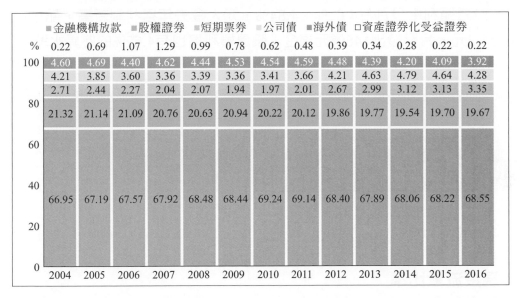

富邦金（2881）與國泰金（2882）都發出超過300億元現金股息犒賞股東，雙雄股價今年以來分別上漲三成多、兩成多，現金股息殖利率仍有超過4.6%水準，超過定存利率四倍以上，存股族可望價差、股息兩頭賺。

其他金控股也同樣亮眼，如以昨天收盤價計算，發出總股息破百億元、股息殖利率超過4.6%的大型金控，還有元大金、兆豐金、中信金；開發金、永豐金發出現金股息總額在七、八十億元水位，股息殖利率分別為4.21%、5.26%，開發金今年來股價上漲達四成，漲幅居金控之冠。

金控公司多數股本已超過千億元，都以發放現金股息為主，近年發出股息總額年年高，提供股民資金活水。去年整體金控獲利在新冠肺炎疫情衝擊下逆勢創高，雖有政策指導盈餘分派持盈保泰，不鼓勵多發，但整體金控發出現金股息總額還是再寫新高，合計達1,848億元，比去年發放股息總額成長近一成、多了165億元。

(接下頁)

(承上頁)

　　國泰金、富邦金實現加發股息承諾，發放股息總額都增至300億元之上，國泰金每股現金股息2.5元，合計發出329.2億元。富邦金每股股息3元，合計發307億元現金給股東，更特別是還要發每股1元股票股利，對於部分偏好搭配股票股利的存股族是好消息。

　　中信金、兆豐金雖然去年獲利末成長，但現金股息總額仍超過200億元，股息殖利率分別為4.61%、4.84%，元大金去年獲利創新高，配發每股股息1.2元，合計發出145億元現金，股息殖利率也有4.62%的優異水準。

資料來源：經濟日報2021.04.30

貳　現金流量分析

一、比率分析

(一) 現金流量比率

$$現金流量比率 = \frac{營業活動之淨現金流量}{流動負債}$$

　　現金流量比率（Cash Flow Ratio）係以現金流量表中營業活動之淨現金流量除以流動負債（包括應付帳款、應付票據、各項應付款項、應付費用及即將於一年內到期之長期負債等）。此比率代表企業短期償債能力之動態指標，現金流量比率越大，表示企業償還即將到期債務能力越強。反之，此比率越小，則表企業償還即將到期債務之能力越弱。

　　依本書所採用釋例之三星科技股份有限公司及子公司合併財務報表金額（單位新台幣仟元），其2019年度、2020年度之現金流量比率列示如下：

年度	現金流量比率（%）
2019	$\dfrac{\$1,268,048}{\$\ 918,273} = 138.09$
2020	$\dfrac{\$1,148,464}{\$\ 837,888} = 137.07$

茲比較該公司2019年度、2020年度之現金流量比率，可知該公司償付即將到期債務能力變動不大。

（二）現金流量允當比率

$$現金流量允當比率 = \frac{最近五年度營業活動之淨現金流量}{最近五年度（資本支出＋存貨增加額＋現金股利）}$$

現金流量允當比率（Cash Flow Adequacy Ratio）為消除週期性現金流量之影響及反應通貨膨脹對企業現金流入、流出之影響，故以相關項目最近五年合計數計之。例如，一企業若因市場需求因素，造成其存貨增加額呈循環性變動，即某一年存貨增加額升高，次年則降低之下，若以單一年度之數據計之，則將無法反應出現金流量之允當性，故以最近五年合計數計之。此外，一項資本支出之現金流出後，其現金流入將透過該資本投資所產生之營業活動而逐年流入，故為完整衡量資本支出之現金流出、流入之關係，應以較長期間（如五年）為衡量依據為宜。

現金流量允當比率之分子係指最近五年度企業現金流量表中之營業活動淨現金流量之合計數，分母則指：

1. 最近五年度資本支出：係指最近五年每年資本支出所造成之現金支出數的合計數。

2. 最近五年度存貨增加額：係指最近五年每年存貨增加數（若存貨呈減少之年度，則不予計入）之合計數。

3. 最近五年度現金股利：係指企業於最近五年度發放予普通股及特別股現金股利（非現金股利，如股票股利、財產股利，則不予計入。）

4. 企業資產負債表中之營運資金項目除存貨外尚包括應收帳款、短期投資等，其中，應收帳款因其可自企業自發性籌資項目（如應付帳款）取得籌資，故不計入。另，短期投資因非屬營業活動之必要行為，通常其為企業閒置資金之運用，故亦不計入之。

　　現金流量允當比率通常作為企業判斷是否進行對外籌資之指標，當該比率大於（或等於）100%，表示該企業自營業活動所產生之淨現金流量已足敷其為應付生產能量、存貨水準、股利水準之付現數。反之，該比率若小於100%，則表該企業自營業活動所產生之淨現金流量已不足供其資本支出、存貨增加、支付股利之付現需求。

　　本書因限於篇幅，未列示三星科技股份有限公司及子公司近五年合併財務報表，本比率之計算，不以該公司為例而另例求之。若一企業其2019年度、2020年度之現金流量允當比率計算如下：

年度	現金流量允當比率（%）
2019	$\dfrac{\$1,275,000}{\$472,000+\$265,000+\$250,000}=129.18$
2020	$\dfrac{\$1,027,000}{\$462,000+\$390,000+\$280,000}=90.72$

　　茲比較該公司2019年度、2020年度現金流量允當比率，可知該公司迄2019年度比率大於100%，表示其營業活動之淨現金流入量尚足敷其資本支出、存貨增加、支付股利之付現需求。惟迄2020年度，該比率小於100%，表示其營業活動之淨現金流入量已不足敷其資本支出、存貨增加、支付股利之付現需求，須作對外籌資之安排。

(三) 現金再投資比率

$$現金再投資當比率 = \frac{營業活動之淨現金流量-現金股利}{不動產、廠房及設備毛額+投資（非流動）+其他非流動資產+營運資金}$$

　　現金再投資比率（Cash Reinvestment Ratio）之分子係指營業活動產生之淨現金流量未作股利分配而保留於企業之數額，分母則係指企業之營業資產；其中，不動產、廠房及設備毛額係指不動產、廠房及設備未扣除累計折舊之總金額，營運資金則係指流動資產減流動負債之餘額而言。

　　現金再投資比率係藉比較企業營業活動淨現金流量保留數與其營業資產總額，以衡量活動淨現金流量保留數得用以再投資於各項營業資產之可能性。本比率越大，則表示企業自營業活動產生之淨現金可用以再投資於各項營業資產之現金數越多。反之，本比率越小，則表企業自營業活動產生之淨現金可用以再投資於各項營業資產之現金數越少。

　　依本書所採用釋例之三星科技股份有限公司及子公司合併財務報表金額（單位新台幣仟元），其2019年度、2020年度之現金再投資比率列示如下：

年度	現金再投資比率（%）
2019	$$\frac{\$1,268,048 - \$884,821}{\$7,069,915 + \$7,344 + \$15,233 + (\$4,344,957 - \$918,237)} = 3.64$$
2020	$$\frac{\$1,148,464 - \$589,880}{\$7,102,972 + \$6,496 + \$27,009 + (\$4,395,323 - \$837,888)} = 5.22$$

　　茲比較該公司2019年度、2020年度之現金再投資比率，可知該比率已上升，表示該公司2020年度營業活動產生之淨現金流量保留數，得以再投資於各項營業資產之數額相較於2019年度為多。

二、共同比財務報表分析

　　共同比現金流量表係以本期現金及約當現金增加數為基底，表達一企業自其營業、投資及籌資活動產生現金及約當現金增加數之比重。茲以澔寰公司2020年共同比現金流量表為例，列示於表4-3：

表 4-3　共同比現金流量表

澔寰公司
共同比現金流量表
2020年度

	金額		共同比（%）	
營業活動之現金流量：				
現銷及應收帳款收現	$262,000		311.90	
收到股利	98,000		116.67	
進貨付現	(55,000)		(65.48)	
支付員工薪資	(45,000)		(53.57)	
利息費用付現	(30,000)		(35.71)	
所得稅費用付現	(22,000)		(26.19)	
其他營業費用付現	(18,000)		(21.43)	
營業活動之淨現金流入		$190,000		226.19
投資活動之現金流量：				
出售設備	$62,000		73.81	
購買土地	(260,000)		(309.52)	
投資活動之淨現金流出		(198,000)		(235.71)
籌資活動之現金流量：				
發放公司債	$240,000		285.71	
發放現金股利	(83,000)		(98.81)	
購買庫藏股	(65,000)		(77.38)	
籌資活動之淨現金流入		92,000		109.52
本期現金及約當現金增加數		$84,000		100.00
期初現金及約當現金餘額		18,000		21.43
期末現金及約當現金餘額		$102,000		121.43

　　由表4-3可知，該公司2020年度現金及約當現金增加數之主要來源，係由營業活動所產生，占226.19%。營業活動中最主要之現金流出項目為進貨（65.48%）及員工薪資（53.57%）。

參　短期現金預測

一、短期現金預測之目的

　　短期現金預測（Short-term Cash Forecast）係預估一企業短期內現金流入、流出之數額與時間。其預測方式乃按企業銷貨預測所釐定；為達預定銷貨水準所應購置存貨及不動產、廠房及設備之數額，並按其付款條件決定其付現數及付現時間，以預估現金流出之狀況。另按銷貨預測以預估其應收帳款收現數與時間，以預估現金之流入狀況，其後，將上述預測結果，進一步考量所得稅費用、利息費用、人工、製造費用、管銷費用、及其他營業費用付現狀況，則可建立企業特定期間之現金預測，且企業得藉以編製現金預算。短期現金預測之目的：

1. 企業短期債權人得用以評估該企業之短期償債能力。

2. 企業管理者得藉以達成規劃現金收支之目的，亦即管理者須藉短期現金預測而決定何時應安排籌資及籌資額度、時間，或藉以預估現金過剩數與時間，進而安排該剩餘現金以進行短期投資。

　　執行短期現金預測時，因影響現金流入、流出之因素極多且複雜，故現金預測涵蓋期間不宜過長，只有針對較短之期間從事預測工作，方能確保現金預測之正確性。

二、釋例

(一) 基本資料

　　茲為便於說明短期現金預測之進行，本文擬以下所舉之興展公司為例說明之。興展公司擬作2020年1月至6月之短期現金預測工作，其基本假設資料如下：

1. **營業活動**

   (1) 銷貨預測及應收帳款收現

   　　該公司預測2020年1月至6月之銷貨額各為$1,000,000，$2,000,000，$3,000,000，$4,000,000，$5,000,000，$6,000,000。按過去經驗其應收帳款收現狀況：

   　　銷貨發生當月底收現50%（客戶享有2%之現金折扣），銷貨發生後下一個月底收現30%，銷貨發生後下二個月底收現20%，2020年上半年收現狀況無任何可預見之改變。2019年11月及12月之銷貨額各為$2,000,000及$3,000,000。

   (2) 進貨及應付帳款付現

   　　該公司原料成本占銷貨收入之30%，其2019年12月31日之原料存貨為$200,000，預估2020年1月至6月底之原料存貨各為$100,000，$200,000，$150,000，$250,000，$100,000，$250,000。該公司均於月初購入其所需原料且購買原料帳款之付現狀況：進貨發生當月底付現60%，進貨發生後下一月底付現40%，2020年上半年付現狀況無任何可預見之改變。2019年12月之進貨數為$600,000。該公司採訂單生產方式，故無在製品、製成品存貨。

   (3) 其他費用之付現

   　　a. 人工薪資為銷貨收入之20%，製造費用中固定製造費用每月$100,000（包括折舊$20,000），變動製造費用為銷貨收入之20%，管銷費用中固定管銷費用每月$60,000，變動管銷費用為銷貨收入之10%，該等費用均於發生當月底付現。

   　　b. 該公司將於2020年3月31日支付2019年所得稅$280,000。

2. 投資活動

該公司預計於2020年2月28日以$50,000處分一機器設備（帳面價值$120,000），另於2020年2月1日以分期付款購置一新機器設備，自二月始每月底分期付款數為$250,000（包括設備款及利息），共須支付10期。

3. 籌資活動

該公司預計2020年始在任何時間均須於現金帳戶中維持$300,000之目標現金餘額（Target Cash Balance），並於2020年始獲銀行承諾，以月利率1%提供資金供公司短期週轉使用，惟依合約規定，公司須於有餘裕現金時如數立即清償本息。2019年12月31日該公司現金餘額為$100,000，當時並未有任何銀行借款。

(二) 現金預算工作底稿及現金預測表

按興展公司2020年1月至6月之相關預測值，編製其現金預算工作底稿（如表4-4）及現金預測表（如表4-5）如下：

財務報表分析

表 4-4　現金預測工作底稿

興展公司
現金預測工作底稿
2020年1月至6月

一、營業活動

	11	12	1	2	3	4	5	6
1.銷貨預測額	$2,000,000	$3,000,000	$1,000,000	$2,000,000	$3,000,000	$4,000,000	$5,000,000	$60,000,000
2.應收帳款收現：								
(1)銷貨發生當月月底（銷貨數之50%減2%現金折扣）	$980,000	$1,470,000	$490,000	$980,000	$1,470,000	$1,960,000	$2,450,000	$2,940,000
(2)銷貨發生後下一個月底（銷貨數之30%）		600,000	900,000	300,000	600,000	900,000	1,200,000	1,500,000
(3)銷貨發生後下二個月底（銷貨數之20%）			400,000	600,000	200,000	400,000	600,000	800,000
(4)應收帳款收現數合計	$980,000	$2,070,000	$1,790,000	$1,880,000	$2,270,000	$3,260,000	$4,250,000	$5,240,000
3.原料進貨數								
(1)原料成本(銷貨收入數之30%)		$900,000	$300,000	$600,000	$900,000	$1,200,000	$1,500,000	$1,800,000
(2)加：期末原料存貨		200,000	100,000	200,000	150,000	250,000	100,000	250,000
(3)減：期初原料存貨數		(500,000)	(200,000)	(100,000)	(200,000)	(150,000)	(250,000)	(100,000)
(4)原料進貨數		$600,000	$200,000	$700,000	$850,000	$1,300,000	$1,350,000	$1,950,000
4.應付帳款付現數								
(1)進貨發生當月月底（進貨數之60%）		$360,000	$120,000	$420,000	$510,000	$780,000	$810,000	$1,117,000
(2)進貨發生後下一個月底（進貨數之40%）			240,000	80,000	280,000	340,000	520,000	540,000
(3)應付帳款付現數合計			$360,000	$500,000	$790,000	$1,120,000	$1,330,000	$1,710,000
5.其他費用付現數：								
(1)人工（銷貨數之20%）			$200,000	$400,000	$600,000	$800,000	$1,000,000	$1,200,000
(2)製造費用：固定			$80,000	$80,000	$80,000	$80,000	$80,000	$80,000

興展公司
現金預測工作底稿
2020年1月至6月

	1月	2月	3月	4月	5月	6月
變動（銷貨收入數之20%）	200,000	400,000	600,000	800,000	1,000,000	1,200,000
合計	$280,000	$480,000	$680,000	$880,000	$1,080,000	$1,280,000
(3)管銷費用：						
固定	$60,000	$60,000	$60,000	$60,000	$60,000	$60,000
變動（銷貨收入數之10%）	100,000	200,000	300,000	400,000	500,000	600,000
合計	$160,000	$260,000	$360,000	$460,000	$560,000	$660,000
(4)所得稅費用	—	—	$280,000	—	—	—
二、投資活動						
(1)處分機器設備收現數	—	$50,000	—	—	—	—
(2)分期付款購置機器設備付現數	—	$250,000	$250,000	$250,000	$250,000	$250,000
三、籌資活動						
目標現金餘額	$300,000	$300,000	$300,000	$300,000	$300,000	$300,000

表 4-5　現金預測表

興展公司
現金預測表
2020年1月至6月

	1	2	3	4	5	6
月初現金餘額	$100,000	$890,000	$930,000	$300,000	$300,000	$300,000
加：現金流入						
應收帳款收現數	1,790,000	1,880,000	2,270,000	3,260,000	4,250,000	5,240,000
處分機器設備收現數	–	50,000	–	–	–	–
預計可運用之現金餘額	$1,890,000	$2,820,000	$3,200,000	$3,560,000	$4,550,000	$5,540,000
減：現金流出						
應付帳款付現數	$360,000	$500,000	$790,000	$1,120,000	$1,330,000	$1,710,000
員工薪資付現數	200,000	400,000	60,000	80,000	1,000,000	1,200,000
製造費用付現數	280,000	480,000	680,000	880,000	1,080,000	1,280,000
管銷費用付現數	160,000	260,000	360,000	460,000	560,000	660,000
所得稅費用付現數	–	–	280,000	–	–	–
分期付款購置機器設備付現數	–	250,000	250,000	250,000	250,000	250,000
預計現金流出合計數	$1,000,000	$1,890,000	$2,960,000	$3,510,000	$4,220,000	$5,100,000
預計現金餘額	$890,000	$930,000	$240,000	$50,000	$330,000	$440,000
目標現金餘額	300,000	300,000	300,000	300,000	300,000	300,000
向外籌資需求數	–	–	$60,000	$250,000	–	–
清償銀行借款數	–	–	–	–	(26,300)	(111,630)
利息費用付現數	–	–	–	–	(3,700)	(28,370)
月底現金餘額	$890,000	$930,000	$300,000	$300,000	$300,000	$300,000

肆 現金流量分析之應用

一、現金轉換循環

現金轉換循環（Cash Conversion Cycle）係指企業購進原料、投入人工、製造費用以製造製成品，次將製成品出售，並將應收帳款收現，繼將收到之現金再投入生產，如此循環不已，稱爲「現金轉換循環」，其循環概念以圖4-2表示之：

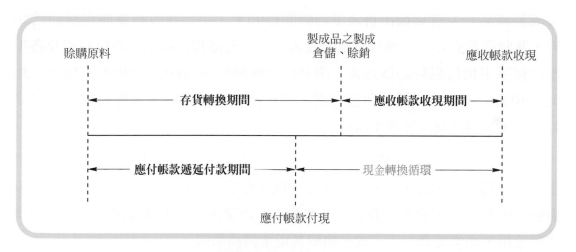

圖 4-2 現金轉換循環圖

資料來源：V.D. Richards and E.J. Laughlin, "A Cash Conversion Cycle Approach to Liquidity Analysis", Financial Management, Spring 1980, pp.32-38.

如圖4-2所示，企業通常採用賒購方式購入原料，此時應付帳款將產生遞延付款期間，企業將投入人工、製造費用以製成製成品，惟通常不會恰於工作完成時即支付薪資及製造費用，致產生應付薪資及各項應付費用。製成品經倉儲後，若以賒銷售出而產生應收帳款，則當應收款未收現前即須支付應付薪資及各項應付費用時，則企業將產生籌資需求，俟應收帳款收現償還貸款後，將所剩額再投入生產，如此循環不已。故現金轉換循環乃用以評估企業現金管理效率及額外籌資需求。現金轉換循環得以下式表示之：

> 現金轉換循環＝存貨轉換期間＋應收帳款收現期間－應付帳款遞
> 延付款期間

上式中：

1. **存貨轉換期間（Inventory Conversion Period）**：係指將原料轉換成製成品、倉儲、出售之平均時間。

2. **應收帳款收現期間（Receivables Collection Period）**：係指應收帳款收現之平均時間。

3. **應付帳款遞延付款期間（Payables Deferral Period）**：係指企業支付應付帳款、應付薪資及各項應付費用之平均時間。

　　若以某公司為例，其接到訂單後，自賒購原料且投入人工、製造費用以製成製成品、並倉儲後出售之平均時間為90天，平均應收帳款收現時間為20天，其賒購原料產生之應付帳款及投入人工、製造費用產生之應付薪資及各項應付費用平均付現時間為30天，則其現金轉換循環為80天（90天＋20天－30天＝80天），此表示該公司自接到一訂單後，須耗時80天方得將其投入之原料、人工、製造費用等成本回收。

　　依以上分析可知，當企業之現金轉換循環愈長，則其現金短缺即愈嚴重，向外籌資需求愈大，其籌資之資金成本即愈大。反之，企業現金轉換循環愈短，則籌資需求愈小，資金成本亦愈小，企業淨利因此可提高。依現金轉換循環分析，企業可藉以下方式，縮短其現金轉換循環：

1. 提高生產效率，減短製程，以縮短原料轉換成製成品之時間。
2. 減少存貨倉儲時間，以降低存貨轉換時間。
3. 提高收帳效率，以降低應收帳款平均收現時間。
4. 爭取較優之賒購條件，以拉長應付帳款遞延付款時間。

二、現金流量分析於資本支出決策之應用

　　企業資本支出所須支付之資金通常極為龐大，且其成本回收亦常耗時長久，故其決策之正確與否更形重要，一項錯誤之資本支出決策不但影響多年，且將造成鉅額損失。故企業考量資本支出決策時，首須考量購置不動產、廠房及設備所產生之現金流入量是否足以抵償其現金流出量，故企業評估資本支出可行性時，通常以淨現值法（Net Present Value Method）或以還本期間法（Payback Period Method）評估之。

　　茲以大興公司為例，說明此兩法之運用。大興公司擬於2020年12月31日購置一部機器，該機器供應商提供二機種（AT-1型，AT-2型）供大興公司選擇。其中，AT-1型售價為$3,100,000估計經濟耐用年限為四年，第四年底殘值為$300,000，AT-2型售價為$3,600,000，估計經濟耐用年限為五年，第五年底殘值為$200,000。據大興公司估計二型機器可產生之現金流入量（假設均年底流入）為：

年度	AT-1型	AT-2型
2021	$1,000,000	$200,000
2022	1,000,000	300,000
2023	1,000,000	1,000,000
2024	1,000,000	2,000,000
2025	–	2,200,000

　　若該公司最低必要報酬率為10%，則該公司應購買何種機型方為有利？

(一) 淨現值法

　　淨現值法乃以現金流量折現（Discounted Cash Flow）方式，將資本支出之現金流入、流出量予以折至「現時」，以求其淨現金流量之折現值。凡淨現值大於零者，表該資本支出方案之投資報酬將大於企業最低必要報酬率，則該資本支出方案為一可行方案，且淨現值愈大之投資方案，其效益愈高。以大興公司為例，其AT-1型，AT-2型之淨現值計算如下：

1. AT-1型

年度	現金流入數	$P_{\overline{n}|i}$ [1]	現值
2021	$1,000,000	0.909091	$909,091
2022	1,000,000	0.826446	826,446
2023	1,000,000	0.751315	751,315
2024	1,300,000 [2]	0.683013	887,917
現金流入之現值合計數			$3,374,769
減：現金流出數（購價）			3,100,000
淨現值			$274,769

說明：(1) $P_{\overline{n}|i}$ 表n期、利率為最低必要報酬率i之$1複利現值。

　　　 (2) $1,300,000中包含殘值$300,000。

2. AT-2型

年度	現金流入數	$P_{\overline{n}|i}$	現值
2021	$200,000	0.909091	$181,818
2022	300,000	0.826446	247,934
2023	1,000,000	0.751315	751,315
2024	2,000,000	0.683013	1,366,026
2025	2,400,000	0.620921	1,490,210
現金流入之現值合計數			$4,037,210
減：現金流出數（購價）			3,600,000
淨現值			$437,303

依上述分析可知，AT-1型，AT-2型其淨現值大於零，故均為可行方案。惟該公司僅需購置一部機器下，應選擇其淨現值較大之AT-2型。

(二) 還本期間法

還本期間法係以還本期間作為評估資本支出方案優、劣之依據，其所稱之還本期間係指一項資本支出方案所產生之現金流入足以回收其投入成本之時間，還本期間通常係資本支出方案之一項風險指標，凡資本支出之成本愈早回收則其風險愈小。以大興公司為例，其AT-1型，AT-2型之還本期間計算如下：

1. AT-1型之還本期間

$$= 3 + \frac{(\$3,100,000 - \$1,000,000 - \$1,000,000 - \$1,000,000)}{\$1,300,000}$$

$$= 3.08 \text{（年）}$$

2. AT-2型之還本期間

$$= 4 + \frac{(\$3,600,000 - \$200,000 - \$300,000 - \$1,000,000 - \$2,000,000)}{\$2,400,000}$$

$$= 4.04 \text{（年）}$$

依上述分析，AT-1型之還本期間較AT-2型為短，故應選擇購買AT-1型。

(三)兩法之比較

　　大興公司購置機器一案，按淨現值法評估應採購置AT-2型，惟按還本期間法則應採AT-1型，此不一致情況下大興公司應以淨現值法之分析為據方為合宜，蓋還本期間法雖計算簡易、風險指標明確，惟還本期間法：

1. 忽略還本期間後之報酬大小。

2. 忽略貨幣時間價值因素。

　　故應以淨現值法分析為據，購置AT-2型，方為合宜。

本章習題

一、選擇題

( ) 1. 忠孝公司 ×3 年之本期純益為 $200,000,該公司當年度認列之採權益法認列之利益份額為 $50,000,折舊費用為 $70,000,應收帳款增加 $20,000,預付費用減少 $40,000,處分設備之損失 $30,000。忠孝公司 ×3 年營業活動之淨現金流入數為多少?

    (A) $230,000   (B) $270,000

    (C) $310,000   (D) $340,000。

( ) 2. 仁愛公司 ×3 年帳列銷貨成本 $100,000,該公司當年度存貨之期初、期末餘額各為 $20,000 及 $50,000,應付帳款之期初、期末餘額各為 $40,000 及 $30,000。仁愛公司 ×3 年因進貨而付出現金數為多少?

    (A) $160,000   (B) $180,000

    (C) $140,000   (D) $220,000。

( ) 3. 信義公司 ×2 年營業活動之淨現金流入量為 $200,000,該公司 ×2 年底之負債包括應付帳款 $20,000,應付票據 $40,000,應付薪資 $10,000,銀行抵押借款 $100,000(其中於 ×3 年須清償部分為 $30,000),五年期應付公司債 $100,000。信義公司 ×2 年之現金流量比率為多少?

    (A) 1.0   (B) 1.7

    (C) 2.0   (D) 2.2。

( ) 4. 和平公司 ×3 年營業活動之淨現金流入量為 $300,000,該公司 ×3 年之現金流量比率為 3,且非流動負債為流動負債之 2 倍,負債比率為 30%。和平公司 ×3 年底流動負債總數為多少?

    (A) $900,000   (B) $300,000

    (C) $100,000   (D) $200,000。

( ) 5. 承第 4 題,和平公司 ×3 年底資產總額為多少?

    (A) $1,000,000   (B) $900,000

    (C) $1,500,000   (D) $2,000,000。

( ) 6. 仁義公司 ×2 年營業活動之淨現金流入量為 $400,000,該公司當年度核發股利 $100,000(其中現金股利 $60,000、股票股利 $40,000),×2 年底各相關科目之餘額:不動產、廠房及設備 $200,000(成本 $300,000,累計折舊 $100,000)、投資(非流動)$180,000、其他非流動資產 $54,000、流動資產 $120,000、流動負債 $70,000、非流動負債 $100,000。試問該公司 ×2 年現金再投資比率為多少?

    (A) 1.08   (B) 0.58

    (C) 1.21   (D) 0.37。

( ) 7. 忠義公司自接到客戶訂單後，即購入原料投入生產，20 天後生產完成即交貨予客戶，並取得客戶開立之 90 天期票據。忠義公司賒購原料平均 30 天後清償該應付帳款。試求該公司之現金轉換循環為多少天？

(A) 40　(B) 80　(C) 100　(D) 150。

( ) 8. 忠信公司 ×1 年至 ×5 年之相關項目數額列示如下：

年度	營業活動之淨現金流入量	資本支出	存貨增（減）數	現金股利
×1	$100,000	$30,000	$10,000	$10,000
×2	58,000	70,000	(20,000)	5,000
×3	42,000	20,000	30,000	2,000
×4	60,000	40,000	40,000	0
×5	50,000	0	(10,000)	6,000

該公司 ×1 年及 ×4 年另各核發股票股利 $5,000 及 $2,000。試求該公司 ×5 年底之現金流量允當比率為多少？

(A) 1.18　(B) 0.75　(C) 1.27　(D) 1.92。

( ) 9. 按淨現值法評估一資本支出方案時，其採用之折現率為？

(A) 市場利率　　　　　　　(B) 企業最低必要報酬率
(C) 該資本支出之報酬率　　(D) 企業增額借款利率。

( ) 10. 一資本支出方案按淨現值法評估之，若計得其淨現值大於零者，表示該資本支出方案之投資報酬率？

(A) 大於企業最低必要報酬率　(B) 小於企業最低必要報酬率
(C) 大於企業增額借款利率　　(D) 小於企業增額借款利率。

( ) 11. 忠仁公司購置一機器成本 $310,000，預估每年可產生淨現金流入 $70,000，試求該機器之還本期間為若干年？

(A) 3.57　(B) 4.43　(C) 5.12　(D) 4.12。

二、問答題

1. 現金流量表包括哪三大部分？
2. 如何計算現金流量比率？
3. 如何計算現金流量允當比率？
4. 如何計算現金再投資比率？
5. 若分別以淨現值法與還本期間法評估一資本支出案而其結論存在不一致時，應以何法之結論為據？理由為何？

三、計算及分析題

1. 下列為東南公司 ×1、×2 年比較財務報表相關資料：

本期純益	$1,000,000
銷貨收入	4,000,000
出售土地利益	200,000
折舊費用	800,000
商譽攤銷	140,000
利息收入	100,000
支付現金股利	150,000
銷貨成本	2,000,000

有關帳戶餘額：	×1年.12.31	×2年.12.31
應收帳款	$100,000	$400,000
存貨	600,000	450,000
應收利息	200,000	180,000
應付帳款	100,000	200,000

試作：以「間接法」計算該公司 ×2 年度營業活動之現金淨流量。

2. 下列為西北公司 ×2 年相關資料：

(1) 營業活動之淨現金流入量 $2,000,000。

(2) 發放股票股利 $100,000，普通股現金股利 $200,000，特別股現金股利 $100,000。

(3) 流動資產餘額 $420,000。

(4) 流動負債餘額 $220,000。

(5) 其他非流動資產餘額 $2,400,000。

(6) 投資（非流動）餘額 $4,600,000。

(7) 不動產、廠房及設備 $7,800,000，累計折舊 $3,600,000。

試作：計算該公司 ×2 年底現金再投資比率並說明其意義。

3. 西南公司擬購置一部 $200,000 之機器，估計可使用五年，殘值為 $20,000。該公司預定於第三年底將對該機器進行大修，須支出 $50,000。該機器於使用年限內估計可節省下列之現金支出（假設均於年底發生）：

第1年	$40,000
第2年	60,000
第3年	80,000
第4年	80,000
第5年	100,000

試作：若該公司最低必要報酬率為 10%，試以淨現值法評估是否應購置該機器。

4. 台北公司 ×2 年度淨利為 $132,000，折舊費用為 $50,000，其他資料如下：

	×1年底	×2年底
應收帳款	$45,000	$50,000
應付帳款	41,000	35,000
應付費用	80,000	30,000
應付所得稅	3,000	6,000

試作：計算台北公司 ×2 年度營業活動之現金流量。

5. 台中公司 101 年度現金流量相關資料如下：

支付現金股利	$50,000
支付利息	8,000
收到現金股利	40,000
向銀行借款	600,000
借款給台南公司	300,000

試作：上述事項在現金流量表（直接法）上應如何表達？（91 年會計師高考改編）

6. 某家服務業採用現金基礎記帳，101 年該公司自客戶收現 $600,000，其他資料如下：

	101年初	101年底
應收帳款	$120,000	$180,000
預收收入	0	15,000

試作：假設該公司改用應計基礎，則其 101 年度服務收入為若干？

（90 年會計師高考改編）

7. 東北公司 ×5 年度綜合損益表列示如下：

東北公司
綜合損益表
×5年度

銷貨收入		$6,000,000
減：銷貨成本		4,000,000
銷貨毛利		$2,000,000
營業費用：		
折舊	$50,000	
壞帳	20,000	
薪資費用	100,000	
保險費	30,000	200,000
營業純益		$1,800,000
營業外收益及費用：		
出售設備利益	$40,000	
利息費用	(100,000)	(60,000)
稅前純益		$1,740,000
所得稅		435,000
本期純益		$1,305,000

其他相關資料：	×4年.12.31	×5年.12.31
應收帳款	$200,000	$450,000
存貨	100,000	80,000
應付帳款	200,000	160,000
應付薪資	20,000	40,000
預付保險費	60,000	100,000
應付利息	40,000	30,000
應付所得稅	100,000	150,000

試作：以「直接法」計算該公司 ×5 年度營業活動之現金淨流量。

8. 承第 7 題，東北公司係於 ×1 年初成立，當年該公司資本支出為 $200,000，其後各年資本支出均成長 20%。該公司 ×1 年至 ×4 年存貨增（減）數各為 $100,000，($200,000)，$150,000，$200,000，×1 年至 ×5 年核發之現金股利均為 $200,000。該公司之資產負債表列示如下：

東北公司
資產負債表
×5年12月31日

資　　　產		負債及股東權益	
現金	$200,000	應付帳款	$160,000
應收帳款	450,000	應付薪資	40,000
減：備抵壞帳	(50,000)	應付利息	30,000
存貨	80,000	應付所得稅	150,000
預付保費	100,000	應付公司債	600,000
投資（非流動）	400,000	股本	1,000,000
土地	600,000	資本公積	200,000
房屋	480,000	保留盈餘	160,000
減：累計折舊	(120,000)		
機器	300,000		
減：累計折舊	(100,000)		
資產合計	$2,340,000	負債及股東權益合計	$2,340,000

東北公司 ×1 年至 ×4 年各年營業活動淨現金流入量各為 $600,000，$300,000，$450,000 及 $580,000。

試作：試求算該公司 ×5 年以下各比率：

(1) 現金流量比率。

(2) 現金流量允當比率。

(3) 現金再投資比率。

9. 下列為台中公司部分帳戶餘額：

	×1年底	×2年底
應收帳款	$94,000	$55,000
存貨	210,000	350,000
應付帳款	65,000	40,000

台中公司 ×2 年度之銷貨淨額為 $2,250,000，銷貨成本為 $1,895,000。

試作：計算台中公司 ×2 年度：

(1) 自顧客收現數。

(2) 進貨之付現數。

MEMO

▶ 05

財務結構分析

學習重點

1. 企業財務結構之重要性
2. 企業財務結構與長期償債能力之關係
3. 分析財務結構及評估長期償債能力之方法
4. 長、短期償債能力之關聯性
5. 企業運用財務槓桿的效果
6. 財務槓桿作用對每股盈餘與風險的影響
7. 每股盈餘無差異分析

FINANCIAL STATEMENT ANALYSIS

　　財務結構分析的主要功能，在於明確劃分企業營運所使用資金的不同來源，以協助分析者評估企業的財務風險。不同型態的資金各有其不同程度的風險，也影響企業的資金成本及償付債務本息的能力，因此，債權人及股東在提供資金給企業運用時，須對企業之財務結構有所分析，並於風險與報酬之間加以權衡，以制定對其有利的決策。

　　負債在財務結構中所占的比重愈大，表示企業支付利息及償還本金的負擔愈重，因而導致債務到期無法清償的風險也就愈高，對債權人較為不利；然而，若企業投資得當，產生有利的財務槓桿作用，將可使股東權益報酬提高，則對股東較為有利。另一方面，股東權益在財務結構中所占的比重愈大，表示企業對債權所能提供的保障愈大，債權人遭受損失的可能性即較低；然而，企業卻喪失舉債經營財務槓桿有利作用的好處，對股東較為不利。

　　長期債權人所關心的為企業之長期償債能力，而健全的財務結構及良好的獲利能力是企業長期償債能力的主要來源。本章就財務結構之重要性先作概述，接著再說明分析財務結構及評估長期償債能力的方法，最後則闡述財務槓桿運用的效果及其對每股盈餘的影響。

壹　財務結構分析之意義

一、財務結構的意義

　　企業營運所需的資金來源，可分為：(1)債務資金：外部債權人的授信，包括短期（流動）及長期（非流動）負債；(2)權益資金：股東的投資，包括股本、資本公積及保留盈餘。所謂財務結構（Financial Structure）係指企業之負債與權益間的相對關係，以顯示企業資金調度的情況，包括短期與長期債務融通的資金及權益融通的資金。企業的財務結構，可以負債與權益相互間的比例關係表達之，亦可以負債與總資產或權益與總資產間的比例關係表達之。

　　權益資金（Equity Funds）屬於企業的永久性資金，企業對於股東投資的資金，並無一定的償還期限及義務，即使企業遭遇困境時仍不得收回；再

者，企業使用權益資金，亦沒有保證或必須強制支付的報酬，亦即股東對於股利並無強制請求權。因此，權益資金是企業可投資於長期資產最安全的資金來源，同時亦是企業清償債務及承擔風險的忠實後盾。

至於債務資金（Debt Funds）（短期及長期負債）則與權益資金不同，其具有強制求償權，且有一定的償還期間。當債務期限愈長，償還條件愈寬，則企業償付債務的壓力也就愈輕。此外，債務須負擔利息費用，其為固定支出，且有一定的給付期限，因此，在財務規劃及控制上較易於掌握。當企業無法如期支付債務的本金及利息時，由於債權人提出聲請執行法律行動，則將會使股東損失部分或全部的投資；如果企業全部的權益資金仍不足以抵償虧損時，則債權人亦會遭受到期本息無法收回的損失。因此，在企業的財務結構中，若負債所占比重愈大，則其支付利息及償還本金的負擔愈重，因而導致債務無法如期償付的可能性也就愈高。

二、財務結構與資產結構的關係

所謂資產結構（Asset Structure）係指企業所擁有的各類資產與資產總額間的比例關係，以顯示企業總資產的結構組成及其所有可用資金調配於各類資產的情形。企業的財務穩定性及其償債能力與企業的資金來源、所持有資產的型態及各類資產的相對大小有十分密切的關係，圖5-1說明了依據「資產＝負債＋權益」的會計基本方程式，企業資產的分配情形及其資金來源的可能組合架構。

企業營運所使用資產的型態，在相當程度上決定了有關資產的資金來源。一般而言，企業的經營通常會持有一部分的永久性流動資產，例如，保持一基本數量的存貨，以因應營運所需；另外，為預防在資金緊俏時無法獲得足夠的短期資金，企業可藉長期資金來融通部分短期資金需求，以無慮於平日營運資金的不足；而不動產、廠房及設備及其他長期性資產，則不宜以短期融通資金來支應。因此，企業穩健的融資政策可以長期融通資金支應不動產、廠房及設備、其他長期性資產、永久性流動資產及一部分的營運資金所需，而以短期融通資金支應非永久性流動資產所需。

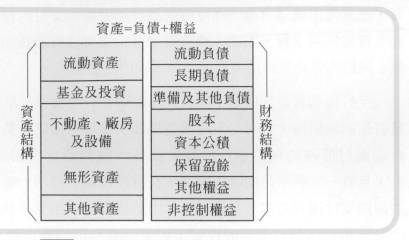

圖 5-1　資產結構與財務結構圖

　　就資產結構而言，若較具流動性的資產比重大，則企業具有較佳的短期償債能力，然而對獲利性及長期償債能力可能會有不利的影響；反之，如果不動產、廠房及設備及其他長期性資產的比重較大，則對企業之獲利性及長期償債能力較有助益，然而其資金回收緩慢，因此，較不利於短期償債能力。

　　一般而言，債務資金成本通常較權益資金成本為低，且短期資金成本較長期資金成本低廉，但是債務資金風險則較權益資金風險為高。因此，就財務結構而言，若短期或外借資金的比重較大，則企業的資金成本較低廉，然而其承擔的風險亦高；反之，如果長期或權益資金的比重較大，則企業的資金成本較昂貴，然而其承擔的風險亦低。

　　上述分析說明了不同的資產結構及財務結構，將對企業營運產生不同程度的衝擊，然而，良好的企業體質實奠基於均衡的資產結構及財務結構之上，因此，企業之管理當局不宜個別考慮其資產結構及財務結構，應通盤的整合考量，以獲致適宜的資產與財務均衡結構。

三、財務結構分析的重要性

　　企業的經營通常都有某種程度的風險，而影響企業風險的大小，端視企業的財務實力與穩定性、因應偶發事件衝擊的能力及遭遇困境時所能維持的償債能力而定。由於不同型態的資金各有其不同程度的風險，債權人及權益投資人所要求的報酬必須足以彌補其所承擔的風險，因此，這兩種利害關係人針對企業風險從事評估，實屬必要。

　　就債權人而言，權益在企業之財務結構中的比重愈大，表示企業對債權所能提供的保障愈大，債權人遭受損失的風險即較低；反之，負債在企業之財務結構中的比重愈大，表示債權所獲的保障程度愈小，債權人遭受損失的風險即較高。因此，債權人亟需對企業之財務結構有所分析，並權衡報酬與風險，以制定對其有利的授信決策。

　　就權益投資人而言，企業負債的增加，意謂其投資損失的風險上升，然而，此項風險可藉由財務槓桿作用所可能產生的較高報酬以獲得補償。再者，企業的負債過多，也意謂其管理當局執行有利投資機會的行動力量及彈性可能受到牽制。因此，權益投資人亦需對企業之財務結構有所分析，以衡量企業財務結構中所隱含的風險與報酬的關係，從而制定對其有利的投資決策。

貳　財務結構比率分析與長期償債能力之關係

一、長期償債能力的評估

　　影響企業長期償債能力（Long-Term Solvency）的基本因素，可歸納為：(1)財務結構；(2)資產結構；(3)獲利能力。財務結構說明了企業籌措資金的型態，從而顯示了管理當局融資政策所隱含的風險程度及償債能力；資產結構說明了企業資產分配的情形，其影響企業之融資政策及獲利能力，進而影響企業之償債能力；就長期而言，獲利能力意謂著企業未來持續產生現金以償付債務本息的能力，為企業償債能力的重要指標之一。

　　就上述可知，影響企業長期償債能力的各項因素之間實互有關聯性，其中，財務結構及其與資產分配的關係之比率，衡量了債權人所獲保障的程度，對於評估企業長期償債能力極具關鍵性，此項分析可藉由資產負債表所示的資料著手進行之。由於盈餘為企業償付債務本息之最可靠現金來源，而財務結構基本比率分析並未考慮企業支應負債所需的現金流量，因此，從綜合損益表中所報導的淨利資料著手進行分析，以衡量企業債務負擔獲得盈餘保障的大小，亦為評估企業長期償債能力的重要指標。

二、比率分析

(一)從資產負債表觀點衡量

1. 負債比率

$$負債比率 = \frac{負債總額}{資產總額}$$

負債比率（Debt Ratio）係計算企業之負債總額對其總資產的比率關係，藉以測度企業總資產中來自於債權人所提供之資金的百分比。其中，負債總額為流動負債及非流動負債的加總；資產總額係指企業所擁有經濟資源的總和，以資產原始成本扣除有關之累計折舊、折耗、減損、分攤後的淨額，以及考量金融資產公允價值評價後的金額表達之，其內容包括流動資產、基金及長期投資、不動產、廠房及設備、無形資產及其他資產等。

負債比率愈高，表示企業資金由債權人所提供的部分愈多。就債權人立場而言，所承擔企業經營的風險愈高，企業一旦破產，其債權的保障自然愈小；就股東的立場而言，若企業經營得法，藉由舉債營運所產生的有利的財務槓桿效果，有助於增加其股東權益的報酬率，此外，股東亦可以有限的資金保有對公司的控制權。

依本書所採用釋例之三星科技股份有限公司及子公司合併財務報表金額（單位新台幣仟元），其108年度、109年度之負債比率列示如下列示如下。同時，亦將春雨工廠股份有限公司及鋼鐵工業平均值的資訊列示如下，以使分析更具意義。

年度	負債比率（%）		
	三星	春雨	鋼鐵工業
108	$\dfrac{\$1,353,333}{\$7,848,306} = 17.24$	60.47	52.02
109	$\dfrac{\$1,243,263}{\$7,720,904} = 16.10$	61.55	50.20

比較三星科技公司於108及109年度之負債比率，顯示該公司在舉債融資上漸趨保守，為呈現些微下降的趨勢，且均遠低於春雨公司及鋼鐵工業平均值。相較上，春雨公司較傾向舉債融資的方式，其負債比率較接近但高於產業平均值，而於此二年度呈些微上升的趨勢。

部分上市櫃公司負債比率之比較，如表5-1所示，平均而言，發生財務危機公司之負債比率，相較於同產業中財務健全之公司，其負債比率均高出許多，且亦高於產業平均值。

表 5-1　負債比率之比較（109 年底）

發生財務危機公司		財務健全公司		產業
公司名稱	負債比率(%)	公司名稱	負債比率(%)	平均值(%)
佳和	82.96	嘉裕	18.70	53.35
北基	64.43	台塑化	17.93	24.22
天剛	64.83	宏碁資訊	33.55	43.54
力特	85.86	中環	22.11	43.08
倫飛	78.06	華碩	45.87	65.30
健信	75.77	宏佳騰	30.88	51.18
洛碁	80.32	五福	22.38	57.13

資料來源：臺灣證券交易所公開資訊觀測站。

2. 資本比率

$$資本比率 = \frac{權益總額}{資產總額}$$

資本比率（Equity Ratio）又稱「淨值比率」或「權益比率」，係計算企業之淨值或權益總額對其總資產的比率關係，藉以測度企業總資產中來自於自有資本所占的比例。其中，權益總額為股本、資本公積、保留盈餘、其他權益及非控制權益等項目的加總，並扣除庫藏股票的金額。

資本比率愈高，則負債比率愈低，表示企業的資力愈強。就債權人而言，其所獲保障程度較高；然而，就股東而言，則不希望此項比率過高，因而喪失舉債經營財務槓桿有利作用的好處。

由於企業投資於資產的資金來源可分為外借資金（負債）及自有資金（權益），因此，負債比率與資本比率的總和等於1，在實務應用時，僅求其一即可。

依本書所採用釋例之三星科技股份有限公司及子公司合併財務報表金額（單位新台幣仟元），其108年度、109年度之資本比率列示如下。同時，亦將春雨工廠股份有限公司及鋼鐵工業平均值的資訊列示如下，以使分析更具意義。

年度	資本比率（%）		
	三星	春雨	鋼鐵工業
108	$\dfrac{\$6,494,973}{\$7,848,306} = 82.76$	39.53	47.98
109	$\dfrac{\$6,477,641}{\$7,720,904} = 83.90$	38.45	49.80

比較三星科技公司於108及109年度的資本比率，顯示該公司營運所需的資金來源漸趨以自有資本支應，為呈現些微上升的趨勢，且均遠高於春雨公司及鋼鐵工業平均值。相較上，春雨公司的資本比率較接近但低於產業平均值，而於此二年度呈些微下降的趨勢。

3. 負債對權益比率

$$負債對權益比率 = \frac{負債總額}{權益總額}$$

負債對權益比率（Debt to Equity Ratio）係在計算企業之負債總額與權益總額之間的相對關係，藉以測度企業之負債是否有過多的現象，並可評估企業之財務結構是否健全，故又稱為「財務結構比率」或「槓桿比率」。負債對權益比率愈低，表示企業的自有資金比重愈大，從而其長期償債能力愈強，因此，本比率亦可用來衡量債權人與股東之相對利害關係，其解釋可參照上述負債比率及資本比率的說明。

企業之負債對權益比率究應多少才為適當並無一定的標準，通常以低於100%為佳，並應與同業相比較。此比率亦可進一步分析，分別計算流動負債及非流動負債對權益的比率，以測度企業之流動負債及非流動負債與其股東所提供之資金間的關係，並可瞭解企業之短期性及長期性融通資金的比重關係，具有反映企業債務結構的功效。一般而言，流動負債對權益比率以低於75%～65%為宜。

依本書所採用釋例之三星科技股份有限公司及子公司合併財務報表金額（單位新台幣仟元），其108年度、109年度有關負債對權益比率列示如下。同時，亦將春雨工廠股份有限公司及鋼鐵工業平均值的資訊列示如下，以進行比較分析。

負債對權益比率（%）

年度	三星	春雨	鋼鐵工業
108	$\dfrac{\$1,353,333}{\$6,494,973}=20.84$	152.96	108.42
109	$\dfrac{\$1,243,263}{\$6,477,641}=19.19$	160.09	100.80

流動負債對權益比率（%）

年度	三星	春雨
108	$\dfrac{\$918,273}{\$6,494,973}=14.14$	77.82
109	$\dfrac{\$837,888}{\$6,477,641}=12.93$	90.12

非流動負債對權益比率（%）

年度	三星	春雨
108	$\dfrac{\$435,060}{\$6,494,973}=6.70$	75.14
109	$\dfrac{\$405,375}{\$6,477,641}=6.26$	69.97

比較三星科技公司於108及109年度之負債對權益比率，可知相對於每一元的權益資本，該公司以負債融通資金的額度，由108年度的$0.21下降為109年度的$0.19，且均遠低於春雨公司及鋼鐵工業平均值。相較上，鋼鐵工業的平均值約為$1，而春雨公司於此二年度則分別為$1.53及$1.60。

進一步分析債務結構顯示，三星科技公司於此兩年度之流動負債對權益比率，分別為14.14%及12.93%，而該公司流動負債占全部負債之比重約為67%，可知該公司可能為降低資金成本，較傾向以短期融通的方式取得營運所需的資金，若其資金流動性不佳，一旦債務到期，易遭週轉不靈的危機。春雨公司於此兩年度之流動負債對權益比率，則分別為77.82%及90.12%，而該公司流動負債占全部負債之比重分別約為51%及56%，顯示該公司短、長期舉債融通比率，大致為平均配置。

4. 固定比率

$$固定比率 = \frac{不動產、廠房及設備淨額}{權益總額}$$

固定比率（Fixed Assets to Equity Ratio）係在計算企業所擁有之不動產、廠房及設備（亦即固定資產）對其權益總額的比率關係，藉以測度企業自有資本投入於其營運上所使用之不動產、廠房及設備的程度。其中，不動產、廠房及設備係指企業所擁有以供營業使用，而不擬出售的有形資產，包括土地、廠房、機器設備、生財器具及自然資源等；不動產、廠房及設備淨額係指資產原始取得成本扣除有關之累計折舊、減損及折耗後的金額。

由於不動產、廠房及設備投資之回收期間較長，原則上以股東投資的資金支應較為穩健，故企業之固定比率以低於100%為佳，此種結構亦顯示企業之長期償債能力較強。當固定比率高於100%，表示企業有一部分的不動產、廠房及設備係藉由負債融通資金所獲，如果該項融資屬於長期性質則尚好，若屬於短期性融資，則企業為償還到期的債務，可能隨時需要變賣不動產、廠房及設備，從而導致其營運無法正常進行。

依本書所採用釋例之三星科技股份有限公司及子公司合併財務報表金額（單位新台幣仟元），其108年度、109年度之固定比率列示如下。同時，亦將春雨工廠股份有限公司的資訊列示如下，以進行比較分析。

年度	固定比率（%）	
	三星	春雨
108	$\dfrac{\$3,265,887}{\$6,494,973} = 50.28$	74.57
109	$\dfrac{\$3,085,691}{\$6,477,641} = 47.64$	76.15

計算之結果顯示，兩家公司於此兩年度，其固定比率均低於100%，三星科技公司為50%左右，春雨公司為75%左右。表示此兩家公司營運上所使用之不動產、廠房及設備的資金來源，係仰賴權益資金所供應。同時，公司之權益資金尚可用來支應部分營運所需的資金。

5. 長期資金對固定資產比率

$$長期資金對固定資產比率 = \frac{長期性資金}{不動產、廠房及設備淨額}$$

長期資金對固定資產比率（Permanent Capital to Fixed Assets Ratio）又稱「長期資金占不動產、廠房及設備比率」，係在計算企業之長期性資金（長期借款與權益總額合計）對其所擁有之不動產、廠房及設備（亦即固定資產）的比率關係，藉以測度企業財務結構與資產結構搭配的適當性。

當長期資金對固定資產比率高於100%時，表示企業之長期性融通資金，除用來支應所有不動產、廠房及設備的投資外，尚有部分移作短期使用，以使公司無慮於營運資金的不足。若此項比率低於100%，則表示企業運用了部分短期性融通資金（流動負債）以購置不動產、廠房及設備。由於不動產、廠房及設備須透過營運緩慢回收，以其供應償付短期債務所需的資金，恐緩不濟急，而容易引起企業的財務危機，因此，此種資金與資產搭配的型態，更需要有強健的流動比率，甚至速動比率，且與金融機構的關係亦非常重要。

依本書所採用釋例之三星科技股份有限公司及子公司合併財務報表金額（單位新台幣仟元），其108年度、109年度之長期資金占不動產、廠房及設備比率列示如下。同時，亦將春雨工廠股份有限公司及鋼鐵工業平均值的資訊列示如下，以使分析更具意義。

	長期資金占不動產、廠房及設備比率（%）		
年度	三星	春雨	鋼鐵工業
108	$\dfrac{\$6,494,973}{\$3,265,887} = 198.87$	214.65	159.92
109	$\dfrac{\$6,477,641}{\$3,085,691} = 209.92$	201.22	161.92

註：三星科技公司於此二年度並無長期借款，故其長期性資金即為權益總額。

由於三星科技公司於此兩年度均無銀行長期借款，此計算結果結合前項固定比率之計算顯示，該公司之長期性融通資金約有二分之一為投資於營運上所使用的固定資產（不動產、廠房及設備），因此，亦約有二分之一則用來支應短期營運資金的需求，故該公司之財務結構與資產結構搭配的情況還屬適當。至於春雨公司於此兩年度的情況，亦與三星科技公司類似。另外，此兩家公司的比率值均高於鋼鐵工業平均值。

6. 流動負債對存貨比率

$$流動負債對存貨比率 = \frac{流動負債}{存貨}$$

流動負債對存貨比率（Current Liabilities to Inventory Ratio）係在計算企業之流動負債對其所擁有之存貨資產的比率關係，藉以測度企業之短期債權人依賴存貨的程度。存貨為企業未來現金流入的一項重要來源，若存貨週轉迅速，其意謂著企業償付短期債務的能力較佳，對長期債權人亦較有保障，因此，評估企業的長期償債能力，亦須分析流動負債與存貨間的關係。

流動負債對存貨比率以低於100%為佳，表示流動負債受償的可能性較高，對企業之短期債權人較有保障。當此項比率高於100%時，表示企業之短期融通資金提供者，須仰賴存貨以外的資產以保障其債權，若企業之速動比率不佳，則短期債權人遭受損失的風險增加。

依本書所採用釋例之三星科技股份有限公司及子公司合併財務報表金額（單位新台幣仟元），其108年度、109年度之流動負債對存貨比率列示如下。同時，亦將春雨工廠股份有限公司的資訊列示如下，以進行比較分析。

年度	流動負債對存貨比率（%）	
	三星	春雨
108	$\dfrac{\$918,273}{\$1,613,002} = 56.93$	97.59
109	$\dfrac{\$837,888}{\$1,319,878} = 63.48$	112.23

計算之結果顯示，三星科技公司於此兩年度，其流動負債分別為存貨的56.93%及63.48%，表示該公司流動負債受償的可能性很高。相較上，春雨公司有關的比率均為較高且亦為上升的趨勢，分別為97.59%及112.23%，顯見該公司的短期債權人，尚需仰賴存貨以外的資產以保障其債權。

(二) 從綜合損益表觀點衡量

1. 利息保障倍數

$$利息保障倍數 = \frac{稅前淨利+利息費用}{當期利息支出}$$

利息保障倍數（Times Interest Earned Ratio）係在計算企業由營業活動所產生的盈餘與利息費用負擔的倍數關係，藉以測度企業之利息支出獲得其盈餘保障的程度。

就債權人立場而言，當倍數愈高時，表示企業支付利息的能力愈強，其債權所獲保障程度愈大，從而其遭受損失的風險也就愈低。若企業能按時支付利息，意謂其具有良好的債信，則易於借到相對於權益資金還要高的融資額度，而且借款利率亦較低；當債務到期時，由於債信良好，則可能無須清償本金，而得以利用舉借新債償還舊債的方式延期或擴大信用。

由於利息費用較所得稅優先受償，故在計算可用以支付債務利息的盈餘時，應用稅前淨利之金額；另外，稅前淨利已將利息費用扣除，而用以支付債務利息的盈餘係指企業由營業活動所產生的盈餘，故利息費用亦應加回至稅前淨利中。

我國財務會計準則委員會所發布之財務會計準則第3號公報「利息資本化會計處理準則」，規定在某些情況下，利息應予以資本化。例如，購買土地進行開發或建造廠房，於開發或建造期間所投入成本負擔之利息費用，應予資本化，作為土地或建築物之成本。因此，在計算利息保障倍數時，分母之利息支出，不以列報於綜合損益表者為限，尚應包括當期已予資本化的利息支出。

當企業有發行公司債時，其列報於綜合損益表之利息費用（財務成本），係為依約定（票面）利率調整公司債折價或溢價的攤銷而得，因此，公式中分母之利息支出應將折價或溢價攤銷的金額予以計入。亦即，列報之利息費用（財務成本），加計公司債溢價攤銷或減除公司債折價攤銷，以求得當期利息支出的金額。

依本書所採用釋例之三星科技股份有限公司及子公司合併財務報表金額（單位新台幣仟元），其108度、109年度之利息保障倍數列示如下。同時，亦將春雨工廠股份有限公司的資訊列示如下，以進行比較分析。

利息保障倍數（倍）		
年度	三星	春雨
108	$\dfrac{1,035,086 + 2,251}{\$2,251} = 460.83$	5.74
109	$\dfrac{759,817 + 1,159}{\$1,159} = 656.58$	4.17

註：於此二年度，兩家公司均無資本化利息支出，故當期的利息支出即為帳列之財務成本（利息費用）。

計算之結果顯示，三星科技公司於109年度，稅前淨利雖然下降約26%，其利息支出亦大幅下降約48%，致使利息保障倍數，由108年度的460.83倍大幅上升為109年度的656.58倍。相較上，春雨公司的利息保障倍數，遠低於三星科技公司且呈下降趨勢，僅分別為5.74倍及4.17倍。

2. 現金流量對利息保障倍數

$$現金流量對利息保障倍數 = \frac{稅前營業活動現金流量}{當期利息支出}$$

現金流量對利息保障倍數（Cash Flow Coverage of Interest）係在計算企業由營業活動所產生的現金流量與利息費用負擔的倍數關係，藉以測度企業營運活動所產生之資金償付利息負擔的能力。由於債務所負擔的利息費用須以現金支付，而綜合損益表中淨利之計算，包括了未產生現金的收益項目及未動用現金的費用與損失項目，其無法正確估計由營業所產生可供支應利息支出的現金。因此，若欲對利息保障倍數作更佳的衡量，可將計算利息保障倍數公式中的分子，以稅前營業活動現金流量代替稅前淨利與利息費用之合計數，俾便計算現金流量對利息保障的倍數。

稅前營業活動現金流量之金額可自現金流量表取得，以表中的營業活動之淨現金流入，加回支付之所得稅金額而得之，亦即表中所列的營運產生之現金流入金額，而營運產生之現金流入係已加回綜合損益表中所列財務成本（利息費用）及已扣除所列之利息收入。

依本書所採用釋例之三星科技股份有限公司及子公司合併財務報表金額（單位新台幣仟元），其108年度、109年度之現金流量對利息保障倍數列示如下。同時，亦將春雨工廠股份有限公司的資訊列示如下，以進行比較分析。

年度	現金流量對利息保障倍數（倍）		
	三星	春雨	
108	$\dfrac{\$1,579,178}{\$2,251} = 701.54$	3.08	
109	$\dfrac{\$1,217,710}{\$1,159} = 1,050.65$	8.15	

計算之結果顯示，三星科技公司之現金流量對利息保障倍數，由108年度的701.54倍大幅上升為109年度的1050.65倍，顯見該公司營業所產生之現金流入非常足以支付債務之利息，對於債權人具足夠之保障。

相較上，春雨公司的現金流量對利息保障倍數，遠遠低於三星科技公司，但亦呈現上升的趨勢。該公司於109年度，稅前營業活動現金流量大幅上升約137%，而其利息支出下降約11%，致使現金流量對利息保障倍數，由108年度的3.08倍大幅上升為109年度的8.15倍。

三、共同比財務報表分析

　　為評估企業的財務風險及其長期償債能力，另一可行的方法是對企業的共同比財務報表著手進行分析，以檢討其財務結構是否健全。此種方法的優點，在於能清晰地顯示企業各種資金來源的相對大小；若再與以前年度比較，則可看出其財務結構變動的情形；若與其他具有類似資料的同業進行比較，則可得知其財務結構之優劣。表5-2列示了三星科技股份有限公司及子公司108年12月31日及109年12月31日合併資產負債表之負債及權益部分的共同比資料，以說明其財務結構組成的情形。

　　表5-2的資料顯示，三星科技公司109年底的流動負債總額減少，其主要原因係來自於短期借款大幅減少所致，且該公司非流動負債金額於109年底亦呈現下降的情況，致使109年底負債總額所占的比重由108年底的17.24%下降至16.10%。另一方面，三星科技公司109年底的歸屬於母公司業主之權益較前一年度增加，主要係由於109年度保留盈餘上升所致。再者，將此二年度之負債的比重與權益的比重相比較顯示，該公司資金融通的政策傾向逐漸降低負債融通資金的額度，以降低利息負擔。綜合言之，三星科技公司的財務結構堪稱健全，此種財務結構亦有助於該公司長期償債能力的增強。

表 5-2 財務結構共同比報表

三星科技股份有限公司及子公司
財務結構共同比報表
109年及108年12月31日

單位：仟元

	109年12月31日		108年12月31日	
	金額	百分比(%)	金額	百分比(%)
負債				
流動負債				
短期借款	$ 23		$ 171,261	2.18
透過損益按公允價值衡量之金融負債–流動	9,801	0.13	412	0.01
合約負債–流動	32,414	0.42	23,583	0.30
應付票據	156,782	2.03	171,021	2.18
應付帳款	153,931	1.99	134,836	1.72
其他應付款	359,634	4.66	363,283	4.63
本期所得稅負債	123,830	1.60	51,313	0.65
其他流動負債	1,473	0.02	2,564	0.03
流動負債合計	837,888	10.85	918,273	11.70
非流動負債				
遞延所得稅負債	230,183	2.98	229,721	2.93
其他非流動負債	45,222	0.59	47,871	0.61
淨確定福利負債–非流動	129,970	1.68	157,468	2.00
非流動負債合計	405,375	5.25	435,060	5.54
負債總計	1,243,263	16.10	1,353,333	17.24
權益				
歸屬於母公司業主之權益				
普通股股本	2,949,401	38.20	2,949,401	37.58
資本公積	479,341	6.21	479,270	6.11
保留盈餘	2,895,191	37.50	2,887,155	36.79
其他權益	(41,967)	(0.54)	(35,237)	(0.45)
歸屬於母公司業主之權益合計	6,281,966	81.37	6,280,589	80.03
非控制權益	195,675	2.53	214,384	2.73
權益總計	6,477,641	83.90	6,494,973	82.76
負債及權益總計	$7,720,904	100.00	$7,848,306	100.00

四、趨勢分析

　　企業財務結構的變化亦可由趨勢分析看出，以三星科技公司為例，該公司各年度（依個別財務報告）的負債比率如表5-3所示，由表5-3可看出，於99年度至109年度期間，為持續降低其負債比率的趨勢，由99年度的37.28%下降至109年度的15.53%，顯見三星科技公司之財務結構持續改善漸趨穩健，其債權人之保障亦隨之提升。

表 5-3　三星科技公司負債比率

年度	負債比率(%)
99	37.28
100	38.35
101	36.61
102	33.02
103	28.86
104	28.47
105	25.85
106	22.75
107	22.48
108	17.07
109	15.53

資料來源：臺灣證券交易所公開資訊觀測站。

參　長、短期償債能力之綜合分析

　　就短期債權人而言，其所關心的為企業之短期償債能力，亦即流動性。所謂良好的流動性，係指一企業具有充分的能力獲取現金或將其他資產轉換成現金，以償付到期的債務。因此，短期償債能力分析，著重於衡量企業短期流動性程度的大小及其營業活動所產生之現金流量償付流動負債的能力。

　　就長期債權人而言，其所關心的為企業之長期償債能力，而一企業的長期償債能力，主要係來自於健全的財務結構及其良好的獲利能力。若企業具有穩定上升的盈餘趨勢，則將為其能夠借到所需資金的最佳保證，亦為支付債務本息最可靠的來源之一。因此，長期償債能力分析，著重於衡量企業財務結構中各項因素的相對關係及其盈餘對債務保障的程度。

　　由於短期流動性為確保企業長期償債能力的重要因素之一，因此，分析人員在開始分析企業長期償債能力之前，應先對企業短期的財務存續能力有所瞭解，並對其短期流動性加以評估，以判斷企業的運用資金數額相對於長期負債數額的關係，從而得知企業債務本息償付的能力。表5-4列示了三星科技公司短期及長期償債能力分析各項衡量指標的結果，以說明此二者之間的關聯性。

表 5-4　短期及長期償債能力比率分析

衡量指標	109年度	108年度
流動比率	524.57%	473.17%
速動比率	362.56%	294.49%
存貨信賴度	─	─
營運資金	3,557,435仟元	3,426,684仟元
現金比率	216.04%	162.91%
負債比率	16.10%	17.24%
資本比率	83.90%	82.76%
負債對權益比率	19.19%	20.84%
流動負債對權益比率	12.93%	14.14%
非流動負債對權益比率	6.26%	6.70%
固定比率	47.64%	50.28%
長期資金占不動產、廠房及設備比率	209.92%	198.87%
利息保障倍數	656.58倍	460.83倍
現金流量對利息保障倍數	1,050.65倍	701.54倍

依據表5-4的資料，三星科技公司於此兩年度有關償債能力的變動可歸納如下：

1. 該公司資產的流動性漸趨改善，於108年度及109年度，對於流動負債的償付，已不再依賴存貨之變現即已敷應付到期短期債務的償還。

2. 負債比率及資本比率的變動顯示，該公司的財務結構漸趨更臻健全，債務資金與權益資金的比重已接近1：5。然而，其流動負債在負債總額中的比例約為67%，顯見該公司仰賴銀行或債權人短期融通資金的程度較高。

3. 依固定比率顯示，該公司長期性融通資金約有二分之一可用來支應其平日營運所需的資金，使其無慮於營運資金的不足。

4. 利息保障倍數隨財務成本（利息費用）下降而大幅提升，而現金流量對利息保障倍數更是大幅提升，該公司於此兩年度，其營業所產生的現金流入均非常足以支付債務所負擔的利息，再結合公司資產流動性漸趨增強的情況，顯見該公司之長期償債能力及短期償債能力均應屬良好。

肆 財務結構分析之應用

一、財務槓桿運用的效果

企業舉借債務以籌措其營運所需資金的主要理由有二：(1)利息與股利不同，利息支出屬於費用，可以扣抵所得稅，減少稅負，而股利則屬盈餘的分配，無法產生降低所得稅的效果；(2)負債的資金成本係屬固定支出，只要此資金成本低於企業運用債權人的資金所能賺得的報酬，則剩餘的報酬皆歸權益投資人所享有。除此之外，運用負債亦可彌補長期資金的不足、避免股權被稀釋及規避通貨膨脹所導致之貨幣購買力的損失等。

所謂財務槓桿（Financial Leverage）係指企業在其財務結構中運用須支付固定成本的負債，以增進營運績效與報酬。有利或不利之財務槓桿作用的關鍵，端視企業是否能以較低的資金成本舉債並用於投資以賺取較高的報酬而定。當資產報酬率大於債務資金成本時，則舉債經營可使淨值（股東權益）報

酬率提高，故為有利的財務槓桿作用；若資產報酬率小於債務資金成本，則淨值（股東權益）報酬率將會因舉債而降低，故屬不利的財務槓桿作用。

表5-5比較了兩家公司之報酬率，以說明企業運用財務槓桿的效果。假設此兩家公司的資產總額及扣除利息費用前之稅前淨利均相同，且此兩家公司的所得稅率均為25%；A公司無負債，B公司的資金則有40%係來自舉債。由於資產報酬率在於衡量企業運用資產的績效，其並不會因為企業籌資（舉債）政策的不同而有所變化，因此，在此三年中，兩家公司的資產報酬率均相等。就A公司而言，由於未使用負債，因此，亦不會產生財務槓桿的效果，故其淨值報酬率永遠等於資產報酬率。就B公司而言，在第一年，資產報酬率為15%，而淨值報酬率則為21%，此較高的淨值報酬率，係由於資產報酬率高於債務資金成本6%【8%×(1－0.25)】所致，因此，具有「正」的財務槓桿效果；在第二年，由於資產報酬率等於債務資金成本，故槓桿作用呈「中和」的效果，其淨值報酬率等於資產報酬率；在第三年，資產報酬率為4.5%，而淨值報酬率則為3.5%，此較低的淨值報酬率，係由於資產報酬率低於債務資金成本所致，因此，具有「負」的財務槓桿效果。

表 5-5　不同融資方式下的財務槓桿效果

	資產	負債	淨值	息前及稅前淨利	負債利息(8%)	所得稅(25%)	稅後淨利	資產報酬率[1]	淨值報酬率[2]
第一年：									
A公司	$2,000,00	－	$2,000,000	$400,000	－	$100,000	$300,000	15%	15%
B公司	2,000,00	$800,000	1,200,000	400,000	$64,000	84,000	252,000	15%	21%
第二年：									
A公司	2,000,00	－	2,000,000	160,000	－	40,000	120,000	6%	6%
B公司	2,000,00	800,000	1,200,000	160,000	64,000	24,000	72,000	6%	6%
第三年：									
A公司	2,000,00	－	2,000,000	120,000	－	30,000	90,000	4.5%	4.5%
B公司	2,000,00	800,000	1,200,000	120,000	64,000	14,000	42,000	4.5%	3.5%

說明：(1) 資產報酬率 $= \dfrac{稅後淨利＋利息費用×(1－0.25)}{資產總額}$

(2) 淨值報酬率 $= \dfrac{稅後淨利}{淨值}$

　　企業運用財務槓桿的效果可以財務槓桿指數衡量之，以得悉財務槓桿的運用是否有利。財務槓桿指數係指淨值報酬率除以總資產報酬率，顯示兩者之間的關係，其計算公式如下：

$$財務槓桿指數 = \frac{淨值報酬率}{資產報酬率}$$

　　財務槓桿指數若大於1，顯示財務槓桿效果較佳，反之，則顯示財務槓桿效果較差。當財務槓桿指數大於1，即表示由於有利的債務運用，資產報酬率得以高於債務資金成本，致使淨值報酬率超越資產報酬率；若財務槓桿指數小於1，則表示由於不利的債務運用，使得資產報酬率低於債務資金成本，而將淨值報酬率拉低至資產報酬率水準之下。

　　利用表5-5的資料，B公司各年度的財務槓桿指數計算如下：

$$第一年 = \frac{21\%}{15\%} = 1.40$$

$$第二年 = \frac{6\%}{6\%} = 1$$

$$第三年 = \frac{3.5\%}{4.5\%} = 0.78$$

　　在第一年，指數大於1為1.40，表示有利的財務槓桿運用，具有「正」的財務槓桿效果；在第二年，指數等於1，表示具有「中和」的財務槓桿效果；在第三年，指數小於1為0.78，表示不利的財務槓桿運用，具有「負」的財務槓桿效果。

二、財務槓桿作用對每股盈餘與風險的影響

企業舉債經營會引起淨利的改變，並導致每股盈餘跟著改變，而每股盈餘的改變，又會影響股票價格的變化。由於財務槓桿的運用，會有正面或負面作用發生的可能，且其發生的可能性無法事先確定，風險的問題即因而產生。隨著舉債金額的增加，將使企業的整體風險增加，而債權人所要求的補償（利率）亦會提高，因此，企業所使用的負債金額不同，則其成本也會有所不同。

假設逢甲公司的資產總額為新台幣$1,000,000，其必須以每次增加新台幣$100,000的方式來舉債，且限制其負債總額不得超過資產總額的70%。表5-6列示逢甲公司各種不同負債狀況下的有關借款利率。

表 5-6　不同負債水準的利率

負債總額	負債比率(%)	負債成本(利率%)
$100,000	10	6.0
200,000	20	6.3
300,000	30	7.0
400,000	40	8.0
500,000	50	10.0
600,000	60	13.0
700,000	70	17.0

表5-7列示了逢甲公司各種可能的銷貨水準及適當的機率估計，並分別假設逢甲公司完全以發行普通股（即零負債）融通資金及以50%負債融通資金，以說明每股盈餘及風險如何隨財務槓桿的改變而變動。

表 5-7　不同財務槓桿對每股盈餘影響之比較

銷貨機率	0.2	0.5	0.3
銷貨額	$500,000	$1,000,000	$1,500,000
變動成本（銷貨的60%）	(300,000)	(600,000)	(900,000)
固定成本	(200,000)	(200,000)	(200,000)
成本合計（利息除外）	(500,000)	(800,000)	(1,100,000)
息前及稅前淨利	0	200,000	400,000
(1)負債比率為0			
減：利息費用	0	0	0
稅前淨利	0	200,000	400,000
減：所得稅(25%)	0	(50,000)	(100,000)
稅後淨利	0	$150,000	$300,000
每股盈餘（50,000股普通股流通在外）	0	$3.00	$6.00
每股盈餘期望值		$3.30[1]	
每股盈餘標準差		$2.10[2]	
(2)負債比率為50%			
減：利息費用($500,000×10%)	(50,000)	(50,000)	(50,000)
稅前淨利（損失）	(50,000)	150,000	350,000
減：所得稅(25%)	12,500	(37,500)	(87,500)
稅後淨利（損失）	$(37,500)	$112,500	$262,500
每股盈餘（25,000股普通股流通在外）	$(1.50)	$4.50	$10.50
每股盈餘期望值		$5.10[3]	
每股盈餘標準差		$4.20[4]	

說明：

(1) 每股盈餘期望值 $= (\$0 \times 0.2) + (\$3.00 \times 0.5) + (\$6.00 \times 0.3) = \$3.30$

(2) 每股盈餘標準差 $= \sqrt{0.2(\$0 - \$3.30)^2 + 0.5(\$3.00 - \$3.30)^2 + 0.3(\$6.00 - \$3.30)^2} = \$2.10$

(3) 每股盈餘期望值 $= (-\$1.50 \times 0.2) + (\$4.50 \times 0.5) + (\$10.50 \times 0.3) = \$5.10$

(4) 每股盈餘標準差 $= \sqrt{0.2(-\$1.50 - \$5.10)^2 + 0.5(\$4.50 - \$5.10)^2 + 0.3(\$10.50 - \$5.10)^2} = \$4.20$

　　依照表5-7所示的計算方式，可就各種不同負債水準，分別計算各自的每股盈餘期望值及標準差，其結果如表5-8所示。

表 5-8　不同負債水準的利率

負債比率(%)	每股盈餘期望值	每股盈餘標準差
0	$3.30	$2.10
10	3.57	2.33
20	3.89	2.63
30	4.27	3.00
40	4.70	3.50
50	5.10	4.20
60	5.33	5.25
70	5.05	7.00

　　表5-8的資料可進一步繪成如圖5-2，以顯示每股盈餘期望值及風險（以每股盈餘標準差衡量）與財務槓桿的關係。

　　由圖5-2(A)可得知，當逢甲公司的負債比率逐漸增加時，雖然其稅後淨利由於利息費用的增加而減少，但其普通股流通在外股數亦會因而減少，只要稅後淨利下降率小於普通股流通在外股數減少率，則預期的每股盈餘（即每股盈餘期望值）就會被拉高而不斷的往上升，當其負債比率增加至60%時，預期的每股盈餘將達到$5.33的最高點，此後，預期的每股盈餘即因稅後淨利下降率大於普通股流通在外股數減少率而開始降下來。

　　圖5-2(B)中所示的事業風險（Business Risk）係指對未來營運淨利的不確定程度，其為企業無可避免的基本風險；而財務風險（Financial Risk），則係指因財務槓桿的運用所額外增加的風險。由此圖可得知，隨著負債比率的逐漸增加，股東所承擔的財務風險亦跟著增加，而且是以遞增的速率來增加。

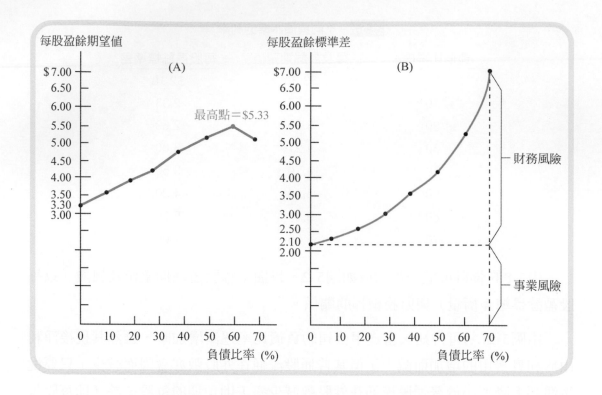

圖 5-2　每股盈餘期望值及風險與財務槓桿的關係

　　綜合上述分析可知，高度財務槓桿的運用固然可使預期的每股盈餘增加，但相對地亦提高公司的風險。由於不同公司對於風險偏好的傾向各不相同，因此，企業對於財務槓桿的運用，實須於報酬與風險之間作權衡，以決定適宜的舉債額度。

三、每股盈餘無差異分析

　　企業亦可藉由分析不同融資方式下之每股盈餘與銷貨額的關係，在預定的銷貨水準下，決定對企業最有利的財務結構。

　　假設逢甲公司可運用完全以發行普通股來融資或以50％負債來融資而獲得營運所需的資金，利用表5-7的資料可繪成如圖5-3，以說明此兩種融資方式下，每股盈餘隨著銷貨額的改變而變動的情形。

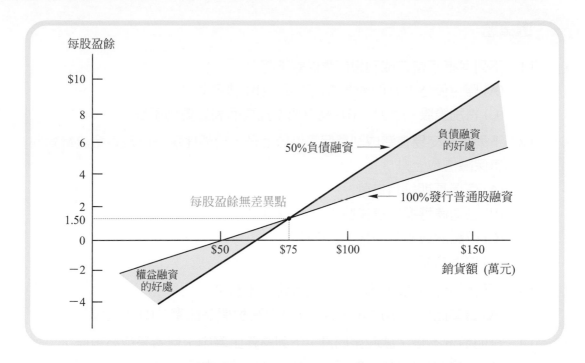

圖 5-3　每股盈餘與銷貨水準的關係

　　圖5-3中的斜線代表各該融資方式下每股盈餘與銷貨的關係，稱為「盈餘銷貨線」，而兩盈餘銷貨線的交點，即稱為「每股盈餘無差異點」（銷貨額為$750,000，每股盈餘為$1.50），在此點所示的銷貨水準下，不論是完全以發行普通股來融資或以50%負債來融資，其每股盈餘均相同並無差異。當銷貨水準低於無差異點的銷貨額時，由於資產報酬率小於債務資金成本，故完全以發行普通股來融資會有較高的每股盈餘；而當銷貨水準高於無差異點的銷貨額時，由於資產報酬率大於債務資金成本，故以50%負債來融資會有較高的每股盈餘。由圖5-3亦可得知，當使用普通股融資時，盈餘銷貨線為一條較平緩的斜線，但當負債比率為50%時，此線變得比較陡，表示銷貨的微小變動，將使每股盈餘的變動極大，亦即企業舉債經營將承擔較高的風險。

　　綜合上述分析可知，企業為使每股盈餘極大化，如果預期銷貨水準將超過可行融資方案每股盈餘無差異點之銷貨額甚多，且低於此銷貨額之可能性極低，則高財務槓桿的運用對企業較為有利；反之，如果預期最有可能的銷貨水準為可行融資方案每股盈餘無差異點之銷貨額，且低於此銷貨額之可能性亦相當高，則低財務槓桿的運用將對企業較為有利。雖然每股盈餘無差異分析圖無法精確告知最適切的負債比率為何，但其可協助企業之財務經理，在預定的銷貨水準下，選擇最佳的資金籌措方式，從而決定企業之負債比率。

本章習題

一、選擇題

(　　) 1. 下列何者不會造成利息保障倍數下降？
(A) 應付債券上升而營運收入不變　(B) 利率上升
(C) 特別股股利上升　(D) 銷貨成本提高而利息費用不變。

(　　) 2. 下列哪個交易會造成利息保障倍數上升、負債比率下降及現金流量對利息保障倍數上升？
(A) 償還長期銀行借款
(B) 公司債轉換成普通股
(C) 以高於成本的價格出售存貨
(D) 以上皆是。

(　　) 3. 下列何者有助於瞭解企業自有資金的比例？
(A) 資本比率　(B) 負債比率　(C) 債務對權益比率　(D) 以上皆可。

(　　) 4. 其他情況不變，就股東而言，下列財務比率中，何者是愈高愈佳？
(A) 利息保障倍數　(B) 流動比率　(C) 資本比率　(D) 淨值報酬率。

(　　) 5. 長期資金對固定資產之比率應為如何較為穩健？
(A) 高於 100%　(B) 低於 100%　(C) 等於 100%　(D) 二者無關。

(　　) 6. 所謂「財務槓桿指數」是指什麼？
(A) 負債總額除以淨值　(B) 淨值報酬率除以資產報酬率
(C) 淨值報酬率除以負債總額　(D) 長、短期借款除以負債總額。

(　　) 7. 下列何者情況適合舉債經營？
(A) 財務槓桿指數大於 1　(B) 財務槓桿指數小於 1
(C) 財務槓桿指數等於 1　(D) 以上皆非。

(　　) 8. 財務槓桿指數小於 1 時，負債比率提高將使淨值報酬率如何變動？
(A) 提高　(B) 降低　(C) 不變　(D) 不一定。

(　　) 9. 下列敘述何者為真？
(A) 舉債經營使得公司普通股每股盈餘提高
(B) 資產提列折舊會使當年度利息保障倍數下降
(C) 所得稅率提高不利於舉債經營
(D) 上述三項有兩個為真。

(　　) 10. 淨值為正之企業，收回公司債產生利益將使負債比率如何變動？
(A) 降低　(B) 提高　(C) 不變　(D) 不一定。

(　) 11. 大芳公司 ×1 年之淨利為 $600,000，公司債利息費用為 $100,000，所得稅費用為 $200,000，該公司 ×1 年之利息保障倍數為何？

(A) 3　(B) 5　(C) 6　(D) 9。

(　) 12. 大松公司僅發行普通股一種股票，於 ×1 年，每股盈餘為 $9，並支付每股股利 $4，除淨利與發放股利之結果使保留盈餘增加 $200,000 外，權益並無其他變動。若該公司於 ×1 年底每股帳面價值為 $20，負債總額為 $1,200,000，則負債比率為若干？

(A) 60%　(B) 57.14%　(C) 75%　(D) 無法得知。

二、問答題

1. 何謂資產結構？
2. 何謂財務結構？
3. 影響企業長期償債能力的基本因素有哪些？
4. 如何計算利息保障倍數？
5. 何謂財務槓桿指數？
6. 何謂每股盈餘無差異分析？
7. 何謂財務風險？

三、計算及分析題

1. 忠孝公司 ×1 年度之營業收入為 $10,000,000，營業成本為 $7,500,000，營業費用為 $2,000,000，利息費用為 $200,000，所得稅稅率為 25%，資產總額為 $3,125,000，權益總額為 $2,343,750，則其財務槓桿指數為何？

2. 信義公司 ×1 年度之每股盈餘為 $4，當年度支付普通股股利每股為 $2 及期末保留盈餘增加 $1,200,000；該公司沒有發行特別股，且在 ×1 年度亦沒有發行新普通股。若信義公司 ×1 年底的負債總額為 $12,000,000 及權益每股帳面價值為 $40，則其負債比率為何？

3. 和平公司於 ×1 年 12 月 31 日之每股股價為 $55，市值對淨值比為 2.5，負債比率為 37.5%，當日流通在外之普通股股數有 200,000 股，則其負債總額為何？

4. 台中公司 ×1 年底資產負債表資料如下：

資產
流動資產	$290,000
不動產、廠房及設備	250,000
無形資產	20,000
資產總計	$560,000

負債及權益
流動負債	$ 88,000
非流動負債	170,000
權益	302,000
負債及權益總計	$560,000

台中公司 ×1 年度稅後淨利為 $56,250，所得稅稅率為 25%，利息費用為 $15,000。

試作：計算台中公司 ×1 年度（底）下列比率：（93 年特考試題改編）

(1) 利息保障倍數。

(2) 負債比率。

(3) 負債對權益比率。

5. 仁愛公司與和平公司 ×1 年度綜合損益表及資產負債表之部分資料如下：

	仁愛公司	和平公司
銷貨收入	$1,050,000	$2,800,000
銷貨成本	725,000	2,050,000
銷售與管理費用	230,000	580,000
利息費用	10,000	32,000
所得稅費用	42,000	65,000
不動產、廠房及設備淨額	180,000	520,000
資產總額	356,000	985,000
應付帳款	60,000	165,000
應付公司債	100,000	410,000
普通股股本	140,000	280,000
資本公積	10,000	30,000
保留盈餘	46,000	100,000

試作：

(1) 計算兩家公司下列各項比率：

    ①利息保障倍數   ②負債比率

    ③負債對權益比率   ④固定比率

(2) 就上項計算結果，評論哪家公司有較佳之長期償債能力。

6. 台南公司與高雄公司 ×1 年度資產負債表中負債及權益的資料如下：

	台南公司	高雄公司
流動負債	$300,000	$3,600,000
非流動負債	400,000	6,000,000
其他負債	100,000	1,400,000
特別股股本	100,000	2,000,000
普通股股本	700,000	4,000,000
資本公積	500,000	3,700,000
保留盈餘	200,000	3,300,000

試求：

(1) 編製兩家公司負債及權益之共同比報表。

(2) 評論上項分析之結果。

7. 嘉義公司 ×1 年度至 ×3 年度之若干財務比率如下：

	×1年度	×2年度	×3年度
負債比率	43%	40%	37%
長期負債對權益比率	42%	33%	25%
資產報酬率	8.4%	8.6%	8.8%
淨值報酬率	15.2%	14.6%	14.2%

試作：評論三年中嘉義公司對於財務槓桿之運用有何變動，並解釋原因。

8. 台中公司 ×1 年度簡明資產負債表的資料如下：

流動資產	$ 500,000
非流動資產	1,500,000
流動負債	100,000
應付公司債，9%	700,000
特別股股本，7%	400,000
普通股股本	600,000
保留盈餘	200,000

台中公司 ×1 年度之所得稅稅率為 25%，並支付特別股 7% 之股利。

試作：

(1) 假設台中公司 ×1 年度之資產報酬率為 6%，則普通股股東權益報酬率為何？

(2) 假設台中公司 ×1 年度之資產報酬率為 9%，則普通股股東權益報酬率為何？

(3) 說明上項計算之結果不同的原因。

9. 高雄公司 ×2 年度財務分析之部分資料如下：

存貨週轉率	6次
銷貨毛利率	30%
每股盈餘	$12
利息保障倍數	5倍

高雄公司 ×2 年度之所得稅稅率為 25%，於年底流通在外之普通股股數有 10,000 股，並知期末存貨 $262,500 為期初存貨之 60%。

試作：編製高雄公司 ×2 年度之綜合損益表。

10. 許多交易活動使長期償債能力產生變化,請在下列空格中填入每一交易對各項財務比率的影響是增加(+)、減少(-)或沒有影響(0)。

交易事項	利息保障倍數		負債比率		負債對權益比率	
(1) 宣告並支付股利	(	)	(	)	(	)
(2) 現金增資	(	)	(	)	(	)
(3) 可轉換公司債轉換為普通股	(	)	(	)	(	)
(4) 資產減損損失	(	)	(	)	(	)
(5) 以長期借款購置機器	(	)	(	)	(	)
(6) 以高於成本價格出售土地	(	)	(	)	(	)
(7) 發行公司債	(	)	(	)	(	)

11. 台北公司比較報表資料如下:

	×1度	×2年度	×3年度
資產報酬率(稅前)	12%	14%	15%
淨值報酬率	10%	8%	12%
所得稅稅率	20%	25%	30%

試作:

(1) 計算各年度之稅後資產報酬率。

(2) 計算各年度之財務槓桿指數。

MEMO

週轉率及經營能力分析

學習重點

1. 營業週期流動性衡量之意義
2. 應收帳款週轉率、應收帳款收款天數之計算
3. 存貨週轉率、存貨銷售天數之計算
4. 應付帳款週轉率、應付帳款延遲付款天數之計算
5. 淨營業週期之計算

FINANCIAL STATEMENT ANALYSIS

　　分析企業短期償債能力時，係以流動比率、速動比率為分析工具，但應收帳款在速動比率上、存貨在流動比率上皆占有相當重要的比重，因此，為分析短期償債能力之品質，有必要進一步分析應收帳款週轉率、應收帳款收款天數、存貨週轉率、存貨銷售天數，且應注意應收帳款與存貨之品質。

壹　週轉率及經營能力之意義

　　資產是企業賴以營運和獲利的來源，其中，流動資產供營業運轉之用，固定資產則為企業獲致報酬的基礎，因此，欲衡量公司投入的資源可創造多少的營業收入，可藉由經營能力（Operating Ability）分析達成此目的。經營能力分析評估的概念是藉由營業收入對淨值、營業收入對營運資金、營業收入對存貨、營業收入對應收帳款、營業收入對固定資產，以瞭解公司經營的狀況，有助於公司知悉現階段效率不佳的投入資源，而能加以改善，並維持良好投入資源之運用效率。

　　以流動比率、速動比率、營運資金與現金比率來分析企業短期償債能力，僅能提供財務分析者一項靜態（Static）與存量（Stock）的觀念，此種觀念偏重量的分析，財務分析者除量的分析外，尚需重視質的分析。因此，在分析短期償債能力時，需進一步分析應收帳款週轉率、應收帳款收款天數、存貨週轉率與存貨銷售天數，以彌補流動比率之缺陷。

貳　週轉率及經營能力分析之衡量指標

　　本書有關週轉率及經營能力分析以銀行公會公布的比率為主，有淨值週轉率、營運資金週轉率、應收帳款週轉率與應收帳款收款天數、存貨週轉率與存貨銷售天數、不動產、廠房及設備週轉率、銷貨成本率、存貨對營運資金比。

一、淨值週轉率

淨值週轉率（Net Value Trunover）代表自有資本從營業收入收回的次數，該數值太高應注意是否自有資本太少，該數值太低應注意是否自有資本太多或營業收入太少。

$$淨值週轉率 = \frac{營業收入淨額}{平均淨值}$$

二、營運資金週轉率

營運資金週轉率（Working Capital Turnover）為營業收入淨額占營運資金的比率，可衡量營運資金在一年內週轉的次數，且營運資金週轉率會受到公司營運資金政策的影響。寬鬆的營運資金政策使公司存有較高的營運資金，相對地，營運資金週轉率會較低；緊縮的營運資金政策使公司保有較低的營運資金，相對地，營運資金週轉率會較高，但仍存有資金不足的風險，是故公司應保有適中的資金政策較佳。從另一個觀點來看，營運資金週轉率過低，代表相對於公司的營運資金結構來看，公司的銷售較為不足；而營運資金週轉率過高，顯示公司的營運資金較為不足，可能產生償債不足的風險。

營運資金週轉率應與競爭同業或公司本身之以往年度進行比較，才能推知公司之最佳營運資金週轉率為何。然而在分析的過程中也要注意一些判斷上的偏誤，如當公司的營業收入不變，而其營運資金減少時亦會造成營運資金週轉率上升，但導致營運資金下降的原因，包含：(1)流動資產及流動負債皆下降，(2)流動資產不變及流動負債上升，(3)流動負債不變及流動資產下降等三種，此三種情形反應在營運資金週轉率下降的意涵上是不同，財務報表使用者進行分析時要多加注意造成營運資金週轉率高的原因。

$$
\begin{aligned}
營運資金週轉率 &= \frac{營業收入淨額}{平均營運資金} \\
&= \frac{營業收入淨額}{（期初營運資金＋期末營運資金）÷2}
\end{aligned}
$$

三、營業週期流動性的衡量

企業向供貨商訂購存貨，若是現購則需使用現金，若是賒購則產生應付帳款，然後以現金支付供應商，還清應付帳款；存貨銷售給顧客，若是賒銷則產生應收帳款，然後向客戶收取現金，若是現銷則直接收到現金，此稱為營業週期，如圖6-1。

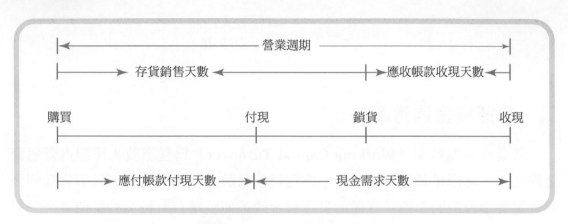

圖 6-1　營業週期與淨營業週期

若企業採用現金方式進貨，在一段時間中將存貨銷售，並於一段期間後收取應收帳款的現金，完成一個營業週期，此段期間包括存貨銷售天數與應收帳款收現天數，此即為營業週期。

> 營業週期＝存貨銷售天數＋應收帳款收現天數

若企業考慮進貨採賒購方式，企業貨款無須立刻付現，可保有帳上現金，因此，將營業週期扣除應付帳款延遲付款天數後，可得出淨營業週期。

> 淨營業週期（又稱現金需求天數）
> ＝存貨銷售天數＋應收帳款收現天數－應付帳款延遲付款天數

應收帳款、存貨與應付帳款是企業營運過程中，最重要的組成因子，但是在營運資金、流動比率與速動比率的短期償債能力衡量指標中，並未考慮應收帳款、存貨與應付帳款的週轉速度，故在營業週期流動性的衡量指標中，我們

須考慮應收帳款的收款品質（平均應收帳款轉換為現金的速度）、存貨的銷售能力（平均多少時間銷售一筆存貨）以及應付帳款的信用週轉期間（平均多少時間付一筆應付帳款）。

1. 應收帳款週轉率與應收帳款收款天數

應收帳款週轉率（Turnover of Receivables）係指賒銷淨額與平均應收款項之比率關係。應收帳款週轉率顯示企業創造收入的能力，而且也顯示企業收帳的速度與效率，通常週轉率愈高，代表應收款項變現的速度愈佳。

應收帳款收款天數（Days Receivables Outstanding）係指企業賒銷產品之後，平均多少時間會收到款項，應收帳款收款天數可以直接與公司的授信條件相比，若公司一般習慣給顧客30天的付款期限，則平均收款天數若低於30天，表示公司收取款項做得確實，若超過30天，表示收款不力仍需努力。要計算應收帳款收款天數需先計算應收帳款週轉率，兩者的計算公式如下：

$$應收帳款週轉率 = \frac{營業收入淨額}{平均應收帳款}$$

$$= \frac{營業收入淨額}{（期初應收帳款＋期末應收帳款）\div 2}$$

$$應收帳款收款天數 = \frac{365}{應收帳款週轉率}$$

一般企業的財務報表很少將賒銷與現銷的數字分開列示，為方便起見，通常假設現銷的金額不大，而將營業收入淨額視為來自賒銷。企業的賒銷帳款中包括應收帳款與應收票據，所以在計算平均應收帳款時，應將賒銷有關的應收帳款與應收票據包括在內（但須扣除備抵壞帳）。但是，已向銀行或金融機構辦理貼現的應收票據，且不在外流通者應予以剔除。

應收帳款與應收票據以正常營業所產生的應收款項為限，非正常營業所產生的應收款項（如關係人應收款項）應予以分開列示，計算應收帳款週轉率時亦應剔除。

2. 存貨週轉率與存貨銷售天數

存貨週轉率（Inventory Turnover）係指營業成本與平均存貨的比率關係，存貨週轉率顯示每年存貨出售轉爲銷貨成本的次數，存貨週轉率愈高，代表企業資金不會積壓在存貨上，資產的流動性佳。存貨週轉率是以年度爲計算基礎，但實務上管理者不可能等到年度結束才來審視，因此，平時會以月爲基礎來計算存貨週轉率。月存貨週轉率其分子爲月營業成本，分母爲月平均存貨。

存貨銷售天數（Days Inventory Outstanding）係指企業平均多少時間會銷售一筆存貨，用以衡量存貨的銷售能力。存貨週轉率與存貨銷售天數間具有反向變動關係，存貨週轉率上升，表示存貨銷售天數縮短，可愈快完成一次營業循環以取得現金

$$存貨週轉率 = \frac{營業成本}{平均存貨}$$

$$= \frac{營業成本}{（期初存貨＋期末存貨）\div 2}$$

$$存貨銷售天數 = \frac{365}{存貨週轉率}$$

3. 應付帳款週轉率與應付帳款延遲付款天數

應付帳款週轉率（Accounts Payable Turnover）係指進貨淨額與平均應付帳款之比率關係，用以衡量企業在某段期間中應付帳款平均的付款次數，應付帳款週轉率愈低，表示企業的付款次數愈低，企業較無須經常面對應付帳款付款的壓力，對於企業的短期償債能力具有正面效應。應付帳款延遲付款天數（Days Payables Outstanding）可用以衡量企業購貨時所獲得的信用週轉期間，表示企業平均多少時間會付出一筆貨款。

$$應付帳款週轉率 = \frac{進貨淨額}{平均應付帳款}$$

$$= \frac{營業成本＋期末存貨－期初存貨}{（期初應付帳款＋期末應付帳款）\div 2}$$

$$應付帳款延遲付款天數 = \frac{365}{應付帳款週轉率}$$

應付帳款週轉率為進貨淨額除以平均應付帳款，由於進貨淨額無法由企業財務報表中直接得知，因此，須透過營業成本加上期末存貨再扣除期初存貨後得之。應付帳款週轉率並無好壞高低之分，如果應付帳款週轉率愈高表示企業做了多次的賒購，當然代表銷貨多才會購貨多，所以應付帳款週轉率應與存貨週轉率有某種恆常關係。

四、不動產、廠房及設備週轉率

不動產、廠房及設備週轉率（Property, Plant and Equipment Turnover）係資產運用效率之概念，亦即企業平均投資成本一元的不動產、廠房及設備，所產生營業收入的程度，可檢視企業對不動產、廠房及設備的運用效率。企業經營的目的在於有效的運用各項資源，俾能獲取滿意的利潤，而利潤的主要來源是營業收入，營業收入對製造業及買賣業而言是銷貨收入，對服務業而言是服務收入，對加工業而言是加工收入。

衡量企業的經營能力最常以淨利的多寡或投資報酬率的高低，作為評估的標準，但仍難以窺見個別資產的運用效率，因此，透過不動產、廠房及設備週轉率可瞭解生產性不動產、廠房和設備之運用所產生銷貨的能力。不動產、廠房及設備週轉率愈高，表示該企業成本一元的不動產、廠房及設備所產生的營業收入愈高，顯示該企業不動產、廠房及設備的使用效率愈佳；反之，不動產、廠房及設備週轉率愈低，則表示不動產、廠房及設備的使用效率愈差，不動產、廠房及設備未能發揮應有的效率，可能具有過多或閒置不動產、廠房及設備的問題。

$$不動產、廠房及設備週轉率 = \frac{營業收入淨額}{平均不動產、廠房及設備}$$

$$= \frac{營業收入淨額}{(期初不動產、廠房及設備＋期末不動產、廠房及設備) \div 2}$$

影響營業收入淨額的因素極為複雜，如企業之行銷政策、銷售價格、產品品質、推銷員素質與能力、廣告效率、景氣循與企業管理決策等，會直接或間接對企業銷貨具有影響力，並非單獨受資產運用效率影響。

五、銷貨成本率

銷貨成本（營業成本）率愈低愈好，營業成本率愈低，表示毛利率愈高，獲利能力愈好，可據以評估生產部門或銷售部門之績效。

$$銷貨成本率 = \frac{營業成本}{營業收入淨額}$$

營業成本可由製成品成本表而得，從原料、人工、製造費用等的投入，經在製品、製成品直到出售，最後彙總至綜合損益表中的營業成本數字。

六、銷管費用率

銷售費用係指公司致力於產生營業收入所發生之費用，包括廣告費、銷售佣金和出售使用物料所產生之費用；管理費用指與公司營運相關之一般行政管理費用，包括員工薪資、保險費、電話費等費用。銷管費用以營業費用為基礎，三星科技公司的營業費用包括推銷費用、管理費用與研究發展費用。

$$銷管費用率 = \frac{營業費用}{營業收入淨額}$$

七、存貨對營運資金比

存貨對營運資金比（Inventory to Working Capital Ratio）如大於同業水平，則表示企業存貨過高有積壓存貨現象。存貨對營運資金比應小於100%。

$$存貨對營運資金比 = \frac{存貨}{營運資金}$$

參　週轉率及經營能力分析之應用

依本書所採用釋例之三星科技股份有限公司及子公司合併財務報表金額（單位仟元），其108年度與109年度之週轉率及經營能力之各項比率列示如下。為使分析更具意義，將選取同為螺絲扣件產業之春雨工廠股份有限公司，以進行公司間之比較分析。

淨值週轉率（次）

年度	三星	春雨
108	$\dfrac{\$6,549,045}{(\$6,565,809 + \$6,494,973) \div 2} = 1.00$	2.16
109	$\dfrac{\$5,072,643}{(\$6,494,973 + \$6,477,641) \div 2} = 0.78$	1.90

營運資金週轉率（次）

年度	三星	春雨
108	$\dfrac{\$6,549,045}{(\$3,373,571 + \$3,426,684) \div 2} = 1.93$	2.99
109	$\dfrac{\$5,072,643}{(\$3,426,684 + \$3,557,435) \div 2} = 1.45$	2.82

營運資金＝流動資產－流動負債
三星公司107年度營運資金＝$4,779,344 － $1,405,773 ＝ $3,373,571
三星公司108年度營運資金＝$4,344,957 － $918,273 ＝ $3,426,684
三星公司109年度營運資金＝$4,395,323 － $837,888 ＝ $3,557,435

應收帳款週轉率（次）

年度	三星	春雨
108	$\dfrac{\$6,549,045}{(\$1,401,682 + \$1,161,442) \div 2} = 5.11$	4.28
109	$\dfrac{\$5,072,643}{(\$1,161,442 + \$1,195,979) \div 2} = 4.30$	3.75

應收帳款＝應收票據淨額＋應收帳款淨額
三星公司107年度應收帳款＝$8,020 ＋ $1,393,662 ＝ $1,401,682
三星公司108年度應收帳款＝$12,275 ＋ $1,149,167 ＝ $1,161,442
三星公司109年度應收帳款＝$9,577 ＋ $1,186,402 ＝ $1,195,979

應收帳款收款天數（天）

年度	三星	春雨
108	$\dfrac{365}{5.11} = 71.43$	85.28
109	$\dfrac{365}{4.30} = 84.88$	97.33

存貨週轉率（次）

年度	三星	春雨
108	$\dfrac{\$5,142,275}{(\$2,070,750 + \$1,613,002) \div 2} = 2.79$	2.19
109	$\dfrac{\$4,052,201}{(\$1,613,002 + \$1,319,878) \div 2} = 2.76$	1.95

存貨銷售天數（天）

年度	三星	春雨
108	$\dfrac{365}{2.79} = 130.82$	166.67
109	$\dfrac{365}{2.76} = 132.25$	187.18

應付帳款週轉率（次）

年度	三星	春雨
108	$\dfrac{\$4,684,527}{(\$551,910 + \$305,357) \div 2} = 10.93$	9.60
109	$\dfrac{\$3,759,077}{(\$305,357 + \$309,394) \div 2} = 12.23$	9.69

進貨淨額＝營業成本＋期末存貨－期初存貨

三星公司108年度進貨淨額＝$5,142,275＋$1,613,002－$2,070,750
　　　　　　　＝$4,684,527

三星公司109年度進貨淨額＝$4,052,201＋$1,319,878－$1,613,002
　　　　　　　＝$3,759,077

應付帳款＝應付票據＋應付帳款

三星公司107年度應付帳款＝$372,138＋$179,772＝$551,910

三星公司108年度應付帳款＝$171,021＋$134,336＝$305,357

三星公司109年度應付帳款＝$156,782＋$152,612＝$309,394

應付帳款延遲付款天數（天）

年度	三星	春雨
108	$\dfrac{365}{10.93} = 33.39$	38.02
109	$\dfrac{365}{12.23} = 29.84$	37.66

年度	公司	營業週期（天）	淨營業週期（現金需求天數）
108	三星	130.82 + 71.43 = 202.25	130.82 + 71.43 − 33.39 = 168.86
	春雨	166.67 + 85.28 = 251.95	166.67 + 85.28 − 38.02 = 213.93
109	三星	132.25 + 84.88 = 217.13	132.25 + 84.88 − 29.84 = 187.29
	春雨	187.18 + 97.33 = 284.51	187.18 + 97.33 − 37.66 = 246.85

營業週期＝存貨銷售天數＋應收帳款收款天數
淨營業週期＝存貨銷售天數＋應收帳款收款天數－應付帳款延遲付款天數

不動產、廠房及設備週轉率（次）

年度	三星	春雨
108	$\dfrac{\$6,549,045}{(\$3,391,007 + \$3,265,887) \div 2} = 1.97$	2.87
109	$\dfrac{\$5,072,643}{(\$3,265,887 + \$3,085,691) \div 2} = 1.60$	2.53

銷貨成本率（％）

年度	三星	春雨
108	$\dfrac{\$5,142,275}{\$6,549,045} = 78.52$	83.92
109	$\dfrac{\$4,052,201}{\$5,072,643} = 79.88$	85.73

銷管費用率（％）

年度	三星	春雨
108	$\dfrac{\$413,664}{\$6,549,045} = 6.32$	9.75
109	$\dfrac{\$363,079}{\$5,072,643} = 7.16$	9.84

營業費用＝推銷費用＋管理費用＋研究發展費用

	存貨對營運資金比（％）	
年度	三星	春雨
108	$\dfrac{\$1,613,002}{\$3,426,684} = 47.07$	112.14
109	$\dfrac{\$1,319,878}{\$3,557,435} = 37.10$	126.01

其分析結果為：

1. 於108及109年度，三星科技公司之淨值週轉率分別為1.00次及0.78次，表示淨值在108年度約為當年度之營業收入，在109年度則約為當年度營業收入之128％（1／0.78）。相較上，春雨公司於此二年度之淨值週轉率亦呈下降趨勢，但皆遠高於三星科技公司，分別為2.16次及1.99次，因此，春雨公司之淨值分別約為當年度營業收入之46％及53％。

2. 於108及109年度，三星科技公司之營運資金週轉率分別為1.93次及1.45次，意謂平均一元的營運資金分別可創造1.93元及1.45元的營業收入。相較上，春雨公司於此二年度之營運資金週轉率亦呈下降趨勢，但皆高於三星科技公司，分別為2.99次及2.82次。

   營運資金僅能以絕對的數值瞭解企業的流動資產超過流動負債的金額，但營運資金週轉率可利用營業收入占營運資金的相對比重來衡量企業的經營能力，以檢視企業對營運資金的使用效率。

3. 於108及109年度，三星科技公司之應收帳款週轉率分別為5.11次及4.30次，顯示其應收帳款從產生到收取貨款的天數分別為71.43天及84.88天。相較上，春雨公司於此二年度之應收帳款週轉率亦呈下降趨勢，且皆低於三星科技公司，分別為4.28次及3.75次，而其應收帳款收款天數則分別為85.28天及97.33天，意謂春雨公司帳款收取的效率與應收款項變現的速度，微差於三星科技公司。

4. 由財務報表附註中得知，三星科技公司對客戶之授信期間通常為30～90天，由於授信期間最高為3個月，因此應收帳款收款天數維持在授信期間之內。

5. 於108及109年度，三星科技公司之存貨週轉率分別為2.79次及2.76次，顯示其存貨分別約經130.82天及132.25天可銷售出去。相較上，春雨公司於此二年度之存貨週轉率亦呈些微下降趨勢，且皆低於三星科技公司，分別為2.19次及1.95次，而其存貨銷售天數則分別為166.67天及187.18天，意謂春雨公司營運資金積壓在存貨上的期間長於三星科技公司。

對照第三章的流動比率與速動比率的資訊，由於速動比率明顯較流動比率低許多，因此，宜注意此等公司的存貨是否有積壓的現象。

6. 於108及109年度，三星科技公司之營業週期天數分別為202.25天及217.13天，淨營業週期天數則分別為168.86天及187.29天，意謂平均分別要168.86天及187.29天才會有由營業週期所產生的現金流入，亦即，三星科技公司至少需保留有這些天數的營運資金供淨營業週期使用。

   相較上，春雨公司於此二年度之有關天數亦呈些微上升趨勢，且皆高於三星科技公司，其營業週期天數分別為251.95天及284.51天，淨營業週期天數則分別為213.93天及246.85天，顯示春雨公司保留營運資金供淨營業週期使用的天數多於三星科技公司。

7. 三星科技公司對客戶之授信期間通常為30～90天，但應付帳款延遲付款天數分別僅有33.39天及29.84天，由此可知，三星科技公司若欲改善淨營業週期（即現金需求天數），應致力縮短存貨銷售天數與應收帳款收款天數，同時亦應向供應商爭取有利的付款條件以延長付款天數。而此種狀況亦存在於春雨公司，是否鋼鐵產業特性即為如此，不得而知。

8. 於108及109年度，三星科技公司之不動產、廠房及設備週轉率分別為1.97次及1.60次，意謂平均一元的不動產、廠房及設備分別可創造1.97元及1.60元的營業收入。相較上，春雨公司於此二年度之不動產、廠房及設備週轉率亦呈微幅下降趨勢，但皆高於三星科技公司，分別為2.87次及2.53次，顯示其對固定資產運用的效率佳於三星科技公司。

   企業隨著營運活動不斷擴展營業收入逐年提升，同時廠房與機器設備等固定資產亦將增加，而增加的固定資產的幅度是否適當，是否有閒置不動產、廠房及設備出現，則需檢視不動產、廠房及設備週轉率。

9. 於108及109年度，不論三星科技公司或是春雨公司，銷貨成本率及銷管費用率，皆呈些微上升的趨勢。相較上，春雨公司於此二年度之有關比率皆高於三星科技公司。

10. 於108及109年度，三星科技公司之存貨對營運資金比分別為47.07%及37.10%，表示該公司有致力於存貨水準的改善，且此項比值為小於100%。反觀春雨公司的情況，存貨對營運資金比分別為112.14%及126.01%，不僅為皆大於100%，且於此二年度之間為上升的趨勢，顯示該公司存貨可能有積壓的現象。

本章習題

一、選擇題

(　) 1. 關於存貨週轉率，下列何者敘述錯誤？
(A) 存貨評價方式必須每年一致　(B) 分母以期末存貨為準
(C) 分母應以期初與期末存貨的平均數為準　(D) 分子用銷貨成本。

(　) 2. 假若應收帳款的賒欠期間過長，下列何者比率會受其影響？
(A) 流動比率　(B) 速動比率　(C) 應收帳款週轉率　(D) 存貨週轉率。

(　) 3. 應收帳款週轉率的分母為平均應收帳款淨額，下列何者不包括在平均應收帳款淨額內？
(A) 期初應收帳款淨額　(B) 賒銷有關之應收票據　(C) 向銀行辦理貼現且不在外流通之應收票據　(D) 期末應收帳款淨額。

(　) 4. 營業週期＝應收帳款收款天數＋＿＿＿＿＿＿＿，空格中應填何者？
(A) 營運資金　　　　　　　　(B) 應收帳款週轉率
(C) 存貨週轉率　　　　　　　(D) 存貨銷售天數。

(　) 5. 下列何者比率可以表示個別資產的運用效率？
(A) 閒置資產比率　　　　　　(B) 投資報酬率
(C) 不動產、廠房及設備週轉率 (D) 淨值週轉率。

(　) 6. 銀行在審核某客戶所申請之三個月購料貸款時，下列何項指標比較不受重視？
(A) 流動比率　　　　　　　　(B) 應收帳款週轉率
(C) 存貨週轉率　　　　　　　(D) 固定資產週轉率。

(　) 7. 甲公司 ×2 年度之營業收入淨額為 $3,000,000，期初應收款項為 $500,000，期末應收款項為 $700,000，則甲公司應數款項週轉率為何？
(A) 5　(B) 6　(C) 4.29　(D) 4。

(　) 8. 承第 7 題，甲公司應收帳款收款天數為幾天？
(A) 73 天　(B) 61 天　(C) 85 天　(D) 9 天。

(　) 9. 甲公司 ×2 年度之營業收入淨額為 $3,000,000，營業成本為 $2,000,000，期初存貨為 $500,000，期末存貨為 $700,000，則甲公司存貨週轉率為何？
(A) 5　(B) 6　(C) 3.33　(D) 2.86。

(　) 10. 承第 9 題，甲公司之存貨銷售天數為幾天？
(A) 73 天　(B) 61 天　(C) 110 天　(D) 128 天。

二、問答題

1. 衡量週轉率及經營能力常用之比率有哪些？
2. 如何計算公司之營業週期？
3. 何謂營運資金？如何計算？
4. 存貨週轉率偏低可能顯示存貨出了哪些問題？

三、計算及分析題

1. 超群公司 ×2 年及 ×1 年之有關資料如下：

資產負債表資料：

	×2年底	×1年底
應收帳款	$500,000	$470,000
減：備抵壞帳	(25,000)	(20,000)
應收帳款淨額	$475,000	$450,000
……		
存貨（成本與淨變現價值孰低法）	$600,000	$550,000

綜合損益表資料：

	×2年度	×1年度
賒銷淨額	$2,500,000	$2,200,000
現銷淨額	500,000	400,000
銷貨淨額	$3,000,000	$2,600,000
營業成本	$2,000,000	$1,800,000
銷售及管理費用	300,000	270,000
其他營業費用	50,000	30,000
營業費用合計	$2,350,000	$2,100,000

試作：

(1) ×2 年度之應收帳款週轉率。

(2) ×2 年度之應收帳款收款天數。

(3) ×2 年度之存貨週轉率。

(4) ×2 年度之存貨銷售天數。

2. 下列為台中公司部分財務資料：

	×1年底（度）	×2年底（度）
應收帳款	$120,000	$150,000
存貨	200,000	250,000
應付帳款	210,000	230,000
銷貨收入	3,000,000	4,000,000
銷貨成本	2,000,000	3,000,000

試作：計算台中公司 ×2 年度之營業週期。

3. 普騰公司 ×2 年度部分財務資料如下：

流動比率	7.50%
速動比率	3.75%
存貨週轉率	4.32%
應收帳款週轉率	11.25%
營運資金	$260,000
期初存貨	$100,000
期初應收帳款	$ 70,000
銷貨毛利率	40%

流動資產僅含現金、應收帳款及存貨三項；銷貨全部為賒銷。

試作：

(1) 流動資產總額。　　　　　　(4) 存貨金額。

(2) 流動負債總額。　　　　　　(5) 應收帳款金額。

(3) 速動資產總額。　　　　　　(6) 現金金額。

4. 下列為德昌公司之財務資料：

	×1年度	×2年度	×3年度
流動資產	$450,000	$400,000	$500,000
流動負債	390,000	300,000	340,000
銷貨	1,450,000	1,500,000	1,400,000
銷貨成本	1,180,000	1,020,000	1,120,000
存貨	280,000	200,000	250,000
應收帳款	120,000	110,000	105,000

試作：

(1) 計算 ×2、×3 年度下列各比率：

①營運資金　　　　　　⑤應收帳款收款天數

②流動比率　　　　　　⑥存貨週轉率

③速動比率　　　　　　⑦存貨銷售天數

④應收帳款週轉率

(2) 根據 ×2、×3 年度的比率評估德昌公司之短期流動性。

5. 台中公司於 ×2 年底，根據我國財務會計準則第三十五號公報之規定，認列了 $1,000,000 的不動產、廠房及設備減損損失。　　　　　　（94 年特考試題改編）

試作：

(1) 討論此減損損失的現金流量效果。

(2) 此減損損失對 ×2 年度不動產、廠房及設備週轉率之影響為何？

6. 台中公司 ×2 年度營業收入淨額為 $320,000，營業成本為 $198,000，其他相關資料如下：

	期初餘額	期末餘額
應收款項	$60,000	$68,000
應付帳款	24,000	38,000
存貨	30,000	36,000

試作：計算台中公司 ×2 年度之營業週期。　　　　　　（94 年會計師高考改編）

7. 台北公司 ×2 年之財務資料如下：銷貨成本 $2,400,000，毛利率 20%，期初應收帳款為 $160,000，期末應收帳款 $240,000，銷貨收入中有 80% 為賒銷，銷貨條件為 25 天內付款。

試作：評估台北公司對應收帳款之管理績效（一年以 360 天計）。

（91 年會計師高考改編）

MEMO

Chapter

07

獲利能力及成長率分析

學習重點

1. 獲利能力及成長率分析之意義
2. 各項獲利能力比率分析及其共同比財務報表分析
3. 各項成長率之比率分析及其趨勢分析
4. 損益兩平分析及其應用
5. 杜邦投資報酬分析系統及其應用

FINANCIAL STATEMENT ANALYSIS

　　獲利能力係衡量企業存續能力之指標，它也代表企業有能力提供滿意報酬以吸引投資人投入資金及債權人提供授信之誘因。企業管理當局經營績效可反應於獲利能力之中，故可作為對管理當局獎懲之依據。「成長率分析」係一鑑往知來之工作，財務分析人員透過此一橫斷面分析技巧，將過去數年之財務資訊轉化成指數或比率，可對多年來促成該趨勢之企業政策、管理者之經營理念及動機，作更深入之瞭解，並因觀察期間內企業所處之環境將有所不同，財務分析人員逐年比較、分析下，更能掌握不同經濟環境下之特質，並尋求正確決策方向及安然度過危機之技術。

　　本章第一節闡述獲利能力及成長率分析之意義及重要性，第二節介紹獲利能力之比率分析及共同比財務報表分析，第三節介紹成長率之比率分析及趨勢分析，第四節說明損益兩平分析及杜邦投資報酬分析系統之應用。

壹　獲利能力及成長率分析之意義及重要性

一、獲利能力之意義

　　企業經營績效係決定企業存續之能力，它也代表企業有能力提供滿意報酬以吸引投資人投入資金之誘因。企業經營績效所顯示之獲利能力及現金流量，亦將是債權人收回本息之穩定來源。依現行國際會計準則第一號（IAS 1）：「財務報表之表達」規定，企業之綜合損益表雖以彙總形式表達企業經營績效，但單就綜合損益表所表達之銷貨收入、毛利、本期淨利、其他綜合損益、本期綜合損益總額，並非用以衡量企業經營績效之最佳指標。因為銷貨水準之增加，唯有同時造成利潤增加，方能對企業有所助益；淨利之增加亦必須相較考量為獲得該淨利而投入之資本大小，方能真正反映企業經營績效。依現行國際會計準則之規定，其他綜合損益計分五類：1.國外營運機構財務報表換算成本國貨幣所產生之兌換利益或損失（詳IAS 21：匯率變動之影響）。2.非交易目的之權益工具投資原始認列時指定將公允價值變動計入其他綜合損益者（詳IAS 39：金融工具：認列與衡量）。3.現金流量避險工具未實現評價損益（詳IAS 39：金融工具：認列與衡量）。4.資產重估增值（詳IAS 16：不動產、廠房及設備；IAS 38：無形資產）。5.確定福利計畫之精算損益（詳IAS

19：員工福利）。其他綜合損益之產生乃係企業之不動產、廠房及設備；無形資產；備供出售金融資產；現金流量避險工具；國外營運機構；確定福利計畫因其公允價值、匯率或精算假設變動所產生之未實現損益，即因其係屬未實現者，故其無法反映企業之經營績效。所以這些指標均非衡量企業經營績效、獲利能力之全面性及綜合性指標。

　　常用之獲利能力指標包括：毛利率、淨利率、每股盈餘及投資報酬率等。投資報酬率（Return on Investment）係廣為企業採用以衡量企業經營績效之有效指標，該比率以企業之淨利與產生淨利所投入資本間之關係作為衡量企業經營績效之基礎，此衡量方式將修正銷貨收入、毛利、本期淨利、其他綜合損益及產量等指標之局部性及未週延性。企業可藉投資報酬率衡量資本之不同用途所產生之報酬，作為投資方案之選擇。企業亦可藉投資報酬率以比較其風險程度相近之同業的獲利能力。

二、投資報酬率之重要性

　　獲利能力關乎企業繼續經營之能力，若以投資報酬率衡量之，則其重要性分述如下：

(一) 衡量企業獲利能力之最佳指標

　　投資報酬率為衡量獲利能力之最佳指標，因為：

1. 投資報酬率可用以分析企業各項不同投資所產生報酬大小，依該比率將可反應出投資決策之正確性，且據以為投資方案之修正，並可藉以反映企業管理者對投資之經營效率。

2. 投資報酬率可用以評估企業是否能提供滿意報酬，而吸引投資人投入資金及債權人提供授信之動力指標。

(二) 作為未來投資決策規劃之依據

　　投資報酬率係評估投資決策可行性之主要指標，亦即對未來投資方案之規劃，應以預期投資報酬率為分析依據。惟預期投資報酬率係參照現行投資報酬率以為修正而計得，故投資報酬率之分析，可影響企業未來投資決策之正確與否。

（三）作為管理者績效之評估指標

企業管理者之經營效率適可反映於投資報酬率，企業可藉投資報酬率作為對管理者獎懲之依據。

（四）預測盈餘

投資報酬率係以淨利與產生淨利所投入之資本相較之而得，故企業可依其未來投資計畫數，將之與目前投資數合計之，則可按該合計數乘以預期投資報酬率，將可估計而得未來盈餘，進而作盈餘之運用規劃。

常用之投資報酬率包括資產報酬率及股東權益報酬率，稍後再予以詳述。

三、成長率分析之意義

成長率分析係屬財務報表分析方法中之橫斷面分析，財務報表分析人員乃就連續數年之資產負債表、綜合損益表、權益變動表或現金流量表，分析、檢討各表中特定項目在觀察期間內逐年之變動情況。成長率分析之重點乃在掌握此等特定項目（如銷貨收入、淨利、總資產、淨值、營運資金等）之變動趨勢（Trend），財務報表分析人員得選定某特定一年為基期，並以特定項目於觀察期內各年餘額與基期餘額之相對值，求算其趨勢指數，按趨勢指數：

1. 分析成長率之方向、速度及幅度。
2. 透過相關項目成長率之比較，以作進一步之分析。例如，應收帳款逐年增加10%，壞帳費用卻逐年增加20%，則此二者成長率之差異就有必要加以調查與解釋。

四、成長率分析之重要性

成長率分析就企業而言，乃在進行一鑑往知來之工作，亦即財務分析人員透過橫斷面分析（Horizontal Analysis）技巧，將過去數年之財務資訊轉化成指數或比率，則對多年來促成該趨勢之企業政策、管理者之經營理念及動機能作更深入之瞭解，並因觀察期間內企業所處之經濟環境將有所不同，財務分析人員於逐年比較、分析下，即可更能掌握不同經濟環境下之特質，並尋求正確決策方向及安然度過危機之技術。

由於成長率分析之技巧，係利用過去數年之資訊以預估未來發展趨勢，惟企業所處環境變動不居之下，此等比較、分析應注意以下各事項：

1. 趨勢指數係以基期為衡量之基準，故基期必要選定業務狀況較具代表性或正常性之年度，亦即觀察期間內之第一年若不具代表性或正常性，則應另選定某特定年度，作為基期。

2. 基期數值若為零，則無法計算其成長率。若某特定項目基期有餘額，次期無餘額，則表其減少應為100%。基期數值若為負數，則無法求算趨勢指數。

3. 從事指數趨勢比較、分析，毋需將財務報表內所有項目均包括在內，僅需分析比較重要之項目，且成長率分析須併同基期絕對金額一併考量，例如，對基期絕對金額為$100之60%成長率，其重要性將遠不及基期絕對金額為$1,000,000之60%成長率。

4. 趨勢分析除非參考基期，否則各年間之比較不能直接以指數求算其變化。例如，某公司2018年至2020年銷貨收入各為$5,000,000，$6,000,000，$8,000,000。若以2018年為基期，則各年銷貨收入成長指數各為：2018年為100%，2019年為120%（即$6,000,000／$5,000,000），2020年為160%（即$8,000,000／$5,000,000）。因各年均以基期為基準，故分析2020年與2019年變動時，不得直接以趨勢指數相減，作為其成長率，亦即2020年對2019年銷貨收入成長率非40%（即160%－120%），而實際為33.33%（即$2,000,000／$6,000,000）。

5. 成長率分析除重視某特定項目之變化趨勢外，尚須配合相關項目趨勢指數間之比較。例如，一公司淨利成長率每年均高達50%，本屬有利發展情況，惟若將之與總資產成長率每年均增加80%相較，則反而顯示其投資報酬率逐年下降，資產運用效率逐年下降，反而成為一項警訊。

6. 進行成長率分析時，若企業各年度運用之會計原則、政策不一時，則將形成未基於同基礎下之比較、分析，其分析結果將無意義，故應將之調整成一致。

7. 財務分析人員於進行成長率分析時，亦應瞭解其觀察涵蓋期間愈長，則物價水準變動對成長率分析所產生之扭曲效果愈大，故應衡量其影響程度。

股市見聞

2016年台灣資本市場上市公司共創造新台幣28兆餘元之營收（新台幣28,512,124,906千元），其中創造營收前十大產業及其營業收入（單位：新台幣千元）依序是：電腦及週邊設備產業（$5,581,257,450）、其他電子業（$4,826,090,535）、金融保險業（$2,514,713,681）、半導體業（$2,352,698,099）、電子通路業（$1,494,591,790）、光電業（$1,383,840,361）、電子零組件業（$1,304,299,794）、塑膠工業（$1,055,327,665）、通訊網路業（$921,089,993）及航輸業（$731,091,562）。

（資料來源：台灣證券交易所）

貳　獲利能力比率分析

一、比率分析

(一) 毛利率

$$毛利率 = \frac{毛利}{銷貨淨額}$$

　　毛利率（Gross Margin Ratio）係以毛利（即銷貨收入淨額－銷貨成本）除以銷貨淨額（即銷貨收入－銷貨折扣－銷貨退回與讓價），此比率除代表企業之獲利能力外，因毛利的組成因素包括銷貨收入淨額及銷貨成本，惟提高銷貨收入水準通常係企業銷售部門之職責，而控制成本使銷貨成本不致過大，則為製造部門、研發部門等部門之責任，故此比率亦適可用以衡量銷售、製造及研發部門之營運效率。本比率愈大表示企業獲利能力愈高，亦代表企業銷售、製造及研發部門等部門之營運績效良好。

依本書所採用釋例之三星科技股份有限公司及子公司合併財務報表金額（單位新台幣仟元），其2019年、2020年度之毛利率列示如下：

年度	毛利率（%）
2019	$\dfrac{\$1,406,770}{\$6,549,045} = 21.48$
2020	$\dfrac{\$1,020,442}{\$5,072,643} = 20.12$

茲比較該公司2019年、2020年之毛利率，可知該公司獲利能力稍微下降，其銷售、製造及研發部門等部門營運績效降低。於進行毛利率變動分析時，財務報表分析人員須瞭解造成毛利變動之主要因素為產品之銷售數量、單位售價及單位成本等因素，因此，可藉分析該等因素之結構與變化，方可掌握毛利率變動之原因，而改善或提高之。

(二) 淨利率

$$淨利率 = \frac{淨利}{銷貨淨額}$$

淨利率（Net Income to Sales）又稱為「純益率」，係以稅後淨利除以銷貨淨額（即銷貨收入－銷貨折扣－銷貨退回與讓價），此比率除為衡量企業獲利能力之指標外，其亦代表企業每一元銷售淨額產生可分配予投資人之報酬。此比率大，除代表該企業獲利能力高外，亦代表企業能提供滿意報酬以吸引投資人投入資金之動力指標。

依本書所採用釋例之三星科技股份有限公司及子公司合併財務報表金額（單位新台幣仟元），其2019年、2020年度之淨利率列示如下：

年度	淨利率（%）
2019	$\dfrac{\$\ 833,548}{\$6,549,045} = 12.73$
2020	$\dfrac{\$\ 615,656}{\$5,072,643} = 12.14$

　　茲比較該公司2019年、2020年之淨利率，可知該公司獲利能力稍微下降，且該公司吸引投資人投入資金之誘因降低。於進行淨利率分析時，宜與毛利率相配合比較，將可獲致更有意義之資訊。例如，一公司近年來其毛利率均呈穩定成長之狀態，惟其淨利率卻逐年降低，則代表該公司之營業費用率逐年在提高，或其營業外收入逐年下降，或營業外費用入逐年上升，此時財務報表分析人員當可就上述情況，作更深入比較、分析，而獲得改善方案。

 股市見聞

　　淨利率除代表企業獲利能力外，亦代表企業是否能提供滿意報酬以吸引投資人投入資金之動力指標。2016年臺灣資本市場上市公司平均稅前淨利率為7.98%，其中稅前淨利率前十大產業列示如下：

單位：新台幣千元

業別	稅前純益	營業收入	稅前淨利率(%)
半導體業	$536,924,861	$2,352,698,099	22.82
塑膠工業	$170,160,596	$1,055,327,665	16.12
油電燃氣業	$94,629,826	$589,330,037	16.06
金融保險業	$350,399,220	$2,514,713,681	13.93
橡膠工業	$30,107,571	$226,787,958	13.28
水泥工業	$20,677,650	$168,348,608	12.28
生技醫療業	$11,379,558	$104,170,483	10.92
建材營造業	$31,372,409	$321,294,345	9.76
通信網路業	$82,385,623	$921,089,993	8.94
觀光事業	$7,823,359	$89,867,865	8.71

資料來源：臺灣證券交易所

(三) 淨值收益率

$$淨值收益率 = \frac{淨利}{淨值}$$

收益率一般稱為「報酬率」，淨值收益率稱為「淨值報酬率」，資產收益率稱為「資產報酬率」，本章沿用銀行公會之用語，統稱為「收益率」。淨值收益率（Return on Net Worth）係以稅後淨利除以淨值（即資產總額－負債總額），稅後淨利係真正為投資人享有之盈餘數，故此比率乃在衡量業主權益之報酬大小，本比率愈大表示業主權益之報酬愈高，反之，則業主權益之報酬愈低。於計算本比率時：

1. 若企業業主權益（淨值）前後期變化極大時，本比率分母可採用平均業主權益【即（期初業主權益＋期末業主權益）／2】以為修正。

2. 公司組織之淨值中若含有特別股股東權益者，如欲單獨衡量普通股股東權益報酬時，則稅後淨利減除特別股股利後之餘額方為普通股股東享有之盈餘數，亦即普通股股東權益之報酬應以下式衡量之：

$$普通股股東權益報酬率 \; = \; \frac{淨利－特別股股利}{1/2\,（期初普通股股東權益＋期末普通股股東權益）}$$

依本書所採用釋例之三星科技股份有限公司及子公司合併財務報表金額（單位新台幣仟元），其2019年、2020年度之淨值收益率列示如下：

年度	淨值收益率（%）
2019	$\dfrac{\$833,548}{\$6,494,973} = 12.83$
2020	$\dfrac{\$615,656}{\$6,477,641} = 9.50$

茲比較該公司2019年、2020年淨值收益率，可知該公司股東權益報酬係呈下降。如果分母改用期初淨值與期末淨值之平均數，則2020年之比率將變為9.49%（亦即$615,656 / [($6,494,973＋$6,474,641) / 2]）。

(四)總資產收益率

$$總資產收益率 = \frac{淨利}{總資產}$$

總資產收益率（Return on Assets）又稱為「資產報酬率」，係衡量企業經營效率之最佳指標，此比率用以評估企業管理者運用業主及債權人所交託之全部資產所產生之報酬大小。故本率適可反映出企業管理者運用資產之效率。本比率愈大，表示企業管理者運用資產之效率愈高，企業經營效率愈佳。反之，本比率愈小，表示企業管理者運用資產之效率愈低，企業經營效率愈弱。於計算本比率時：

1. 財務報表分析人員若欲調整資產融資之影響數，則其分子應將稅後利息費用數【即利息費用×（1－稅率）】加回淨利。我國公開發行公司之公開說明書中使用之資產報酬率，分子採此方式調整計算。

2. 投資基數（Investment Base）之考量

   (1) 本比率分母所示之投資基數是否應將不具生產力資產（如閒置廠房、在建工程、滯銷存貨、過剩現金等）予以排除？蓋此等不具生產力資產係無法產生報酬。惟當業主及債權人將其投入資金交付予管理者，則管理者有權決定該資金投資方向，故當管理者無效率將資金投資於該等閒置資產上，則其實無理由，將該等資產排除於投資基數，而規避管理無效率之責任，故本書主張採用資產總額為投資基數，亦即仍將不具生產力資產納入，不予排除之。

   (2) 投資基數中是否應將無形資產、遞延借項予以排除不計？財務報表分析人員會作如此考量，實因無形資產、遞延借項不具實體存在，以致對無形資產、遞延借項是否產生報酬而對企業有所貢獻予以置疑。惟無形資產、遞延借項亦是管理者所決定資金之投資方向，故不宜因其不具實體存在而一廂情願地對其價值予以置疑，而將之自投資基數中剔除。

(3) 折舊、折耗性資產應以其總額（即未減除累計折舊、折耗前之帳面金額）或淨額（即減除累計折舊、折耗後之淨帳面金額）計入投資基數，則意見十分分歧。茲因通貨膨脹因素影響，折舊性資產未來取得成本將逐年上升，因此，若以總額計入投資基數適可反應通貨膨脹之影響。惟若考量折舊性資產其生產效能將逐漸下降，且其維修費用將逐期上升，而致其報酬亦將逐期下降之觀點，則應以淨額作為衡量其報酬大小，方屬適宜。

(4) 企業總資產數額若前後期變動極大，則應以平均總資產【即（期初資產總額＋期末資產總額）／2】作為投資基數，方屬適宜。

依本書所採用釋例之三星科技股份有限公司及子公司合併財務報表金額（單位新台幣仟元），其2019年、2020年度之總資產收益率列示如下：

年度	總資產收益率（%）
2019	$\dfrac{\$833,548}{\$7,848,306} = 10.62$
2020	$\dfrac{\$615,656}{\$7,720,904} = 7.97$

茲比較該公司2019年、2020年度之總資產收益率，可知該公司經營效率降低，亦即該公司管理者對資產運用效率下降之。

如果分母改用期初總資產與期末總資產之平均數，則2020年之比率將成為7.91%（亦即$615,656 / [($7,848,306＋$7,720,904) / 2]。分子如果要加回稅後利息，則需先計算有效稅率，該公司2016年之有效稅率為18.97%（亦即所得稅費用$144,161 / 稅前淨利$759,817），稅後利息即為$939 [亦即$1,159×(1－18.97%)]。2020年度之資產報酬率為7.92%，計算如下：

$$資產報酬率 = \frac{\$615,656＋\$938}{(\$7,848,306＋\$7,720,904) / 2} = 7.92\%$$

　　企業於分析總資產收益率時，宜與淨值收益率併同考量，則可衡量企業之財務槓桿（Financial Leverage）效果。企業資金係取自業主及債權人，當企業將該資金投入事業而所獲得之投資報酬大於債務之資金成本時，該企業舉債經營將能提高業主權益報酬，稱為「有利之財務槓桿」。反之，若企業之投資報酬小於資金成本，則舉債經營將降低業主權益報酬，稱為「不利財務槓桿」。財務報表分析人員通常以財務槓桿指數（Financial Leverage Index）（即淨值收益率／總資產收益率）來衡量企業之財務槓桿效果，如第五章所述。

　　依本書所採用釋例之三星科技股份有限公司及子公司合併財務報表金額（單位新台幣仟元），其2019年、2020年度之財務槓桿指數，列示如下：

年度	財務槓桿指數
2019	$\dfrac{12.83\%}{10.62\%} = 1.21$
2020	$\dfrac{9.50\%}{7.97\%} = 1.19$

　　茲比較該公司2019年、2020年財務槓桿指數，可知該公司財務槓桿指數稍有下降，惟二年之該指數均大於一，足見該公司具有利之財務槓桿，採舉債經營對該公司業主權益將為有利。

股市見聞

總資產收益率，係用以評估企業管理階層運用業主及債權人委託之全部資產所產生之報酬大小，係衡量企業經營效率之最佳指標。2020年臺灣資本市場上市公司平均稅前總資產收益率為2.76%，其中稅前總資產收益率前十大產業列示如下：

單位：新台幣千元

業別	稅前純益	營業收入	稅前總資產收益率(%)
油電燃氣業	$ 94,629,826	$ 510,477,479	18.54
半導體業	$536,924,861	$4,100,228,128	13.09
塑膠工業	$170,160,596	$1,939,020,245	8.78
橡膠工業	$ 30,107,571	$ 344,304,749	8.74
其他電子業	$265,196,235	$3,226,306,028	8.20
觀光事業	$ 7,823,359	$ 96,458,711	8.11
食品工業	$ 47,689,657	$ 627,085,688	7.60
通信網路業	$ 82,385,623	$1,155,932,646	7.13
電子零組件業	$ 97,223,844	$1,531,092,006	6.35
資訊服務業	$ 3,472,502	$ 54,702,521	6.35

資料來源：台灣證券交易所

(五) 營運資金收益率

$$營運資金收益率 = \frac{淨利}{營運資金}$$

營運資金收益率（Return on Working Capital）係以稅後淨利除以營運資金（即流動資產－流動負債），本比率用以衡量企業運用營運資金之效率。本比率愈大，表示企業運用營運資金效率高。反之，本比率愈小，則表示企業運用營運資金之效率低。惟本比率不得過高，蓋企業淨利呈平穩成長下，若該

比率偏高，則表示乃因其營運資金水準偏低所致，表示企業流動資產抵償流動負債之程度低，短期債權人之安全邊際偏低，反而成為一項短期償債能力之警訊。

依本書所採用釋例之三星科技股份有限公司及子公司合併財務報表金額（單位新台幣仟元），其2019年、2020年度之營運資金收益率列示如下：

年度	營運資金收益率（%）
2019	$\dfrac{\$833,548}{\$4,344,957 - \$918,273} = 24.33$
2020	$\dfrac{\$615,656}{\$4,395,323 - \$837,888} = 17.31$

茲比較該公司2019年、2020年營運資金收益率，可知該公司運用營運資金效率稍有降低，須關注其流動資產與流動負債之結構，確保其短期償債能力。

二、共同比財務報表分析

共同比損益表係以銷貨收入淨額為基數，以求算損益表構成項目中各占之比重，藉此可分析各項目間之相對重要性，亦可藉以顯示損益表垂直之結構關係。茲以西北公司2020年度為例，其當年度共同比綜合損益表列示如下：

表 7-1　共同比損益表

西北公司
共同比綜合損益表
2020年度

	金額	共同比（%）
銷貨收入	$1,080,000	105.88
減：銷貨退回	(40,000)	(3.92)
銷貨折扣	(20,000)	(1.96)
銷貨收入淨額	$1,020,000	100.00
減：銷貨成本	(438,600)	43.00
銷貨毛利	$581,400	57.00

減：銷售費用	(102,000)	(10.00)
管理費用	(51,000)	(5.00)
營業淨利	$428,400	42.00
加：營業外收入	123,000	12.06
減：營業外費用	(91,800)	(9.00)
稅前淨利	$459,600	45.06
減：所得稅	(14,750)	(11.25)
稅後淨利	$344,850	33.81

三、趨勢分析

　　長期獲利能力之評估可透過趨勢分析爲之，以表7-2列出西北公司近年來之獲利能力指標爲例，其獲利能力在2013年度達到谷底，隨後在2014年度起逐步回升，到了2017年度，股東權益報酬率甚至高達28.83%。2018年度至2020年度則變化不大，呈穩定狀態。

表 7-2　西北公司獲利能力指標

年度	資產報酬率（%）	股東權益報酬率（%）	純益率（%）
2011	9.52	13.60	7.59
2012	−3.17	−12.52	7.45
2013	−1.46	−15.33	−5.55
2014	4.19	3.80	1.67
2015	6.94	13.37	4.37
2016	7.72	17.26	5.25
2017	11.61	28.83	7.37
2018	8.90	19.86	7.24
2019	10.41	20.72	9.78
2020	10.84	19.46	10.14

參　成長率分析

一、比率分析

(一) 成長率分析之項目

　　財務報表分析人員於進行成長率之趨勢分析時，毋需將財務報表所有項目均包括之，僅需考慮較重要項目。企業常進行成長率分析之項目，列示如下：

1. 銷貨成長率 $= \dfrac{計算期銷貨淨額}{基期銷貨淨額}$

2. 淨利成長率 $= \dfrac{計算期淨利}{基期淨利}$

3. 總資產成長率 $= \dfrac{計算期總資產}{基期總資產}$

4. 淨值成長率 $= \dfrac{計算期淨值}{基期淨值}$

5. 營運資金成長率 $= \dfrac{計算期營運資金}{基期營運資金}$

　　以上各成長率均以逐年穩健成長為佳。

(二) 釋例

　　西南公司2011年度至2020年度相關項目之成長率如表7-3所示：

表 7-3 成長率計算表

西南公司
2011年度至2020年度
基期：2011年(=100)

年度	銷貨收入淨額		淨利		總資產		淨值		營運資金	
	金額	趨勢指數	金額	趨勢指數	金額	趨勢指數	金額	趨勢指數	金額	趨勢指數
2011	$900,000	100	$200,000	100	$7,000,000	100	$4,000,000	100	$1,000,000	100
2012	990,000	110	210,000	105	8,400,000	120	4,480,000	112	1,200,000	120
2013	1,170,000	130	220,000	110	9,100,000	130	4,560,000	114	1,270,000	127
2014	1,440,000	160	240,000	120	10,500,000	150	4,640,000	116	1,300,000	130
2015	1,800,000	200	250,000	125	12,600,000	180	4,720,000	118	2,100,000	210
2016	2,250,000	250	300,000	150	13,300,000	190	4,800,000	120	2,120,000	212
2017	1,710,000	190	220,000	110	16,100,000	230	4,720,000	118	1,460,000	146
2018	1,980,000	220	200,000	100	16,800,000	240	4,640,000	116	1,500,000	150
2019	1,710,000	190	180,000	90	17,500,000	250	4,560,000	114	1,580,000	158
2020	1,350,000	150	140,000	70	19,600,000	280	4,480,000	112	1,700,000	170

二、趨勢分析

　　趨勢指數僅用以表示財務報表各項目於觀察期間內之百分比關係，其須藉趨勢指數數列方能顯示各項目在觀察期間內上升或下降的變動趨勢。惟就單一項目之趨勢指數數列加以分析，則可獲得之有用訊息將較少，唯有將相關項目之趨勢指數予以對照分析，才能提升趨勢分析之有用性。茲以西南公司2011年度至2020年度相關項目成長率分析為例，其相關項目對照分析如下：

(一) 銷貨收入淨額成長率與淨利成長率之對照分析

　　按表7-3資料，將銷貨收入淨額之趨勢指數與淨利之趨勢指數，列示於圖7-1，以為其間之對照分析。

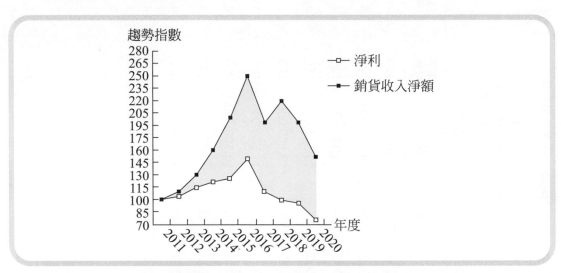

圖 7-1　銷貨收入淨額與淨利趨勢指數圖

　　按圖7-1分析可知：

1. 西南公司銷貨收入淨額於2011年度至2016年度呈穩健成長，惟2017年度銷貨收入淨額趨勢指數突下降至190，其後2018年度雖有回升，然自2019年度開始持續往下降，此乃一警訊，該公司若不進行差異原因調查，按其變動趨勢分析，2021年度其銷貨收入淨額，將持續衰退而指數將下降至160以下。

2. 西南公司淨利於2011年度至2016年度呈穩健成長，獲利能力逐期提高，惟自2017年度開始逐期下降，該公司若不能及時找出其下降原因，以為修正，則預期2021年度仍將持續下降。

3. 若將西南公司銷貨收入淨額與淨利之**趨勢**指數對照分析，則可發現兩指數於2011年度至2016年度間呈穩健成長，惟其淨利成長幅度遠不如銷貨收入淨額成長幅度，且其差距逐期擴大（如圖7-1舖底區域所示），當時西南公司即應即時調查造成此一等現象原因，是否因未嚴格執行成本與營業費用控制，或運用資產效率不彰所致，而即時修正之。

(二)總資產成長率與淨值成長率之對照分析

按表7-3資料，將總資產成長率之**趨勢**指數與淨值成長率之**趨勢**指數，列示於圖7-2，以為其間之對照分析。

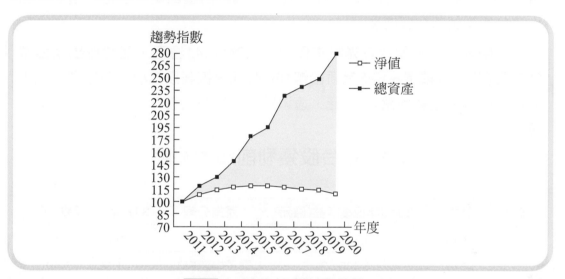

圖 7-2　總資產與淨值趨勢指數圖

按圖7-2分析可知：

1. 西南公司總資產於2011年度至2020年度間持續成長，惟相較於該公司之銷貨收入淨額及淨利成長**趨勢**而言，該公司銷貨收入淨額及淨利並未隨該公司總資產之成長而成長，反而自2016年度開始，呈反方向變動（如圖7-1），此足以證明該公司運用資產效率自2016年度開始大幅下降。

2. 西南公司淨值於2011年度至2020年度間變化不大。

3. 若將西南公司總資產與淨值之**趨勢**指數對照分析，則可發現該公司總資產雖持續成長，惟淨值並未隨之增加，足見該公司購買資產之資金主要來自負債，且舉債數額逐年擴大（如圖7-2舖底區域所示），在此情況下該公司應分析、檢討其財務槓桿效果，是否採舉債經營較為有利，並應分析其承受資金成本之壓力，及持續擴大舉債是否會危及其長、短期償債能力。

股市見聞

　　2016年台股前15檔上市櫃公司獲利排名依序為台積電、鴻海、台塑化、南亞、富邦金、國泰金、台化、中華電、台塑、中信金、南亞科、聯發科、大立光、兆豐金及可成，其中台積電稅後純益為新台幣3,342億元，年增9.2%，每股純益（EPS）新台幣12.89元，再創歷史新高紀錄。

　　根據統計台股上市櫃公司中的獲利前15大，以台股中營運績優的大型電子股、金控股、電信、塑化股等為主，其中台塑四寶台塑化、南亞、台化及台塑等營運穩健成長。

　　其中最特別的是大立光股本僅有新台幣13.41億元，獲利繳出新台幣227億元的好成績單，EPS為新台幣169.47元，挾著股本小、高獲利、法人追買，股價高達新台幣4,780元，遠遠將其他個股擺脫在後，穩居台股的股王。

2016年台股獲利前15大個股

單位：新台幣

股號	公司	2016年稅後純益(億元)	產業分類	31日收盤/漲跌(元)
2330	台積電	3,342.47	IC代工	189.00 / − 2.50
2317	鴻海	1,486.62	電子中游EMS	91.00 / − 0.40
6505	台塑化	757.64	塑膠	106.00 / − 1.00
1303	南亞	488.40	塑膠	71.90 / − 0.60
2881	富邦金	484.21	金控	49.50 / − 0.45
2882	國泰金	476.18	金控	48.70 / − 0.30
1326	台化	438.33	塑膠	49.40 / + 1.30
2412	中華電	400.67	電信服務	103.00 / − 1.00
1301	台塑	393.92	塑膠	90.50 / − 1.10

(接下頁)

(承前頁)

股號	公司	2016年稅後純益(億元)	產業分類	31日收盤/漲跌(元)
2891	中信金	279.28	金控	18.75 / ＋ 0.00
2408	南亞科	237.21	DRAM製造	48.40 / － 0.30
2454	聯發科	227.00	IC設計	215.00 / － 3.50
3008	大立光	227.33	光學鏡片	4,780.00 / ＋90.00
2886	兆豐金	224.56	金控	24.50 / － 0.20
2474	可成	220.19	機殼	300.00 / ＋10.50

資料來源：CMoney 王淑以 / 製表

肆　獲利能力分析及成長率分析之應用

一、損益兩平分析

(一)損益兩平分析之意義

　　損益兩平分析（Break-Even Analysis）乃在探討企業銷貨、成本與利潤間之關係，以作為訂價、利潤規劃及生產決策之依據，其基本原則係藉成本習性，將成本分為會直接隨銷貨變動而變動之變動成本，及在銷貨攸關範圍內大致維持不變之固定成本為分析依據，探討企業在何產銷水準下會損益兩平，超過何產銷水準下將產生利潤，是一項重要之利潤規劃工具。

(二)損益兩平之計算

1. 方程式法

　　企業達損益兩平狀態時，表示其總收入等於總成本，亦即無利潤，亦無虧損。若令TR表總收入，TC表總成本，P表每單位售價，Q表損益兩平點之銷售單位數，TFC表總固定成本，TVC表總變動成本，UVC表每單位變動成本，則損益兩平點銷售水準可由以下推論得知：

$$TR = TC$$

$$P \cdot Q = TFC + TVC$$

$$P \cdot Q = TFC + UVC \cdot Q$$

$$P \cdot Q - UVC \cdot Q = TFC$$

$$Q = \frac{TFC}{P - UVC}$$

亦即損益兩平點銷貨數量，係以總固定成本除以每單位邊際貢獻（即每單位售價減每單位變動成本）。

茲以西北公司近期擬生產一新產品為例，該公司分析此新產品成本結構，其每單位直接材料為\$6，每單位直接人工為\$4，每單位變動製造費用為\$2，每年總固定成本為\$1,800。若該公司擬定之每單位售價為\$30，則其損益兩平點銷售數量為何？

每單位變動成本＝\$6＋\$4＋\$2＝\$12

每單位邊際貢獻＝\$30－\$12＝\$18

$$損益兩平點銷貨數量 = \frac{\$1,800}{\$18} = 100 （單位）$$

2. 圖解法

若將前述西北公司按方程式法所計得之結果以圖形表示（如圖7-3），則不但可顯示其損益兩平點銷貨水準外，圖解法另可明確顯示高於損益兩平點之利潤區及低於損益兩平點之虧損區。

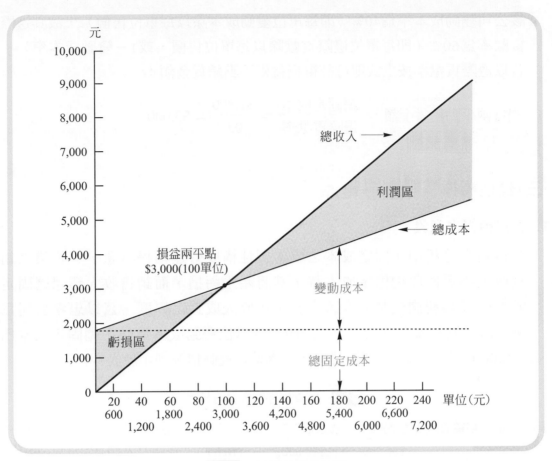

圖 7-3　損益兩平分析圖

3. 邊際貢獻法

邊際貢獻法於損益兩平分析上，其可提供決策者額外資訊。「每單位邊際貢獻」係指每單位售價減去每單位變動成本後之餘額。邊際貢獻（Contribution Margin）係用以回收固定成本，若有餘額即為利潤。以西北公司為例：

每單位售價　　　　　　　　$ 30

每單位變動成本　　　　　　 12

每單位邊際貢獻　　　　　　$ 18

$$損益兩平點銷貨數量 = \frac{總固定成本}{每單位邊際貢獻} = \frac{\$1,800}{\$18} = 100（單位）$$

其意指，該公司出售100單位後，恰可回收總固定成本，其後再銷售一單位，即可產生相當於每單位邊際貢獻$18之利潤。

該公司變動成本率為40%（即每單位變動成本除以每單位售價），故其邊際貢獻率為60%（即每單位邊際貢獻除以每單位售價，或1－變動成本率）。若以邊際貢獻率按上式即可計得損益兩平點銷貨金額：

$$損益兩平點銷貨金額 = \frac{總固定成本}{邊際貢獻率} = \frac{\$1,800}{0.6} = \$3,000$$

(三) 營運槓桿

1. 營運槓桿之意義

損益兩平分析中，固定成本之成本習性構成營運槓桿概念，一企業之銷貨收入不足回收總固定成本時，其將產生虧損，而銷售收入超過總固定成本後，其利潤成長幅度將大於銷售收入成長之幅度。茲以忠孝公司為例，該公司產品每單位售價為$10，每單位變動成本為$6，總固定成本為$40,000，則其銷貨水準與營業利益水準之變動情況列示於表7-4：

表 7-4　銷貨與淨利變動分析表

銷售數量	銷貨收入	變動成本	總固定成本	營業淨利(損)	銷貨變動(%)	淨利變動(%)
6,000	$60,000	$36,000	$40,000	$(16,000)	—	—
8,000	80,000	48,000	40,000	(8,000)	33.33	—
10,000	100,000	60,000	40,000	0	25.00	—
12,000	120,000	72,000	40,000	8,000	20.00	無限大
14,000	140,000	84,000	40,000	16,000	16.67	100
16,000	160,000	96,000	40,000	24,000	14.29	50

由表7-4可知，當銷貨收入水準超過損益兩平點銷貨水準（銷貨數量10,000單位，銷貨收入$100,000）後，其營業淨利成長幅度大於銷貨水準成長幅度。反之，銷貨水準未達損益兩平點時，其產生之淨損之變動幅度亦大於銷貨水準變動幅度，例如，當銷貨水準由$100,000降至$80,000時，其衰退幅度只達20%，惟其淨損衰退幅度達無限大，其後銷貨水準由$80,000降至$60,000，其衰退幅度只達25%，惟其淨損已由$8,000擴大至$16,000，其衰退幅度達100%，造成此現象乃受總固定成本所影響。企業衡量銷貨水準變動與營業利益變動間之關係，可以營運槓桿程度（Degree of Operating Leverage）測度之。

$$營運槓桿程度 = \frac{營業利益水準變動幅度}{銷貨水準變動幅度}$$

$$= \frac{\frac{\Delta NI}{NI}}{\frac{\Delta S}{S}} = \frac{\Delta NI}{\Delta S} \cdot \frac{S}{NI}$$

茲因 $NI_1 = S_1 - TVC - TFC = S_1(1-V) - TFC$

$NI_2 = S_2 - TVC - TFC = S_2(1-V) - TFC$

$\Delta NI = NI_1 - NI_2 = [S_1(1-V) - TFC] - [S_2(1-V) - TFC]$

$\quad = (1-V)(S_1 - S_2)$

$\quad = (1-V)\Delta S$

故

$$營運槓桿程度 = \frac{(1-V)\Delta S}{\Delta S} \cdot \frac{S}{(1-V)S - TFC} = \frac{(1-V)S}{(1-V)S - TFC}$$

$$= \frac{邊際貢獻}{營業利益}$$

其中，

NI＝營業利益　　　　　　S＝銷貨水準

NI_1＝第一期營業利益　　S_1＝第一期銷貨水準

NI_2＝第二期營業利益　　S_2＝第二期銷貨水準

TVC＝總變動成本　　　　TFC＝總固定成本

V＝變動成本率　　　　　ΔS＝兩期銷貨水準差額

ΔNI＝兩期營業利益水準差額

由上式分析可知，固定銷貨水準下，一企業之營運槓桿將因總固定成本增加而變大。營運槓桿愈大，則表銷貨水準之變動引致利潤變動之敏感度愈強烈。

2. 營運槓桿作用

茲因一企業之變動成本與固定成本間有相當程度之替代關係，故企業可運用此替代關係以影響其營運槓桿程度。茲以仁愛公司為例，說明營運槓桿之運用。仁愛公司為一新成立之企業，其生產製程可採A、B二方案營運，該公司評估A、B二方案之成本結構如下：

A方案		B方案	
每單位售價	$10	每單位售價	$10
每單位變動成本	$6	每單位變動成本	$4
總固定成本	$4,000	總固定成本	$8,400

由上述成本結構分析，可知若該產品於A、B二製造方式下所須投入之直接材料為相同，則A方案係採偏向勞力密集方式生產，其每單位須投入直接人工（變動成本）數額較B方案為大。B方案則較偏向資本密集方式，即其多採自動化生產方式，故其每單位變動成本較A方案為小，惟B方案因自動化設備所產生之固定成本為高。

茲按營運槓桿程度分析此兩方案之差異性：

(1) A方案

銷售數量	銷貨收入	變動成本	固定成本	營業淨利（損）	營運槓桿程度*
400	$4,000	$2,400	$4,000	$(2,400)	–
600	6,000	3,600	4,000	(1,600)	–
800	8,000	4,800	4,000	(800)	–
1,000	10,000	6,000	4,000	0	–
1,200	12,000	7,200	4,000	800	6.00
1,400	14,000	8,400	4,000	1,600	3.50
1,600	16,000	9,600	4,000	2,400	2.67
1,800	18,000	10,800	4,000	3,200	2.25
2,000	20,000	12,000	4,000	4,000	2.00

*營運槓桿程度＝邊際貢獻／營業淨利

(2) B方案

銷售數量	銷貨收入	變動成本	固定成本	營業淨利（損）	營運槓桿程度*
400	$4,000	$1,600	$8,400	$(6,000)	－
600	6,000	2,400	8,400	(4,800)	－
800	8,000	3,200	8,400	(3,600)	－
1,000	10,000	4,000	8,400	(2,400)	－
1,200	12,000	4,800	8,400	(1,200)	－
1,400	14,000	5,600	8,400	0	－
1,600	16,000	6,400	8,400	1,200	8.00
1,800	18,000	7,200	8,400	2,400	4.50
2,000	20,000	8,000	8,400	3,600	3.33

*營運槓桿程度＝邊際貢獻／營業淨利

由上述分析可知：

1. 同銷貨水準下，B方案之營運槓桿程度均大於A方案。例如，銷貨數量同為1,600單位時，A方案之營運槓桿程度為2.67，而B方案之營運槓桿程度為8.00。亦即銷貨水準相同下，一企業固定成本愈高，則其營運槓桿程度愈大。

2. A方案之損益兩平點（銷貨數量為1,000單位）較B方案之損益兩平點（銷貨數量為1,400單位）為小，較易達成。亦即營運槓桿程度愈小者，其愈容易達到損益兩平。

3. 當企業達到損益兩平點銷貨水準後，營運槓桿程度較大者，其營業淨利增加幅度，將高於營運槓桿程度較小者之營業淨利增加幅度。例如，當銷售數量由1,600單位增到1,800單位，A方案之營業淨利成長$800（即$3,200－$2,400），B方案之營業淨利成長$1,200（$2,400－$1,200）。亦即當企業銷貨水準超過損益兩平點後，營運槓桿程度愈大者，其營業淨利對銷售水準之敏感性愈強烈。

若一企業其變動成本與固定成本間具相當程度之替代關係下，其創業之初為求營運安全，則其可採偏向勞力密集之A方案生產，使其營運能早日達到損益兩平點，而不致於長期處於虧損狀態，俟銷售水準達一定規模後，則可由A方案轉型為較偏向資本密集之B方案，以求擴大其淨利水準。

(四) 損益兩平分析之應用

　　企業得運用其成本結構中變動成本與固定成本習性，衡量其營運槓桿程度，並依損益兩平分析技術，以釐訂其利潤規劃、訂價與生產規劃決策。

　　釋例：東北公司其產品每單位售價為$20，按現行生產方式，其每單位變動成本為$15，總固定成本為$2,000，擬釐訂以下各項決策：

1. 利潤規劃決策

　　東北公司下期之淨利目標數為$10,000，則為達成此目標東北公司應銷售多少單位？

　　該公司變動成本率為75%（即$15／$20），故：

　　目標淨利＝銷貨收入－總變動成本－總固定成本

　　$10,000＝S－0.75S－$2,000

　　S＝$48,000

　　銷貨數量＝$48,000／$20＝2,400（單位）

2. 訂價決策

　　東北公司銷售部門預估其下期銷貨數量期望值為800單位，此情況下，該公司產品之每單位售價應訂多少，才能達損益兩平？

$$損益兩平點銷貨數量 = \frac{總固定成本}{每單位邊際貢獻}$$

$$= \frac{總固定成本}{每單位售價－每單位變動成本}$$

$$800 = \frac{\$2,000}{每單位售價－\$15}$$

　　每單位售價＝$17.5

　　東北公司若下期銷貨數量期望值為400單位，下期目標淨利為$8,000，其為達成此目標，則每單位售價應訂多少？

　　目標淨利＝銷貨收入－總變動成本－總固定成本

　　$8,000＝每單位售價×400－$15×400－$2,000

　　每單位售價＝$40

3. 生產規劃決策

東北公司近期擬改變生產方式，此新生產方式之每單位售價仍維持$20，每單位變動成本則由原$15升至$16，總固定成本則由原$2,000降為$1,000。試比較現行生產方式與新生產方式之優劣：

$$現行生產方式之損益兩平點銷售數量 = \frac{\$2,000}{\$20-\$15} = 400（單位）$$

$$新生產方式之損益兩平點銷售數量 = \frac{\$1,000}{\$20-\$16} = 250（單位）$$

因此，新生產方式之損益兩平點銷售數量較現行生產方式之損益兩平點銷售數量為小，故可降低營運風險。若進一步比較二生產方式於同銷售水準（銷貨收入為$10,000）之下，其營運槓桿程度比較如下：

現行生產方式之變動成本率為75%（即$15 / $20），故其邊際貢獻率為25%（即1−75%）。其營運槓桿程度：

$$現行生產方式之營運槓桿程度 = \frac{(1-V)\,S}{(1-V)\,S-TFC}$$

$$= \frac{(0.25)\,(\$10,000)}{(0.25)\,(\$10,000)-\$2,000} = 5$$

新生產方式之變動成本率為80%（即$16 / $20），故其邊際貢獻率為20%（即1−80%）。其營運槓桿程度：

$$新生產方式之營運槓桿程度 = \frac{(1-V)\,S}{(1-V)\,S-TFC}$$

$$= \frac{(0.2)\,(\$10,000)}{(0.2)\,(\$10,000)-\$1,000} = 2$$

茲因新生產方式之營運槓桿程度較小，故雖其較易達到損益兩平，惟因其邊際貢獻較低，故當銷售數量成長時，其淨利成長幅度將較小，故東北公司可進一步評估銷售數量達多少時，新生產方式所產生之淨利將維持目標淨利$10,000？

目標淨利＝銷貨收入－總變動成本－總固定成本

$10,000＝S－0.8S－$1,000

S＝$55,000

銷貨數量＝$55,000／$20＝2,750（單位）

此時，新生產方式欲達目標淨利所須之銷售數量（2,750單位），將較現行生產方式達成目標淨利所須之銷售數量（2,400單位）為大。故東北公司應估計其下期之銷售數量期望值，若最大可能之銷售數量介於2,400單位與2,750單位間，則不宜改變生產方式。

二、杜邦投資報酬分析系統

(一) 杜邦投資報酬

　　杜邦投資報酬分析系統（如圖7-4），其分析目的在於解析影響一企業總資產收益率之因素，進而瞭解提升一企業總資產收益率可行方向。按該系統分析發現，一企業總資產收益率之大小主要受淨利率及資產週轉率影響，而影響一企業淨利率之因素為淨利及銷貨收入，影響資產週轉率之因素為銷貨收入及總資產，故一企業於檢討其總資產收益率優劣時，應自淨利、銷貨收入、總資產三要素分析之，方能找出改善總資產收益率真正關鍵因素。

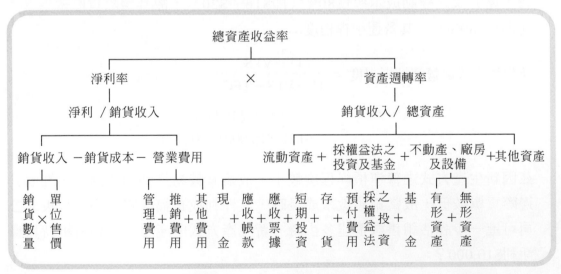

圖7-4　杜邦投資報酬分析系統圖

資料來源：Leopold A. Bernstein Financial Statement Analysis, (4[th]ed., Ill.：Irwin, 1989), P.636

（二）釋例

西南公司與西北公司為同業之二公司，其總資產各為$1,000,000及$4,000,000，二公司2020年度之簡明綜合損益表列示如下：

	綜合損益表 2020年度	
	西南公司	西北公司
銷貨收入	$500,000	$1,000,000
減：銷貨成本	(300,000)	(460,000)
毛利	$200,000	$540,000
減：營業費用		
管銷費用	(60,000)	(100,000)
其他費用	(40,000)	(40,000)
淨利	$100,000	$400,000

按以上資料，可計得：

		西南公司	西北公司
毛利率 $=\dfrac{\text{毛利}}{\text{銷貨淨額}}$		$\dfrac{\$200,000}{\$500,000}=40\%$	$\dfrac{\$540,000}{\$1,000,000}=54\%$
淨利率 $=\dfrac{\text{淨利}}{\text{銷貨淨額}}$		$\dfrac{\$100,000}{\$500,000}=20\%$	$\dfrac{\$400,000}{\$1,000,000}=40\%$
資產週轉率 $=\dfrac{\text{銷貨淨額}}{\text{總資產}}$		$\dfrac{\$500,000}{\$1,000,000}=0.5$	$\dfrac{\$1,000,000}{\$4,000,000}=0.25$
總資產收益率＝淨利率×資產週轉率		$20\%\times0.5=10\%$	$40\%\times0.25=10\%$

依上述分析可知，西南公司與西北公司之總資產收益率均為10%，惟：

1. 西北公司之淨利率（40%）大於西南公司之淨利率（20%）

   此表示，按杜邦投資報酬系統之分析可知，西南公司未能提升其總資產收益率之關鍵原因，乃其淨利率偏低所致，西南公司之淨利率（20%）不但小於西北公司之淨利率（40%），且西南公司之毛利率（40%），亦小於西北公司之毛利率（54%），故西南公司宜採下列方式，以提高其淨利率、毛利率：

(1) 提高每單位售價。

(2) 改變產品之組合，停產低利潤之產品，而增加生產高利潤之產品。

(3) 加強研發、控制產品成本，以降低銷貨成本，提高其淨利率。

(4) 進行管銷費用之成本效益分析，加強控制以降低管銷費用，提升其淨利率。

2. 西北公司之資產週轉率（0.25）小於西南公司之資產週轉率（0.5）

此表示，西北公司未能提升其總資產收益率之主要原因，乃因其未能提升資產週轉率（Turnover of Assets）所致，故西北公司宜採下列方式，以提高其資產週轉率：

(1) 處分閒置資產。

(2) 購置高效率之資產、設備，以取代低效率之資產、設備。

(3) 加強行銷策略，提升銷貨水準。

(三)總資產收益率之其他考量

1. 投資基數之考量

企業以總資產收益率評估其投資報酬率及管理當局之經營績效時，須考量投資基數之計算方式對該比率之影響。蓋企業總資產中以成本爲基礎之折舊性、折耗性資產之淨額（即帳面金額），將因逐年提列折舊、折耗而逐年降低，若以此淨額作爲投資基數以求算總資產收益率，將與以總額（即取得成本）求算之總資產收益率有所不同。茲以東北公司爲例，該公司於2020年初擬執行一投資計畫，該計畫須購置一成本爲$400,000之設備，耐用年限爲四年，無殘值，採直線法提列折舊，則其資產收益率依不同之投資基數計算如下：

	2020年底	2021年底	2022年底	2023年底
淨利	$100,000	$100,000	$100,000	$100,000
設備	$400,000	$400,000	$400,000	$400,000
減：累計折舊	100,000	200,000	300,000	400,000
淨額	$300,000	$200,000	$100,000	$0
資產收益率				
按平均淨額爲投資基數	28.57%	40%	66.67%	200%
按總額爲投資基數	25 %	25%	25 %	25%

由上述分析可知：

(1) 按投資淨額平均數作為投資基數下，雖每年淨利均為\$100,000，其資產收益率卻逐年上升，且其投資報酬最高點，竟是該設備效率最低且即將報廢之際。若企業按此資產收益率逐期上升之趨勢作為評估管理當局之績效，則將被該數字所愚弄，將導致決策錯誤。

(2) 按投資總額作為投資基數，雖每年資產收益率均為25%，未有逐期上升之現象，惟此衡量方式亦未表現出折舊性資產逐年被耗用而效用逐年遞減之事實。

按此，則企業如何計得此投資計畫之真實投資報酬率且如何判定此投資計畫是否可行？對此，建議以內部投資報酬率法判定之。

2. 內部投資報酬率法

內部投資報酬率（Internal Rate of Return）係指一折現率，此折現率將使一投資所產生之稅後淨現金流入量之折現值合計數，恰等於該投資之原始投資額。即：

$$\sum_{t=1}^{n} \frac{CIF}{(1+IRR)^t} = C$$

CIF＝投資期間內各期稅後淨現金流入量

C＝原始投資額

IRR＝內部投資報酬率

t＝投資期間

當內部投資報酬率大於企業最低必要報酬率時，則該投資為可行方案。反之，內部投資報酬率小於企業最低必要報酬率，則該方案應拒絕之。依前述東北公司之投資計畫為例，若東北公司之最低必要報酬率為30%，其各年淨現金流入量為淨利與折舊費用（因折舊費用為非付現費用）合計數為\$200,000，則其內部投資報酬率之計算：

$$\sum_{t=1}^{n} \frac{\$200,000}{(1+IRR)^t} = \$400,000$$

內部投資報酬率可由年金現值表並依插補法計得為34.9%，大於東北公司最低必要報酬率30%，故該方案係為可行。

三、財務槓桿程度

凡是固定成本均具有某種程度之槓桿作用，財務槓桿程度（Degree of Financial Leverage）就是衡量利息費用這項固定費用所產生的槓桿效果。財務槓桿程度之計算公式如下：

$$財務槓桿程度 = \frac{營業利益}{營業利益 - 利息費用}$$

結合營運槓桿程度與財務槓桿程度就稱為總槓桿度（Degree of Total Leverage），計算公式如下：

$$總槓桿程度 = 營運槓桿程度 \times 財務槓桿程度$$
$$= \frac{邊際貢獻}{營業利益} \times \frac{營業利益}{營業利益 - 利息費用}$$
$$= \frac{邊際貢獻}{營業利益 - 利息費用}$$

以前例A方案【詳本節一—(三)】之資料為例，假設除了\$4,000之固定成本之外，尚有\$1,200之利息費用，則在銷售數量為1,600單位時，財務槓桿程度及總槓桿度計算如下：

$$財務槓桿程度 = \frac{\$2,400}{\$2,400 - \$1,200} = 2$$

$$總槓桿程度 = 2.67 \times 2 = 5.33 \text{ 或} \frac{\$16,000 - \$9,600}{\$1,200} = 5.33$$

本章習題

一、選擇題

( ) 1. 一公司之財務槓桿指數大於 1，表示什麼？
(A) 投資報酬率小於其資金成本 　　(B) 形成不利之財務槓桿
(C) 舉債經營將提高業主權益報酬率 　　(D) 以上皆非。

( ) 2. 東北公司 ×2 年 1 月 1 日資產總額為 $2,500,000，股東權益總額為 $1,000,000（其中包括每股面額 $100，200 股，股利率 10% 之累積非參加特別股權益 $200,000）。該公司 ×2 年之銷貨收入為 $300,000，銷貨退回與折讓為 $20,000，銷貨成本為 $168,000，營業費用為 $40,000，營業外收入為 $50,000，營業外費用為 $22,000。若該公司適用之稅率為 25%，試問該公司 ×2 年之毛利率為何？
(A) 30% 　(B) 40% 　(C) 25% 　(D) 50%。

( ) 3. 承第 2 題，該公司 ×2 年之淨利率為何？
(A) 23.42% 　(B) 26.79% 　(C) 31.24% 　(D) 13.26%。

( ) 4. 承第 2 題，該公司 ×2 年之淨值收益率為何？
(A) 6.38% 　(B) 6.69% 　(C) 7.12% 　(D) 7.5%。

( ) 5. 承第 2 題，該公司 ×2 年之普通股股東權益報酬率為何？
(A) 9.13% 　(B) 5.73% 　(C) 4.02% 　(D) 3.72%。

( ) 6. 承第 2 題，該公司 ×2 年之總資產收益率為何？
(A) 4.34% 　(B) 3.26% 　(C) 3% 　(D) 1.75%。

( ) 7. 承第 2 題，該公司 ×2 年之財務槓桿指數為何？
(A) 1.78 　(B) 2.44 　(C) 3.12 　(D) 3.75。

( ) 8. 西北公司近期擬生產一新產品，該公司分析新產品之成本結構，其每單位直接人工為 $4，每單位直接材料為 $6，每單位變動製造費用為 $2，每年總固定成本為 $12,000。若該公司新產品之每單位售價為 $20，則其損益兩平點銷售數量為多少單位？
(A) 2,000 　(B) 1,500 　(C) 1,200 　(D) 1,000。

( ) 9. 承第 8 題，若該公司擬產生稅前淨利 $20000，則其須銷售多少數量？
(A) 2,000 　(B) 3,000 　(C) 4,000 　(D) 5,000 　單位。

( ) 10. 承第 8 題，若該公司 ×2 年之銷貨收入為 $40,000，則該公司 ×2 年之營運槓桿程度為何？
(A) 3.2 　(B) 4.0 　(C) 5.5 　(D) 6.1。

(　　) 11. 西南公司 ×2 年之總資產收益率為 60%，資產週轉率為 2，則該公司當年度之淨利率為何？　(A) 120%　(B) 30%　(C) 20%　(D) 10%。

(　　) 12. 東南公司 ×2 年銷貨淨額為 $300,000，當年度該公司總資產收益率為 30%，淨利率為 40%，該公司 ×2 年底總資產為何？　(A) $1,000,000　(B) $600,000　(C) $400,000　(D) $200,000。

二、問答題

1. 獲利能力分析常用之比率有哪些？

2. 總資產收益率可拆解成哪兩部分？

3. 何謂營運槓桿程度？

4. 損益兩平點如何計算？

5. 損益兩平分析可運用於哪些決策？

三、計算及分析題

1. 信義公司與和平公司其 ×1 年部分財務資料列示如下：

	信義公司	和平公司
銷貨收入	$100,000	$12,500
銷貨成本	50,000	6,250
營業費用	48,750	5,000
負債總數	50,000	50,000
股東權益總數	75,000	75,000

試作：試對信義公司與和平公司進行「杜邦投資報酬分析」，並提出改善之建議。

2. 忠孝公司 ×2 年之總資產收益率為 43.2%，淨利率為 21.6%（其同業標準之總資產收益率為 48%，淨利率為 20%）。該公司 ×2 年之銷貨收入為 $2,400，總資產為 $1,200。

試作：

(1) 若依同業標準，該公司應縮減或擴充總資產之金額為多少？

(2) 若依同業標準，該公司應提高之銷貨收入為多少？

3. 仁愛公司其產品每單位售價為 $25，每單位變動成本為 $20，總固定成本為 $100,000。

試作：

(1) 試求該公司損益兩平點銷貨收入。

(2) 該公司銷貨數量為 40,000 單位下，其營運槓桿程度。

(3) 該公司本年度之目標淨利為 $300,000，則為達成此目標，該公司須銷售多少單位？

(4) 該公司預估本年度銷售數量為 50,000 單位，目標淨利為 $200,000，則為達成此目標，其每單位售價應為多少？

(5) 該公司擬引進一新式生產方式，其將使每單位變動成本增加 10%，總固定成本降為 $30,000，每單位售價維持不變。試求：

①新式生產方式下，其損益兩平點銷售數量。

②該公司本年度之目標淨利仍為 $300,000，則為達成此目標，該公司須銷售多少單位？

③試比較現行生產方式與新式生產方式之營運槓桿差異性，並說明其各別之特性。

4. 和平公司於 ×1 年 1 月 1 日以 $8,074,606 購買機器一部，耐用年數五年，無殘值，預估五年內該機器可產生之現金流入數為：

年度	現金流入數
×1	$400,000
×2	600,000
×3	2,000,000
×4	5,000,000
×5	4,800,000

該公司預計於 ×4 年底對該機器進行大修，須支付現金 $1,000,000，該公司最低之必要報酬率為 8%。

試作：以內部投資報酬率法評估該公司是否應購置該機器？

5. 信成公司 ×1 年淨利為 $1,000，且該公司當年度：

(1) 財務槓桿指數為 2。

(2) 淨值收益率為 40%。

(3) 資產週轉率為 0.4。

試求：

(1) 公司當年度銷貨收入。

(2) 該公司資產總額。

(3) 該公司負債總額。

(4) 該公司當年淨利率。

6. 台中公司部分財務資料如下：

	100年度	101年度
銷貨毛利	$640,000	$810,000
稅前淨利	120,000	90,000
本期淨利	96,000	72,000
淨利率(%)	6	4

試求： （92 年特考試題改編）

(1) 100 年度及 101 年度之銷貨收入。

(2) 100 年度及 101 年度之銷貨成本及毛利率。

(3) 100 年度及 101 年度之營業費用及費用率。

7. 下列為台中公司 100 年底之簡明資產負債表：

資產

流動資產	$250,000
非流動資產	1,750,000
總資產	$2,000,000

負債及股東權益

流動負債	$200,000
非流動負債（6%債券）	675,000
股東權益	1,125,000
負債與股東權益	$2,000,000

其他資料：

(1) 該年度淨利為 $135,000。

(2) 所得稅稅率為 50%。

試作： （91 年特考改編）

(1) 根據上述資料，計算財務槓桿（長期負債）是否有利於台中公司之股東？

(2) 如果台中公司之總資產報酬率為 20%，則其相對之股東權益報酬率及財務槓桿指數各為多少？

8. 台中公司 100 年底之股東權益資料如下：股東權益總額為 $1,000,000，其中包括普通股股本 $500,000，每股面額 $10，資本公積 $250,000，保留盈餘 $250,000。100 年淨利為 $300,000，且年度中曾發放 10% 之股票股利及每股 $1.5 的現金股利，年底普通股市價為 $48。

試求：計算台中公司 100 年底普通股之本益比。 （91 年會計師高考改編）

9. 台北公司 100 年度之部分財務資料如下：銷貨收入 $1,000,000，淨利率 7.5%，資產總額 $2,000,000，負債比率 40%，所得稅稅率 25%。台北公司 100 年度除 8% 之應付公司債外，並無其他負債。

試求：根據上述資料，計算台北公司 100 年之財務槓桿指數。

（91 年會計師高考改編）

MEMO

財務預測

學習重點

1. 企業財務預測資訊之重要性
2. 企業財務預測資訊揭露之內容
3. 財務預測的方法
4. 如何編製財務預測報表

FINANCIAL STATEMENT ANALYSIS

　　財務預測資訊可以補充歷史性資訊的不足，使閱讀者得以做出更明智的投資或授信決策。然而，企業所發布之財務預測報表，若要發揮正面的資訊價值，則必須是資訊提供者，採用適當會計原則、本著誠信原則及專業上應有的注意編製有關資訊，並且重視嗣後更新或更正之時效性。

　　企業管理當局需要預測，以進行營運的規劃及目標的設定，並可衡量未來的資金需求；財務分析師需要預測，以提供被分析對象的前景資訊予投資人參考；銀行與債權人需要預測，以評估被分析對象償還債務的可能性。投資人更可藉由財務預測資訊，瞭解企業的獲利能力，進而制定買賣公司股票的決策。

壹　財務預測之意義

一、財務預測之重要性

　　企業財務資訊的揭露應以外部使用者為導向，而報表使用者進行有關的分析時，大多希望能對涉及未來決策的關鍵項目獲得有用的參考資料，因此，其對於與企業未來有關訊息的重視程度，實遠勝過對企業歷史性資料的關心。由於企業管理當局，多不輕易透露有關未來的財務資訊，致使外部利害關係人（例如，投資人、債權人）很難對企業的未來展望作合理的預測；再者，為避免少數人利用內幕消息從事內線交易而獲取不當利益，企業基於倫理，有責任讓外部利害關係人亦能擁有相同數量及品質的資訊。因此，揭露財務預測資訊實應為企業管理當局定期報告的一部分，俾使報表使用者對企業未來的發展能有所評估，以助其制定決策。

　　所謂財務預測（Financial Forecasts）係指企業管理當局依其計畫及經營環境，對未來財務狀況、經營成果及現金流量所進行之最適估計。其主要目的在於將企業之營運作事前的公開，使外部報表使用者，對於企業的前景有一初步的基本概念，並據此評估企業未來的獲利能力，從而作成理智的決策。然而，企業所發布之預測資訊必須具有相當程度的可靠性，才能改善資訊使用者的決策品質。妥善編製的財務預測，有助於使用者對企業之瞭解而作正確的選擇；反之，故意對外發布不實的財務預測資訊，則將使閱表者受到誤導而蒙受損失。

　　有時股票上市公司為使投資大眾瞭解其未來營業狀況，而予發布一些預測的訊息，然而，實際發生的情況可能與原先發布的預測有重大差異，因而誤導了投資大眾的投資決策，使得證券市場之健全發展產生相當不利的影響。有鑑於此，會計研究發展基金會財務會計準則委員會遂於78年12月28日發布第十六號公報「財務預測編製要點」，使企業於編製財務預測資訊時能有所遵循；而為了提高企業財務預測的可信度，規定財務預測資訊在公開前應由會計師加以核閱，因此，基金會之審計準則委員會於79年10月16日發布第十九號公報「財務預測核閱要點」，希望藉由會計師的專業知識核閱財務預測資訊，以幫助投資大眾瞭解企業財務預測之編製及表達是否合理可靠。另外，為因應國際財務報導準則（IFRS）之採用，金融監督管理委員會於102年12月31日再次修正發布「公開發行公司公開財務預測資訊處理準則」，規範企業財務預測之編製及預測訊息之發布，以保障投資人權益，並健全資本市場體系的運作。

二、財務預測資訊之體系

　　有鑑於台灣證券市場係屬淺碟型市場，股價易受市場中所發布訊息之影響而波動，在相關法令配套不足的情形下，強制性財務預測（Mandatory Forecasts）的實施弊多於利，金融監督管理委員會乃決議自九十四年起廢除原已實施之強制性財務預測制度。因此，廣義而言，我國財務預測體系可分為如下二種預測：

(一) 自願性預測

　　所謂自願性預測（Voluntary Forecasts）係指公司管理當局依照市場上的需要，自願將公司未來可能的經營狀況或可能結果釋放予市場投資者的一種預測資訊。此種預測資訊，多為對公司營業收入及獲利能力的估計，由於係為基於市場需求而提供，故並無特定的釋放時點。在我國，公開發行公司的自願性財務資訊，除應於金融監督管理委員會指定之資訊網站及得於公司網站公告外，多是藉由大眾媒體、業績發表會、記者會或其他公開場所釋放或散布。

(二) 分析師預測

所謂分析師預測（Analyst Forecasts）係指專業財務分析師蒐集相關的財務資訊，依其專業知識與經驗，分析及解釋所蒐集的資訊，在二個財務報表公告日之間加以預測，以滿足投資大眾對公司財務資訊需求的一種預測資訊。其內容亦如同自願性預測，主要為對公司營業收入及獲利能力之點估計，此種資訊通常刊載於大眾媒體，或為投資公司內部所使用。

上述二種財務預測資訊，理論上，均應存在同一市場，各司其職，並互相牽制及監督。由於投資人決策之制定具有連續性，為滿足市場投資者的需求，專業財務分析師往往會於二個財務報表公告日之間，對企業未來財務資訊進行單一金額或區間的估計，並將此預測資訊藉由大眾媒體散布於股市中。若企業管理當局對於分析師所作的財務預測意見相左時，其即會自願地進行預測，並將預測資訊公諸於股市投資大眾之間。因此，企業管理當局會進行自願性預測，實基於分析師預測間良性互動的緣故，而自願性預測亦可增加投資者對公司的注意力，並可強化分析師預測的品質。

藉由企業管理當局及專業財務分析師對投資者負責任的態度，則各種預測的品質自然會提高，亦可促使企業提供足夠品質的財務報表，以為使用者制定決策的參考。因此，只要投資大眾能夠掌握到環境性資訊（包括政治、經濟、法律等）及高品質的財務報表與財務預測資訊，則股票的價格便得以被適當地評估，而資訊不對稱所帶來的不當財富移轉亦會降低。

貳　財務預測之編製

企業公開財務預測資訊，實為傳達其歷史性財務報表所未預期資訊的重要管道，財務預測資訊雖具攸關性，但是其往往涉及眾多不確定之因素，對於未來資訊因而就很難做到準確無誤的報導。因此，企業有關人員於編製財務預測資訊時，應善盡其職責，遵循誠信原則，採用適當的會計原則，並應確認對未來營運、投資及理財活動有重大影響之關鍵因素，據以建立適當假設作為財務預測依據的參考，此外，亦須考量重要基本假設可能的變動所產生之差異，而予執行敏感度分析，以避免誤導使用者的判斷。

一、財務預測資訊之揭露

企業可自行決定財務預測資訊公開的時點，原則上，應參照基本財務報表的格式，編製完整式財務預測，按單一金額依季表達預測數，並將以前年度（通常為最近兩年度）的歷史性財務報表與本年度的財務預測併列，以利使用者分析比較。如為公開簡式財務預測（即未按完整格式表達）者，依我國「公開發行公司公開財務預測資訊處理準則」規定，預測涵蓋期間至少一季。若於期中始公開財務預測，尚應列示截至前一季止經會計師核閱或自行結算數字。

財務預測公告之內容應包括下列各項：

1. 財務預測編製原因（通常原因為自願公開）及編製完成日期。

2. 董事會通過日期。

3. 財務預測涵蓋之期間。

4. 下列各項目之預測數及截至前一季止之實際數：

    (1) 營業收入。

    (2) 營業毛利。

    (3) 營業費用。

    (4) 營業利益。

    (5) 稅前淨利。

    (6) 綜合損益。

    (7) 每股盈餘。

    (8) 取得或處分重大資產。

5. 重要基本假設及估計基礎之彙總說明，及會計政策與財務報告一致性之說明。

6. 財務預測係屬估計，將來未必能完全達成之聲明。

上述之第5.項及第6.項係屬報表附註事項，其中，又以基本假設之揭露最為重要，應充分揭露的事項包括：(1)可能產生差異並對未來結果有重大影響或相當敏感之假設；(2)預期情況與現存情況有重大不同之假設；(3)對預期資訊及其解釋具有重要性之其他事項。此外，尚須說明假設的基礎及其資料來源。

　　由於財務預測報表係依據所設定的假設加以編製，然而，假設並非一項事實，其係考慮客觀的條件，並結合主觀的判斷及信念所作成，因此，爲提高財務預測資訊之有用性，與預測有關的基本假設及該假設所依據的基礎均須予以揭露，俾便使用者在運用預測資訊時，得以瞭解預測所依據之假設的本質及其限制。然而，企業並沒有義務也沒有必要揭露會傷害到本身權益的假設，是故，資訊使用者必須對預測假設的性質有所認知，並評估預測的合理性，如此方可使企業財務預測資訊在其決策過程中，能正確且適當地運用。

二、財務預測之更新及更正

　　儘管與營運相關的關鍵因素或編製財務預測所依據的重要基本假設可能會發生變動，甚至發現財務預測有錯誤，但是經過適時的更新或更正，財務預測所反應出來的應是管理當局對於企業未來經營成果、財務狀況及現金流量所作的最佳估計，其對於使用者從事決策的制定，仍具有攸關性及有用性。

　　已公開財務預測之公司，應隨時評估敏感度大之基本假設變動對財務預測結果的影響，並據以決定是否有更新財務預測（Update the Financial Forecast）的必要。在我國，當編製財務預測所依據之關鍵因素或基本假設發生變動，致使綜合損益金額變動20%以上，且影響金額達$30,000,000及實收資本額之5‰者，企業管理當局應更新其財務預測。另外，公司若有於財務預測編製時未能合理規劃並編入之偶發事項（例如，重大災害損失）發生，如該偶發事項對財務預測結果之影響達上述之標準時，亦應予更新財務預測。公告更新之財務預測時，應逐項分析更新前後基本假設變動之情形及原因，並說明其變動對營業毛利、營業利益、稅前淨利、綜合損益及每股盈餘之影響。此外，更新前後營業毛利變動達20%以上者，尚應按主要產品項目逐項作價量分析。

　　如果企業管理當局發現所發布之財務預測有錯誤時，應先考慮是否會誤導使用者之判斷，若有誤導之可能時，應更正財務預測（Correct the Financial Forecast）及儘速公告修正後之預測資訊，並說明錯誤之原因、性質及對營業毛利、營業利益與稅前淨利、綜合損益之影響。

參 財務預測之技術

　　預測企業未來營運績效的最佳方法，就是執行整體性預測，其不僅對營業（銷貨）收入、費用及盈餘進行預測，亦對資產、負債及現金流量加以預測，唯有此種全面性的分析方式，方能避免內部不一致性及不實際的隱含假設。要做好預測工作，分析人員除了需要瞭解企業過去及目前的策略與績效之外，也應瞭解影響企業未來績效的相關因素，並且針對影響這些因素的有關項目，建立適當的假設，然後進行預測的工作。

　　以下說明企業分析人員如何進行整體性預測，以協助其編製財務預測報表。

一、營業（銷貨）收入預測

　　一般而言，預測工作多以對未來營業（銷貨）收入之預測為起始，並據以預測產品製造的數量（生產預測）。此項預測係建立在估計未來營業成長的基礎上，可採用之預估未來營業（銷貨）收入的方法，包括以主觀意見估計銷售人員可達成的業績、利用過去的趨勢推估可能的市場需求、運用市場研究的結果、使用統計及數學模型預估等。

　　分析人員預測營業（銷貨）收入時，與公司內部環境有關應予考慮的因素，包括過去年度營收的情況、所擁有資源設備的產能、顧客對現有產品消費的忠誠度、顧客對新產品接受的程度、公司的行銷計畫、訂價策略的改變等；與公司外部環境有關應予考慮的因素，包括產業中競爭對手的行為、所屬產業的未來發展、整體經濟預期的狀況、政府政策、預期物價水準、消費者購買力、消費群的轉換等。另外一種可行的方法為目標市場估計法，即先估計目標市場的大小，接著評估公司滲透市場的能力，以預估市場滲透的程度及達成該程度的時間，從而估計公司未來年度的營收成長。

　　以遠傳電信公司為例，其對於110年度合併營業收入之預測，主要係考量未來電信市場及其他各項業務之產業發展，暨本公司及各子公司營運策略與目標而予估列。110年度預計合併營業收入82,275,844仟元，較109年度合併營

業收入查核數79,500,965仟元增加3.49%，主要係因110年度預計手機銷貨收入、資通訊等營業收入較109年度成長所致。遠傳公司110年度依季別之合併營業收入預測數，及與109年度同期實際數比較之變動情形列示如下：

單位：新台幣仟元

季別項目	109年度（查核數）	110年度第一季	110年度第二季	110年度第三季	110年度第四季	110年度（預測數）
合併營業收入	79,500,965	20,184,589	19,208,143	20,410,449	22,472,663	82,275,844
增減%	—	4.10%	2.86%	9.56%	−1.47%	3.49%

資料來源：臺灣證券交易所公開資訊觀測站、表中增減%係作者自行整理計算。

二、費用與盈餘預測

企業營運所發生的費用各有其不同的影響因素，因此，對於費用的預測應逐項進行分析。企業的營業（銷貨）成本及主要營運費用通常與其營業收入有密切的關係，可以按營業（銷貨）收入的百分比予以估計。研究發展費用與目前的營業收入無直接關係，但仍具有長期的關聯性，因此，可考量企業未來的發展及預期達成的目標而予以估計。至於其他與營收較無關聯的費用，則可參考有關的影響因素而加以估計，例如，折舊費用應與公司的折舊政策一致，利息費用係公司預期融資決策的結果，所得稅費用受稅前淨利及有關所得稅條例的影響。當完成營業（銷貨）收入及有關之成本與費用的預測後，即可獲知預期營業（銷貨）毛利及淨利之結果，從而得以編製預計之損益表。

以遠傳電信公司為例，其對於110年度合併營業成本及合併營業費用之預測，係依據過去實際發生數，並考量未來營運目標及發展趨勢並提升效率，預估有關的成本及費用。110年度預計合併營業成本56,704,725仟元，較109年度合併營業成本查核數53,567,102仟元增加5.86%；110年度預計合併營業費用16,189,514仟元，較109年度營業費用查核數14,896,164仟元增加8.68%。

遠傳電信公司基於未來營運目標及發展趨勢之考量，預測其成本、費用將會增加，由於合併營業收入預期增加的金額低於合併營業成本預期增加的金額，該公司預計110年度之合併營業毛利為25,571,119仟元，較109年度合併營業毛利查核數25,933,863仟元減少1.40%。遠傳電信公司亦考量，其合併營

業利益將較前一年度減少，另外，子公司新世紀資通預計於110年度第三季將處分不動產，預計可使110年度第三季合併稅前淨利呈現較大幅度的增加。因此，該公司預計110年度之合併稅前淨利為10,131,136仟元，較109年度合併稅前淨利查核數10,192,468仟元微幅減少0.60%。

遠傳電信公司110年度依季別之合併營業成本、合併營業毛利、合併營業費用及合併稅前淨利預測數，及與109年度同期實際數比較之變動情形列示如下：

單位：新台幣仟元

季別項目	109年度（查核數）	110年度第一季	110年度第二季	110年度第三季	110年度第四季	110年度（預測數）
合併營業成本	53,567,102	14,038,364	13,025,844	13,941,444	15,699,073	56,704,725
增減%	—	10.72%	7.84%	12.93%	−4.64%	5.86%
合併營業毛利	25,933,863	6,146,225	6,182,299	6,469,005	6,773,590	25,571,119
增減%	—	−8.40%	−6.27%	2.93%	6.78%	−1.40%
合併營業費用	14,896,164	3,949,190	4,007,968	4,067,067	4,165,289	16,189,514
增減%	—	5.54%	10.52%	10.58%	8.19%	8.68%
合併稅前淨利	10,192,468	2,005,332	1,981,766	3,639,255	2,504,783	10,131,136
增減%	—	−25.67%	−28.85%	48.34%	11.02%	−0.60%

資料來源：臺灣證券交易所公開資訊觀測站、表中增減%係作者自行整理計算。

三、資產與負債預測

資產負債表的組成項目，係代表企業營業、投資及籌資（理財）各項活動所產生的結果，因此，對於資產、負債項目之預測，應就其相關的影響因素逐項加以分析。有些項目受營業活動的影響，例如，現金及約當現金、應收票據及帳款的變動，受營業（銷貨）收入的變動及企業收款的政策而有所影響；存貨、應付票據及帳款的變動，雖與企業的採購及生產計畫有關，但與營業（銷貨）收入的變化亦有所連動。此等項目，可利用當年度有關科目占營業（銷貨）收入的百分比，乘上次年度預估之營業（銷貨）收入，而予預測。

企業之不動產、廠房及設備及無形資產亦受營業活動的影響，但須另外對於資產使用效率預期變化的情形、資產處分的情形及管理當局的資本支出計畫加以考慮。至於其他項目則繫諸各種不同因素而定，例如，公司的投資計畫、財務結構、融資政策、股利政策等。

四、現金流量預測

就盈餘及資產與負債有關科目進行預測時，即已隱含了對現金流量的預測，因此，大多數與現金流量有關的項目，都可以由預計損益表及預計資產負債表的資料與上年度資料相比較計算而獲得。通常係以預計的稅前淨利為始點，考量所得稅當期支付數，並調整與現金收付無關之損益項目及流動資產與流動負債之變動數，而得預計未來由營業活動產生之現金流量；接著再考慮與未來投資與籌資（理財）活動有關的資金流量，以產生預計未來現金變動的影響數，從而可以完成預計現金流量表的編製。

肆 財務預測資訊釋例

依現行「公開發行公司公開財務預測資訊處理準則」規定，公開發行公司得採簡式財務預測（Summary the Financial Forecast）方式公開重要項目之預測資訊，或以基本財務報表完整格式公開財務預測資訊。鑒於我國上市、櫃公司，於臺灣證券交易所之公開資訊觀測站公告的財務預測資訊幾為簡式財務預測，以下即以摘錄自公開資訊觀測站所公告之此種預測資訊，舉例說明財務預測公告及財務預測更新之報導。完整式財務預測（Complete the Financial Forecast）之揭露，可參閱會計研究發展基金會財務會計準則委員會所發布第十六號公報「財務預測編製要點」附錄釋例。

一、財務預測資訊之公告

簡式財務預測得以季為單位公開有關資訊，預測涵蓋期間至少一季，若於期中始公開財務預測，尚應列示截至前一季止經會計師核閱或自行結算數字。所公告各項目金額得以單一數字（Single Numbers）或區間估計（Interval

Estimations）表達。此外，公告的資訊，尚應包括財務預測編製原因、編製完成日期、公告日期、董事會決議日期等。

（一）單一數字表達年度預測資訊釋例

遠傳電信股份有限公司於110年2月25日公告按季編製之110年度財務預測資訊，有關揭露的內容說明如下：

遠傳電信股份有限公司
簡式財務預測
110年度

單位：新台幣仟元

	第一季	第二季	第三季	第四季	合計
營業收入	20,184,589	19,208,143	20,410,449	22,472,663	82,275,844
營業毛利	6,146,225	6,182,299	6,469,005	6,773,590	25,571,119
營業費用	3,949,190	4,007,968	4,067,067	4,165,289	16,189,514
營業利益	2,197,035	2,174,331	2,401,938	2,608,301	9,381,605
稅前損益	2,005,332	1,981,766	3,639,255	2,504,783	10,131,136
綜合損益	1,601,963	1,585,469	3,010,603	1,980,244	8,178,279
每股稅後盈餘（元）	0.51	0.50	0.94	0.62	2.57
取得重大資產	3,427,180	8,585,059	4,373,878	3,511,759	19,897,876
處分重大資產	0	0	2,813,000	0	2,813,000

1. 重要基本假設及估計基礎之彙總說明

（1）合併營業收入

本公司及子公司110年度預計合併營業收入，主要係考量未來電信市場及其他各項業務之產業發展，暨本公司及各子公司營運策略與目標予以估列之。110年度預計合併營業收入較109年度增加3.5%，主係預計手機銷貨收入、資通訊等營業收入增加。季度別預測數及變動情形列示如下：

季別項目	109年度 （查核數）	110年度 第一季 （預測數）	110年度 第二季 （預測數）	110年度 第三季 （預測數）	110年度 第四季 （預測數）	110年度 （預測數）
合併營業收入	79,500,965	20,184,589	19,208,143	20,410,449	22,472,663	82,275,844
較前一季/年度增減%	—	—	−4.8%	6.3%	10.1%	3.5%

(2) 合併營業成本

本公司及子公司110年度預計合併營業成本，係依據過去實際發生數，並考量未來營運目標及發展趨勢，預估相關成本後予以編製。110年度預計營業成本較109年度增加5.9%，主係手機銷貨成本、特許權攤銷、電信設備折舊及資通訊等營業成本增加所致。季度別預測數及變動情形列示如下：

季別項目	109年度 （查核數）	110年度 第一季 （預測數）	110年度 第二季 （預測數）	110年度 第三季 （預測數）	110年度 第四季 （預測數）	110年度 （預測數）
合併營業成本	53,567,102	14,038,364	13,025,844	13,941,444	15,699,073	56,704,725
較前一季 / 年度增減%	—	—	－ 7.2%	7.0%	12.6%	5.9%

(3) 合併營業費用

本公司及子公司110年度預計合併營業費用，係依據過去實際發生數，考量未來營運目標及發展趨勢並提升效率，預估相關費用後予以編製。110年度預計營業費用較109年度增加約8.7%。季度別預測數及變動情形列示如下：

季別項目	109年度 （查核數）	110年度 第一季 （預測數）	110年度 第二季 （預測數）	110年度 第三季 （預測數）	110年度 第四季 （預測數）	110年度 （預測數）
合併營業費用	14,896,164	3,949,190	4,007,968	4,067,067	4,165,289	16,189,514
較前一季 / 年度增減%	—	—	1.5%	1.5%	2.4%	8.7%

(4) 合併稅前淨利

本公司及子公司110年度預計合併稅前淨利較109年度減少0.6%，主要係合併營業利益較109年度減少所致。子公司新世紀資通預計於110年度第三季處分不動產，預計使110年度第三季合併稅前淨利呈現較大幅度增加。季度別預測數及變動情形列示如下：

季別項目	109年度 （查核數）	110年度 第一季 （預測數）	110年度 第二季 （預測數）	110年度 第三季 （預測數）	110年度 第四季 （預測數）	110年度 （預測數）
合併稅前 淨利	10,192,468	2,005,332	1,981,766	3,639,255	2,504,783	10,131,136
較前一季／ 年度增減%	—	—	－1.2%	83.6%	－31.2%	－0.6%

(5) 歸屬於母公司業主之綜合損益（不含歸屬於非控制權益部分）

本公司及子公司110年度預計歸屬母公司業主之綜合損益較109年度減少0.5%，主要係合併稅前淨利較109年度減少所致。季度別預測數及變動情形列示如下：

季別項目	109年度 （查核數）	110年度 第一季 （預測數）	110年度 第二季 （預測數）	110年度 第三季 （預測數）	110年度 第四季 （預測數）	110年度 （預測數）
綜合損益 （歸屬 母公司）	8,218,606	1,601,963	1,585,469	3,010,603	1,980,244	8,178,279
較前一季／ 年度增減%	—	—	－1.0%	89.9%	－34.2%	－0.5%

(6) 取得或處分重大資產

①取得重大資產

本公司及子公司110年度預計取得重大資產較109年度減少62.7%，主要係109年度取得5G特許權所致。本公司及子公司取得重大資產之資金來源，預計將由本公司及子公司因營運所產生之現金流入及必要的融資活動以支應，其中110年度取得透過其他綜合損益按公允價值衡量之金融資產係預計參與亞太電信之私募案，取得股權投資。季度別預測數及變動情形列示如下：

季別項目	109年度 （查核數）	110年度 第一季 （預測數）	110年度 第二季 （預測數）	110年度 第三季 （預測數）	110年度 第四季 （預測數）	110年度 （預測數）
不動產、廠房及設備和無形資產	10,856,621	3,427,180	3,585,059	4,373,878	3,511,759	14,897,876
取得透過其他綜合損益按公允價值衡量之金融資產	400,000	0	5,000,000	0	0	5,000,000
特許權	42,042,000	0	0	0	0	0
合計	53,298,621	3,427,180	8,585,059	4,373,878	3,511,759	19,897,876
較前一季／年度增減%	—	—	150.5%	－49.1%	－19.7%	－62.7%

②處分重大資產

本公司之子公司新世紀資通為活化資產，於110年度第三季預計處分不動產。季度別預測數及變動情形列示如下：

季別項目	109年度 （查核數）	110年度 第一季 （預測數）	110年度 第二季 （預測數）	110年度 第三季 （預測數）	110年度 第四季 （預測數）	110年度 （預測數）
不動產、廠房及設備和無形資產	34,142	0	0	2,813,000	0	2,813,000
較前一季／年度增減%	—	—	—	—	－100.0%	8,139.1%

2. 會計政策與財務報告一致性之說明

本財務預測係依據公司管理當局目前之計畫及對未來經營環境之評估所作之最適估計，所採用之會計政策與財務報告一致。

3. 財務預測係屬估計，將來未必能完全達成之聲明

由於交易事項及經營環境未必全如預期，因此，預期與實際結果通常存有差異，故本財務預測係屬預測性質，將來未必能完全達成。

(二) 區間數字表達期中始公開季預測資訊釋例

聯發科技股份有限公司於109年4月28日公告所編製之109年度第二季財務預測資訊，有關揭露的內容說明如下：

聯發科技股份有限公司

簡式財務預測

109年度

單位：新台幣仟元

	第一季 （查核數）	第二季 （預測數）	合計
營業收入	60,862,975	62,080,235～66,949,273	122,943,210～127,812,248
營業毛利	26,237,103	25,452,896～29,457,680	51,689,999～55,694,783
營業費用	20,434,814	19,677,000～22,257,590	40,111,814～42,692,404
營業利益	5,802,289	5,806,328～7,096,623	11,608,617～12,898,912
稅前損益	6,730,250	6,162,607～7,532,076	12,892,857～14,262,326
綜合損益	13,091,141	-6,070,544～-2,825,458	7,020,597～10,265,683
每股稅後盈餘（元）	3.64	3.37～4.12	7.01～7.76
取得重大資產	1,925,814	0	1,925,814
處分重大資產	5,962,160	3,365,144	9,327,304

1. 重要基本假設及估計基礎之彙總說明

(1) 合併營業收入

本公司及子公司民國109年度第二季預計營業收入，主要係根據市場研究分析、本公司及子公司已接銷售訂單及預計之營運策略與目標等因素予以編列之。

民國109年度第二季預計營業收入為62,080,235～66,949,273仟元，相較於前一季自結數60,862,975仟元，變動2.0%～10.0%，展望第二季，因季節性因素影響，預期將較前一季增加。

(2) 合併營業成本

預計109年度第二季之產銷成本結構與以往年度無重大差異，本公司109年度第二季預計營業成本，係依據本公司的營運目標及供應商的報價金額，預估相關成本後予以編製，預估毛利率將在42.5%±1.5%。

本公司及子公司預估109年度第二季營業成本為34,764,931～39,500,071仟元，相較於前一季34,625,872仟元，變動0.4%～14.1%。

(3) 合併營業費用

本公司及子公司109年度第二季預計合併營業費用,係依據過去經驗,並考量未來營運目標及發展趨勢,預估相關費用後予以編製。

109年度第二季預計合併營業費用相較於前一季變動-3.7%～8.9%,預估相關營運費用在19,677,000～22,257,590仟元之間,營業費用率預估約為32.5%±2%。

(4) 合併稅前損益

本公司及子公司109年度第二季預計合併稅前損益相較前一季變動-8.4%～11.9%,預計合併稅前損益與預計營業利益之差異主係營業外收入之影響所致,根據前述合併營業收入、合併營業成本及合併營業費用之估計基礎,結算後整體稅前淨利預估為6,162,607～7,532,076仟元之間。

(5) 歸屬於母公司業主之綜合損益(不含歸屬於非控制權益部分)

此項目係依金管會認可之國際會計準則及公開發行公司公開財務預測資訊處理準則規定特別揭露,綜合損益為稅後淨利加計其他綜合損益(如國外營運機構財務報表之兌換差額及透過其他綜合損益按公允價值衡量之未實現評價損益等)而得,每股盈餘計算係依母公司稅後淨利計算,其他綜合損益並不影響每股盈餘之計算。

本公司及子公司109年度第二季預計母公司綜合損益-6,070,544～-2,825,458仟元,與預計營業利益之差異主係依公允價值衡量持有深圳市匯頂科技(股)公司之金融資產帳面金額之變動。考量本公司及子公司國外營運機構轉投資部位龐大,及透過其他綜合損益按公允價值衡量之金融商品之公平價值亦受整體投資環境之走勢影響,本公司及子公司之其他綜合損益對於匯率波動及透過其他綜合損益按公允價值衡量之金融商品之公平價值具高度敏感性,且因其本質難以預測具有高度不確定性,匯率或市價之微幅波動,對其他綜合損益影響可能非常鉅大,惟此並不影響每股稅後盈餘之計算,提醒財務預測閱讀人特別注意。

(6) 取得或處分重大資產

　①取得重大資產

　　本公司及子公司109年度第一季取得海外投資約台幣1,925,814仟元。109年度第二季預計無重大資產取得。

　②處分重大資產

　　本公司及子公司109年度第一季處分海外投資約5,962,160仟元。109年度第二季預計處分海外投資約3,365,144仟元。

2. 會計政策與財務報告一致性之說明

本合併財務預測係依據公司管理當局目前之計畫及對未來經營環境之評估所作之最適估計，所採用之會計政策與財務報告一致。

3. 財務預測係屬估計，將來未必能完全達成之聲明

由於交易事項及經營環境未必全如預期，因此，預期與實際結果通常存有差異，故本合併財務預測係屬預測性質，將來未必能完全達成，詳細內容應參閱重要會計政策及基本假設。

二、財務預測資訊之更新

　　已公開財務預測之公司，應隨時評估敏感度大之基本假設變動對財務預測結果的影響，並據以決定是否有更新財務預測的必要。例如，聯發科技股份有限公司於106年1月26日公告以區間估計數字表達之106年度第一季財務預測資訊，並未包含實際取得與處分子公司股權之影響，使其編製106年度第一季財務預測之相關資訊的基礎假設變動，因此，該公司即予更新之前所發布的預測資訊，並於106年3月22日公告更新的財務預測數據。有關揭露的內容說明如下：

聯發科技股份有限公司
簡式財務預測
106年度

單位：新台幣仟元

	第一季		合計	
	更新前 （公告日期： 106/01/26）	更新後 （公告日期： 106/03/22）	更新前 （公告日期： 106/01/26）	更新後 （公告日期： 106/03/22）
營業收入	53,566,500 ～59,060,500	53,566,500 ～59,060,500	53,566,500 ～59,060,500	53,566,500 ～59,060,500
營業毛利	17,409,113 ～20,966,478	17,409,113 ～20,966,478	17,409,113 ～20,966,478	17,409,113 ～20,966,478
營業費用	15,486,213 ～17,738,753	16,894,050 ～19,146,590	15,486,213 ～17,738,753	16,894,050 ～19,146,590
營業利益	2,280,697 ～2,787,518	1,013,643 ～1,238,897	2,280,697 ～2,787,518	1,013,643 ～1,238,897
稅前損益	2,666,347 ～3,258,868	6,270,320 ～7,663,724	2,666,347 ～3,258,868	6,270,320 ～7,663,724
綜合損益	359,902 ～439,880	6,136,671 ～7,470,083	359,902 ～439,880	6,136,671 ～7,470,083
每股稅後盈餘（元）	1.47～1.79	3.57～4.35	1.47～1.79	3.57～4.35
取得重大資產	950,048	6,047,281	950,048	6,047,281
處分重大資產	917,978	917,978	917,978	917,978

1. 更新（正）原因及對財務資訊之影響說明

本公司於106年1月26日所提供106年度第一季原合併財務預測之營業收入、營收成本、營業毛利、營業費用、營業利益、稅前損益及綜合損益依據之基本假設與估計基礎，尚不包含實際取得與處分子公司股權之影響，依有關財務預測之規定，當公司進行財務預測的基本假設有重大變動時，應更新財務預測；本公司變動項目：

(1) 於106年度第一季完成子公司傑發科技（合肥）有限公司之股權交易而認列之處分損益；

(2) 因公開收購取得絡達科技（股）公司控制力而以公允價值衡量認列相關損益；

(3) 依公允價值衡量持有深圳市匯頂科技（股）公司之金融資產帳面金額之變動；

(4) 依預估匯率重新評估國外營運子公司匯率影響數之變動，故予以更新並公告財務預測數據。

2. **重要基本假設及估計基礎之彙總說明**

(1) 更新後合併營業收入

本公司及子公司106年度第一季預計營業收入，主要係根據市場研究分析、本公司及子公司已接銷售訂單及預計之營運策略與目標等因素予以編列之。106年度第一季預計營業收入為53,566,500仟元～59,060,500仟元，相較於105年度第四季查核數68,675,426仟元，變動－22%～－14%，展望106年度第一季，因季節性因素影響，預期本年度第一季營收將較前一季（105年度第四季）減少。

(2) 更新後合併營業成本

預計106年度第一季之產銷成本結構與以往年度無重大差異，本公司106年度第一季預計營業成本，係依據本公司的營運目標及供應商的報價金額，預估相關成本後予以編製。106年度第一季因市場競爭壓力，預估毛利率將在34.0% ± 1.5%。本公司及子公司預估106年度第一季營業成本為34,550,393仟元~39,865,838仟元，相較於105年度第四季44,962,741仟元，變動－23.2%～－11.3%。

(3) 更新後合併營業費用

本公司及子公司民國106年度第一季預計合併營業費用，係依據過去經驗，並考量未來營運目標及發展趨勢，預估相關費用後予以編製。106年度第一季預計合併營業費用，相較於105年度第四季變動－14.4%～－3.0%，預估相關營運費用在16,894,050仟元～19,146,590仟元之間，營業費用率預估約為32.0% ± 2%。

(4) 更新後合併稅前損益

本公司及子公司106年度第一季預計合併稅前損益，相較105年度第四季變動12.6%～37.6%，主要係根據前述合併營業收入、合併營業成本及合併營業費用之估計基礎，結算後整體稅前淨利預估為6,270,320仟元～7,663,724仟元之間。

(5) 更新後歸屬於母公司業主之綜合損益（不含歸屬於非控制權益部分）

此項目係依金管會認可之國際會計準則及公開發行公司公開財務預測資訊處理準則規定特別揭露，綜合損益為稅後淨利加計其他綜合損益（如國外營運機構財務報表之兌換差額及備供出售金融資產未實現評價利益等）而得，每股盈餘計算係依母公司稅後淨利計算，其他綜合損益並不影響每股盈餘之計算。

本公司及子公司106度第一季預計母公司綜合損益6,557,404仟元～7,984,312仟元。考量本公司及子公司國外營運機構轉投資部位龐大，及備供出售金融商品之公平價值亦受整體投資環境之走勢影響，本公司及子公司之其他綜合損益對於匯率波動及備供出售金融商品公平價值具高度敏感性，且因其本質難以預測具有高度不確定性，匯率或市價之微幅波動，對其他綜合損益影響可能非常巨大，惟此並不影響每股稅後盈餘之計算，提醒財務預測閱讀人特別注意。

(6) 更新後取得或處分重大資產

①取得重大資產

本公司及子公司106年度第一季預計取得絡達科技（股）公司及MAPBAR TECHNOLOGY LIMITED等重大資產金額6,047,281仟元，取得重大資產之預計資金來源，係以本公司自有資金支應。

②處分重大資產

本公司及子公司106年度第一季預計處分重大資產金額917,978仟元，主要為持有債券到期。

3. 會計政策與財務報告一致性之說明

本合併財務預測係依據公司管理當局目前之計畫及對未來經營環境之評估所作之最適估計，所採用之會計政策與財務報告一致。

4. 財務預測係屬估計，將來未必能完全達成之聲明

由於交易事項及經營環境未必全如預期，因此，預期與實際結果通常存有差異，且可能極為重大，故本合併財務預測將來未必能完全達成。

本章習題

一、選擇題

( ) 1. 依規定，財務預測資訊：

    (A) 發布之後即不能再予更正

    (B) 可以加入敏感度分析

    (C) 與實際結果的誤差不能大於 20%

    (D) 所依據之關鍵因素發生變動，致使營業毛利金額變動 10% 以上者，應予更新財務預測。

( ) 2. 下列關於財務預測的敘述，何者不正確？

    (A) 財務預測應包括「係屬估計，將來未必能完全達成」之聲明

    (B) 財務預測項目之金額，得以單一數字或區間估計表達

    (C) 應標明財務預測所涵蓋的期間，但可不標明財務預測編製完成的日期

    (D) 編製財務預測所使用的重要基本假設及估計基礎應彙總揭露。

( ) 3. 當分析人員執行預測工作，下列敘述何者正確？

    (A) 依據公司的產能，先作生產預測，再作銷貨預測

    (B) 應該先作銷售與生產預測，再完成預計資產負債表

    (C) 應該先作現金流量預測，再作生產預測

    (D) 應該先完成預計損益表，再作生產預測。

( ) 4. 大雄公司為生產及銷售家電用品的業者，其欲預測公司於下一年度之營業收入，下列何者比較不會作為預測變數？

    (A) 公司既有廠房及設備之產能

    (B) 主要競爭對手即將推出的新型產品為公司主力產品之一

    (C) 家電用品市場競爭程度的變化情形

    (D) 家電用品通路業者購買力的消長情形。

( ) 5. 其他情況不變，請問投資人在看到以下哪一項訊息時，會提高其對大新公司下一年度營業利益的預測值？

    (A) 分析師指出，下一季是國人出國旅遊旺季，尤其是下個月，將可使大新公司的月營收比本月份高 60%

    (B) 大新公司本年度維修支出，較先前市場預期減少很多

    (C) 大新公司為升級產品的功能，將於下年度增購大批機器設備

    (D) 數家國際大廠，突然宣布願意在未來五年中，每年付給大新公司數額龐大的權利金。

（　　）6. 大中公司 ×2 年度期初之材料存貨為 50,000 公斤，每單位產品製造須使用 2.5 公斤的材料，當年度預計生產 42,000 單位的產品。若大中公司欲降低材料存貨 30%，則於 ×2 年度應購入若干公斤的材料？
(A) 90,000 公斤　(B) 81,000 公斤　(C) 45,000 公斤　(D) 18,000 公斤。

（　　）7. 大正公司預測其於下年度按季之銷售數量分別為 10,000 單位、8,000 單位、12,000 單位及 14,000 單位，該公司要求每季底之存貨數量須為下一季銷售數量的 20%，則於下年度第二季應生產多少單位？
(A) 7,200 單位　(B) 8,000 單位　(C) 8,800 單位　(D) 8,400 單位。

（　　）8. 大和公司 11 月份之期初存貨為 $180,000，其估計該月份之銷貨成本為 $900,000，並預計於月底將持有存貨 $160,000，此外，並估計 11 月份購貨金額之 80% 將於當月份支付及另將支付於 11 月份以前購貨之帳款 $225,000，則該公司於 11 月份估計支付的貨款為何？
(A) $704,000　(B) $1,057,000　(C) $945,000　(D) $929,000。

（　　）9. 大華公司 8 月份的銷貨收入為 $150,000，毛利率為 25%，當月份的存貨及應付帳款分別減少 $7,000 及 $12,000，則大華公司於 8 月份因購貨而支付的現金為何？
(A) $93,500　(B) $105,000　(C) $105,500　(D) $117,500。

（　　）10. 大銘公司於 6 月、7 月及 8 月份的實際銷貨金額分別為 $70,000、$77,000 及 $84,700，其經驗顯示，有 50% 的帳款可於銷貨當月份收現，40% 的帳款於銷貨的次月份收現，7% 的帳款於銷貨的次二月份收現，剩餘的部分為壞帳。假設該公司的銷貨金額每月均維持一定的成長率，則於 9 月份預計收現的金額為何？
(A) $75,800　(B) $85,855　(C) $80,465　(D) $51,975。

二、問答題

1. 編製財務預測的基本原則為何？
2. 財務預測編製之格式為何？應涵蓋之期間為何？
3. 財務預測資訊應揭露哪些項目？
4. 財務預測更新與財務預測更正有何不同？
5. 從理論上來看，管理當局預測與分析師預測何者應該較為準確？

三、計算及分析題

1. 台南公司於 ×2、×3 及 ×4 年的營業收入成長率分別為 10%、9% 及 8%，其估計所處產業於 ×5 年的成長率為 5%。若台南公司 ×1 年度的營業收入為 3,000,000 仟元，則該公司於 ×5 年的營業收入預測為何？

2. 台中公司 ×2 年度估計的銷管費用為 300,000 仟元，其中 240,000 仟元為固定銷管費用，而變動銷管費用則為銷貨收入之 6%。公司業務人員預計 ×2 年 1 月的銷貨收入為全年銷貨總額之 8%，而固定銷管費用係為全年各月份平均發生，試計算台中公司 ×2 年 1 月份之銷管費用預測為何？

3. 高雄公司欲於 ×5 年增購 $40,000,000 的廠房設備，以擴充其產能。為配合此一計畫，該公司於 ×5 年須增加 $3,000,000 的營運資金，且折舊費用將增加為 $8,000,000。另外，高雄公司於 ×5 年將有 $1,500,000 的應付公司債到期須予償清，且其須維持 $600,000 的現金股利水準。若高雄公司估計 ×5 年的稅前淨利將為 $12,000,000，所得稅稅率為 25%，則該公司需籌措多少資金以進行此一廠房設備擴充計畫？

4. 嘉義公司 ×2 年度 7 月份及 8 月份的銷售資料列示如下：

	現銷	賒銷
7月份（實際數）	$40,000	$100,000
8月份（預計數）	60,000	110,000

嘉義公司所有的賒銷均於銷貨次月份收回，該公司 7 月底的現金餘額為 $46,000，8 月份的預計現金支出為 $188,000。假設嘉義公司 8 月底預計將維持現金餘額為 $30,000。

試作：計算嘉義公司於 8 月份需要向銀行借款的金額。

5. 鹿港公司 ×1 年度之損益表列示如下：

營業收入淨額		$6,000,000
營業成本		(4,000,000)
營業毛利		$2,000,000
營業費用		
行銷費用	$520,000	
管理費用	600,000	(1,120,000)
利息費用		(120,000)
稅前淨利		$ 760,000
所得稅費用(25%)		(190,000)
本期淨利		$ 570,000

因應物價水準的波動，鹿港公司產品的單位售價預計將會提高 10%，管理當局考慮採行下列方案，以使 ×2 年度之銷貨單位可達到成長 5% 的目標：

(1) 增加廣告費支出 $420,000，其他行銷及管理費用仍維持 ×1 年度的水準。

(2) 增加投入 $300,000 的營運資金於應收帳款及存貨，以強化對顧客的服務，此資金將以 3% 的利率向銀行融資。

(3) 為提高產品品質，將使營業成本增加 4%。

鹿港公司 ×2 年度之所得稅稅率，預計仍維持原來的水準，則該公司 ×2 年的稅後淨利預測為何？

6. 忠孝公司於 ×1 年 1 月 1 日開始營業，最初六個月有關營運活動的資料如下：

(1) 預計每月銷貨額	$750,000

(2) 按月與製造商品有關之成本

a.	直接人工	$100,000
b.	廠房租金	30,000
c.	機器折舊費用	105,000
d.	專利權攤提	3,000
e.	其他製造費用	75,000
f.	購買原料	300,000

(3) 其他資料

a.	每月支付之銷管費用（包括預付費用）	$140,000
b.	期末原料存貨（6/30）	105,000
c.	期末製成品存貨（6/30）	250,000
d.	期初庫存現金（1/1）	112,000
e.	期末現金要求餘額（6/30）	75,000
f.	期末估計預付費用（6/30）	18,000
g.	估計所得稅稅率為 25%。	
h.	期初設備為 $2,100,000，專利權為 $90,000，股本為 $2,302,000。	
i.	銷貨條件為 n/30，預期收款期間為 45 天。	
j.	進貨條件為 n/30。	

試作：

(1) 編製忠孝公司 ×1 年度前 6 個月的預計綜合損益表。

(2) 編製忠孝公司 ×1 年 6 月 30 日的預計資產負債表。

7. 和平公司於 ×2 年 1 月 1 日資產負債表的部分資料如下：

現金	$ 45,000
商品存貨	67,500
機器設備成本（耐用年限 20 年，無殘值，直線法折舊）	300,000
辦公設備成本（耐用年限 10 年，無殘值，直線法折舊）	150,000

和平公司於 ×2 年第一季的預計銷貨金額為 $750,000，銷貨成本率為 60%，所得稅稅率為 25%，其他與損益相關的資料列示如下：

壞帳費用	銷貨收入的 1%
研究發展費用	銷貨收入的 6%
變動銷售費用	銷貨收入的 5%
固定銷售費用	每月 $12,500
固定管理費用	每月 $10,000

試作：編製和平公司 ×2 年第一季的預計損益表。

8. 仁愛公司於 ×1 年 1 月 1 日開始營業，該公司預測 ×1 年上半年之經營情況如下：

(1) 預計每月銷貨收入（全部賒銷） $500,000

(2) 預計每月營業費用

a.	購買材料	200,000
b.	直接人工	50,000
c.	廠房租金（營業租賃）	15,000
d.	機器折舊	30,000
e.	專利權攤銷	3,000
f.	其他製造費用	60,000
g.	銷管費用	75,000

(3) 其他資料

<table>
<tr><td>a.</td><td>銷貨收款條件</td><td>N/30</td></tr>
<tr><td>b.</td><td>預計收款期間</td><td>45 天</td></tr>
<tr><td>c.</td><td>進貨付款條件</td><td>N/30</td></tr>
<tr><td>d.</td><td>期末製成品存貨（無期末在製品）</td><td>150,000</td></tr>
<tr><td>e.</td><td>期末材料存貨</td><td>40,000</td></tr>
<tr><td>f.</td><td>所得稅稅率</td><td>30%</td></tr>
<tr><td>g.</td><td>×1 年 6 月 30 日預付租金 10,000</td><td></td></tr>
<tr><td>h.</td><td>×1 年 1 月 1 日資產負債表各項目餘額</td><td></td></tr>
</table>

現金	100,000
機器設備	1,000,000
專利權	100,000
股本	1,200,000

假設仁愛公司之銷貨及進貨皆平均發生，除折舊及攤銷外，所有費用均以現金支付，廠房因係 1 月下旬起租，故至 6 月 30 日尚有預付租金 $10,000。

試作：根據以上資料，編製仁愛公司 ×1 年 1 至 6 月份之預計損益表及 ×1 年 6 月 30 日之預計資產負債表。

（93 年特考改編）

企業評價

FINANCIAL STATEMENT ANALYSIS

　　就資訊使用者而言，進行企業財務報表之分析，無非是希望對其未來決策的制定能有所幫助與參考，然而，決策的形成又往往著眼於企業的價值。例如，企業之資本支出投資及策略規劃的焦點，在於評估有關專案對其價值的影響如何；財務分析師提供企業價值的評估予市場的投資者，以為其投資決策的參考；股票新上市的公司須評估企業之價值，以設定新上市股票的價格；潛在購併者須評估標的公司的價值及購併可能產生的綜效，以決定購併方案是否可行。因此，進行企業評價時，應盡專業上應有的注意，力求資訊使用之適當性、正確性，採用適當之評價方法及程序，以報導所評價企業合理、適切的價值。

壹　企業評價方法

　　為估計企業的價值即須執行評價的工作，所謂企業評價（Business Valuation）係指將企業營運績效預測轉化為企業價值估計的過程。在實務上，有各種不同的評價技術用來評估企業的價值，依我國評價準則公報第4號「評價流程準則」第23條，對企業評價常用的方法有市場法（Market Approach）、收益法（Income Approach）及資產法（Asset Approach）等三大類。各種方法的立論基礎不一，適用情形及優缺點亦有所不同，分析人員進行企業評價時，應依據評價目的、評價標的之性質及資料收集的情況，採用適當的評價方法，並對有關的評價資料及結果進行合理性檢驗及敏感性分析，避免因單一評價方法之限制，而造成評價結果之偏誤。此外，在形成價值結論前，應考量控制權及市場流通性等因素對評價之影響，並為必要之折價、溢價調整。

一、市場法

　　市場法亦稱為市場比較法、相對評價法，所依據之論點為，公司的股價與公司的營運績效會成一致的走勢，亦即，股價與營運績效之間會有一乘數的關係，而於同一產業中的公司此乘數應該會很接近，因此，某一公司的價值應可透過所處產業有關乘數的平均值而予估算。市場法有兩個基本的構成要素，市場乘數（Market Multiple）及類似可做對照的公司。

　　當評估企業的價值時，使用不同的乘數基礎，可能會求得不同的價值，常用的市場價值乘數有：

1. 市價盈餘比，亦稱為本益比（Price-to-Earnings Ratio），依每股價格除以每股盈餘而得。

2. 市價帳面價值比（Price-to-Book Ratio），依每股價格除以每股帳面價值（股東權益）而得。

3. 市價營收比（Price-to-Sales Ratio），依每股價格除以每股營收而得。

4. 市價現金流量比（Price-to-Cash Flow Ratio），依每股價格除以每股現金流量而得。

　　市場法下常用之評價特定方法，包括可類比公司法及可類比交易法。可類比公司法係指參考從事相同或類似業務之企業，其股票於活絡市場交易之成交價格，該等價格所隱含之價值乘數及相關交易資訊，以決定受評企業之價值。可類比交易法則為參考相同或相似企業業務或企業權益之成交價格，該等價格所隱含之價值乘數及相關交易資訊，以決定受評企業之價值。

　　分析人員無論是採用可類比公司法或可類比交易法，決定評價標的之價值，於選擇可予對照的公司時，應注意有關公司之：

1. **行業分類**：製造或銷售相同、類似的產品，或是屬於受相同經濟因素影響之產業。

2. **技術**：使用相同、類似的技術製造產品。

3. **顧客**：不同的顧客群可能代表產品品質、利潤等有差異。

4. **規模**：銷售的產品數量規模在同一範圍內，例如，飯店業的可對照公司，最好選擇有相同房間數的同業公司。

5. **槓桿程度**：槓桿程度高的公司對投資者而言風險較大。

　　市場法的應用非常廣泛，許多股市的研究報告即採用此種方法。此法簡單易懂，不須有太多的評價假設，且使用實際數據以估算企業價值，因而被認為較客觀，容易被一般人接受。市場法的缺點是價值易受會計原則之扭曲，且類比公司可能不易找到，或根本不存在，即使找到類比公司，但是由於每家企業的特性可能有所不同，要調整有關的差異並非易事，因此評價準確度勢必受到影響。

二、收益法

收益法之企業價值評估，主要來自於企業未來所能創造的利益流量的現值總和，同時考量公司所處的經濟產業環境、歷史經營績效、未來成長率、市場風險、資金結構及賦稅等因素，因此最能反映企業實際面臨的情境，而其結果亦最能代表公司的實際價值。分析人員採用收益法進行企業評價時，應定義所使用之利益流量，並考量與該利益流量相對應之折現率或資本化率，透過折現或資本化過程，計算其現值總額，以決定評價標的之價值。

收益法下所用之評價特定方法，包括利益流量折現法及利益流量資本化法，所稱之利益流量可能為各種形式之收益、現金流量或現金股利。常見的利益流量折現法有：(1)股利折現法、(2)會計盈餘折現法、(3)經濟利潤折現法、(4)自由現金流量折現法等，後二者較常於實務上所使用，其中又以自由現金流量折現法之應用最為廣泛。收益法之缺點，在於未來利益流量不易準確估計，且方法中使用大量變數均須予估計，操作較為複雜，過程中主觀判斷因素亦較多。

三、資產法

資產法認為企業的價值，在於其所擁有淨值（權益）的價值，此方法的重點在於如何評估企業個別資產及個別負債的總價值以反映企業之整體價值。資產法觀念看似簡單，實則不然，由於採用資產法評價時，所有資產、負債科目需視為個別單一的評價標的，並視各個評價標的特性，選擇適當的方法（例如，市場法、收益法、成本法等）進行評價，故其複雜繁瑣的程度並不下於其他評價方法。

一般而言，資產法應用時機，多為企業進行清算或欲購併其他企業時採用。另外，依我國評價準則公報第4號「評價流程準則」第32條，在繼續經營之價值前提下，除因評價標的特性而慣用資產法進行評估外，不得以資產法為唯一之評價方法；若僅以資產法為唯一之評價方法時，應於評價報告中敘明其理由。

貳 市場法評價分析釋例

以下即以4家台灣電子通路業上市公司爲例，選取公司季財務資訊及月頻率市場乘數，分別採用市價盈餘比（本益比）、市價帳面價值比及市價營收比三種市場乘數，說明如何計算受評價企業的預估市場價值。

一、依市價盈餘比（本益比）

當公司的稅後淨利爲負值時，其本益比亦將爲負值，依本益比預估之股價就顯得不合理，因此即無法使用此法預估股價。另外，若公司的盈餘品質不佳，亦將無法有效的使用本益比預測公司之股價。

此種評價方法係將受評價公司之每股盈餘，乘以公司之本益比，而得其每股預估之股價，其計算列示如下：

預估股價＝受評價公司過去四季累積每股盈餘×受評價公司當月底本益比

聯強、精技、燦坤及全國電子等4家電子通路業公司，於109年6月30日之本益比及過去四季累積每股盈餘列示如下：

項目	聯強	精技	燦坤	全國電子
本益比	10.01	13.63	13.91	15.85
每股盈餘（元）	4.16	1.89	1.38	4.55

資料來源：1.本益比資料摘錄自臺灣證券交易所之交易資訊公告。
2.每股盈餘資料取自台灣經濟新報資料庫。

依上列本益比及每股盈餘資料，預估各家公司股價之計算說明如下：

1. 聯強預估股價＝$4.16×10.01＝$41.64
2. 精技預估股價＝$1.89×13.63＝$25.76
3. 燦坤預估股價＝$1.38×13.91＝$19.20
4. 全國電子預估股價＝$4.55×15.85＝$72.12

二、依市價帳面價值比

當公司的稅後淨利為負值時，此法可用以取代本益比法。採用市價帳面價值比進行企業評價，應留意資產報導的品質，再者，若處於通貨膨脹時期，公司股東權益的帳面價值可能遭受扭曲，致使依此法的評估價值會有所偏誤。另外，同產業中的公司，可能採行不同的會計政策，如此將使得乘數基礎不一致，而產生不適切的評價結果。

此種評價方法係將受評價公司之每股帳面價值，乘以公司之市價帳面價值比，而得其每股預估之股價。其計算列示如下：

> 預估股價＝受評價公司前季底每股帳面價值×受評價公司當月底市價帳面價值比

聯強、精技、燦坤及全國電子等4家電子通路業公司，於109年6月30日之市價帳面價值比及前一季底每股帳面價值列示如下：

項目	聯強	精技	燦坤	全國電子
市價帳面價值比	1.54	1.52	0.67	2.79
每股帳面價值	28.09	19.88	28.51	25.85

資料來源：1.季每股帳面價值資料取自台灣經濟新報資料庫。
2.市價帳面價值比資料摘錄自臺灣證券交易所之交易資訊公告。

依上列市價帳面價值比及每股帳面價值資料，預估各家公司股價之計算說明如下：

1. 聯強預估股價＝$28.09×1.54＝$43.26
2. 精技預估股價＝$19.88×1.52＝$30.22
3. 燦坤預估股價＝$28.51×0.67＝$19.10
4. 全國電子預估股價＝$25.85×2.79＝$72.12

三、依市價營收比

在公司新創立的前數年還未有盈餘時，適合採用營業收入取代盈餘作為評價的基礎，而營業收入也較不易受管理當局操弄，因此，有時分析人員會偏好使用市價營收比作為評價的乘數基礎。由於營業收入尚未扣除成本與費用，如果同產業公司間之毛利率與費用控管能力相差很大，則以此法進行評價可能就會較不適切。

此種評價方法係將受評價公司之每股營業收入淨額，乘以公司之市價營收比，而得其每股預估之股價。其計算列示如下：

$$預估股價=\frac{受評價公司過去四季累積營業收入淨額}{受評價公司前季底普通股流通在外股數}\times受評價公司當月底市價營收比$$

聯強、精技、燦坤及全國電子等4家電子通路業公司，於109年6月30日之市價營收比、前一季底普通股流通在外股數及過去四季累積營業收入淨額列示如下：

項目	聯強	精技	燦坤	全國電子
流通在外股數（仟股）	1,667,946	161,735	166,468	99,172
營業收入淨額（仟元）	327,366,902	19,703,041	18,550,956	17,833,041
市價營收比	0.21	0.21	0.17	0.40

資料來源：取自台灣經濟新報資料庫。

依上列有關資料，預估各家公司股價之計算說明如下：

1. 聯強預估股價＝327,366,902（仟元）÷ 1,667,946（仟股）× 0.21＝$41.22
2. 精技預估股價＝19,703,041（仟元）÷ 161,735（仟股）× 0.21＝$25.58
3. 燦坤預估股價＝18,550,956（仟元）÷ 166,468（仟股）× 0.17＝$18.94
4. 全國電子預估股價＝17,833,041（仟元）÷ 99,172（仟股）× 0.40＝$71.93

四、綜合分析

　　前述三種方法所估計4家電子通路業上市公司之股價彙總列示於下表，為瞭解預估股價之合宜性，表中亦將4家公司於109年6月30日之收盤價及109年7月份期間股票交易之最高價及最低價並列。

項目	聯強	精技	燦坤	全國電子
109年6月30日收盤價	41.65	25.90	19.20	72.10
109年7月份期間交易最高價	44.90	30.30	19.65	71.00
109年7月份期間交易最高價	41.45	25.55	18.15	68.50
本益比估計股價	41.64	25.76	19.20	72.12
市價帳面價值比估計股價	43.26	30.22	19.10	72.12
市價營收比估計股價	41.22	25.58	18.94	71.93

資料來源：交易價格相關資料摘錄自臺灣證券交易所之交易資訊公告。

　　除了依市價帳面價值比所估計聯強公司及精技公司之股價，不論依何項市場乘數所估計的股價均非常接近所列109年6月30日之收盤價。

　　就精技公司及燦坤公司而言，依此三項市場乘數所估計之股價，均介於109年7月份期間交易最高價及最低價之間。聯強公司之結果，則顯示以市價營收比市場乘數估計之股價，並未落於109年7月份期間交易最高價及最低價之間。至於全國電子的計算結果，顯示均高於109年7月份期間交易之最高價。

　　雖然處於同一產業，但每家公司的資金組成、產品策略、營運績效、未來成長性等還是會有所不同，若單純的以一種評價方法進行分析，可能會造成評價結果之偏誤。因此，爰就三種市場乘數所得的結果，分別賦予權數後，計算其加權平均估計股價，做為評價之參考，若是，則可驗證市場基礎法於實務上應用的價值。

　　依據本例蒐集的資料，並考慮有關市場乘數於各家公司之間的離散程度，對各項市場乘數即賦予權數0.44（本益比）、0.25（市價帳面價值比）、0.31（市價營收比），用以計算樣本公司預估之加權平均股價。有關之計算說明如下：

1. 聯強加權平均估計股價＝($41.64 × 0.44)＋($43.26 × 0.25)＋($41.22 × 0.31)＝$41.91
2. 精技加權平均估計股價＝($25.76 × 0.44)＋($30.22 × 0.25)＋($25.58 × 0.31)＝$26.82
3. 燦坤加權平均估計股價＝($19.20 × 0.44)＋($19.10 × 0.25)＋($18.94 × 0.31)＝$19.09
4. 全國電子加權平均估計股價＝($72.12 × 0.44)＋($72.12 × 0.25)＋($71.93 × 0.31)
   ＝$72.06

　　計算之加權平均預估股價，仍爲除了全國電子的金額爲高於109年7月份期間交易之最高價，其他公司之預估股價均介於109年7月份期間交易最高價及最低價之間。因此，本節所討論之三種市場乘數，若同時採用，且賦予適當之權數，所得之評價結果，對於台灣電子通路產業上市公司確具實務上參考價值。

參 自由現金流量折現法評價分析釋例

　　自由現金流量折現分析（Discounted Free Cash Flow Analysis）係指先預測企業未來某段時間內（通常爲五至十年）的自由現金流量，再以一個估計的加權平均資金成本作爲折現率，將企業未來各年估計的自由現金流量折算成現值並加總，以估計企業的價值。

　　所謂自由現金流量，係指在不影響營運的情況下，企業可以自由運用的現金餘額。在企業評價分析的實務上，通常以企業營業活動淨現金流量，扣除當期資本支出後之餘額爲之。而有些學者則認爲，在計算自由現金流量時，除了扣除資本支出，亦應考慮扣除股利支出，方爲合宜。至於作爲折現率之加權平均資金成本（Weighted Average Cost of Capital，WACC），其計算方式爲：

$$WACC = W_d \times K_d (1-T) + W_e K_e$$

　　其中，W_d爲負債占資金來源的比例，但不包括應付帳款、應付費用等流動負債，主要原因爲此等負債並無利息負擔；W_e爲股東權益占資金來源的比例；K_d爲舉債的資金成本，可以用目前市場的利率估計之；T爲所得稅稅率；K_e爲權益資金成本，其估計較爲困難，通常是利用資本資產評價模式（Capital Asset Pricing Model，CAPM）估計，其計算方式爲：

$$E(K_e) = K_{RF} + \beta(K_M - K_{RF})$$

其中，K_{RF}為無風險投資報酬率，在台灣，可採用三個月期定期存款利率估計之；K_M為預期市場投資組合報酬率，可以台灣加權股價指數報酬率為之；β為企業的系統風險，其所反映的是企業價值受整體經濟變動影響的敏感性，可藉由市場指數變動對企業股價變動之時間序列分析計算而得。

舉例說明權益資金成本之計算。至善公司依其於×3年至×7年的月股票報酬率，計算公司的系統風險β值為0.91。×3年至×7年，銀行之三個月期定期存款平均利率為0.79%，加權股價指數年平均報酬率為17.5%。依據有關資料，至善公司×7年之權益資金成本計算如下：

$$
\begin{aligned}
權益資金成本 &= K_{RF} + \beta(K_M - K_{RF}) \\
&= 0.79\% + 0.91 \times (17.5\% - 0.79\%) \\
&= 16\%
\end{aligned}
$$

計算加權平均資金成本所使用之負債比率及股東權益比率，應以負債及股東權益的市場（公允）價值為基礎而予衡量。至善公司於×7年，以市場價值衡量的負債比率及股東權益比率，分別為40%及60%、舉債資金成本為6%、權益資金成本為16%。至善公司×7之所得稅稅率為25%，則其於×7年之加權平均資金成本為：

$$
\begin{aligned}
加權平均資金成本 &= W_d \times K_d(1-T) + W_e K_e \\
&= 40\% \times 6\% \times (1-25\%) + 60\% \times 16\% \\
&= 11.4\%
\end{aligned}
$$

採用自由現金流量折現模式估計企業價值，若其自由現金流量為負值，則將無法對該企業進行評價。當欲評價之公司的盈餘穩定性高，且為低成長的趨勢，可採用一階段模式對公司進行評價，其評價模式如下：

$$V_0 = \frac{FCF_0(1+g)}{WACC - g}$$

其中，FCF_0表當期之自由現金流量，g表自由現金流量成長率，WACC表當期之加權平均資金成本。採用此評價模式時，企業之加權平均資金成本（WACC）須大於自由現金流量成長率（g）才可行。

至善公司×7年的自由現金流量為1,965萬元，估計其未來之自由現金流量將以2.2%穩定成長。該公司×7年的加權平均資金成本為11.4%，則至善公司×7年底之價值為：

$$×7底之價值 = \frac{1,965 \times (1 + 2.2\%)}{11.4\% - 2.2\%}$$
$$= 21,829（萬元）$$

若欲評價之公司的盈餘係屬中度成長型態，則適合採用兩階段模式對公司進行評價，其評價模式如下：

$$V_0 = \sum_{t=1}^{n} \frac{FCF_t}{(1 + WACC_1)^t} + \frac{1}{(1 + WACC_1)^n} \times \frac{FCF_n(1 + g_2)}{WACC_2 - g_2}$$

其中，FCF_t表當期（0期）之後各期的估計自由現金流量，FCF_n表第一階段最後一期的估計自由現金流量，$WACC_1$及$WACC_2$分別表第一階段期間及第二階段期間之加權平均資金成本，g_2表第二階段期間之自由現金流量成長率。

承上例，對至善公司×7年底之價值改以採用兩階段模式予以評估。第一階段期間為×8年至×12年，此期間公司的加權平均資金成本為11.4%；×12年之後（即自×13年起）為第二階段期間，此期間公司的加權平均資金成本為12.2%。於×7年底所預估至善公司×8年至×12年的自由現金流量，列示如表9-1，並估計×12年以後的自由現金流量成長率為2.2%。

表 9-1　至善公司預期自由現金流量

單位：萬元

	×8年	×9年	×10年	×11年	×12年
自由現金流量	2,017	2,060	2,096	2,139	2,192

至善公司×7年底價值評估之計算，說明如表9-2所示。

表 9-2　至善公司預期自由現金流量折現值

單位：萬元

	×8年	×9年	×10年	×11年	×12年	×12年以後
自由現金流量	2,017	2,060	2,096	2,139	2,192	
現值因子	0.898	0.806	0.723	0.649	0.583	
折現值	1,811	1,660	1,515	1,388	1,278	13,059

表9-2之「現值因子」列所示的資料，係表示每年底$1之自由現金流量，以加權平均資金成本（11.4%）折算至×7年底的現值，因此，表中「折現值」列所示之金額即為每年之自由現金流量於×7年底的價值。

表9-2中所列×12年以後有關之自由現金流量於×7年底的價值為13,059萬元，其計算如下：

估計×13年自由現金流量：2,192×(1＋2.2%)＝2,240（萬元）

×12年以後之自由現金流量折算至×7底的現值：

$$\frac{1}{(1+11.4\%)^5} \times \frac{2,240}{12.2\%-2.2\%}=0.583 \times 22,400 = 13,059（萬元）$$

最後，將表9-2中「折現值」列的金額加總，即得至善公司按預測之自由現金流量估計其於×7年底的公司價值為20,711萬元。

以自由現金流量折現分析法估計企業之價值時，所求得之企業價值係包含了運用債務融通資金及自有資金（股東權益）而產生之價值。若要計算股東權益的價值，則須將債務融通資金的價值（亦即，負債價值）予以扣除，如此才是股東權益的真正價值，亦即為公司股票在市場上的價值。

本章習題

一、選擇題

( ) 1. 下列何者對企業評價之敘述為錯誤？
(A) 以「市場法」評價時，所依據之財務報表資訊係具有可信度
(B) 以「收益法」評價時，應定義所使用之利益流量
(C) 以「收益法」評價時，須選擇適用之折現率
(D) 以「資產法」評價時，可以忽略企業負債價值之評估。

( ) 2. 下列哪一類公司不適合使用市價營收比之評價方法？
(A) 銷售額大幅成長的公司　　(B) 業外損益比重高的公司
(C) 毛利率低的公司　　　　　(D) 負債比率低的公司。

( ) 3. 下列哪些因素會影響上市公司之本益比？
(A) 資金成本率　　　　　　　(B) 預期未來的每股股利
(C) 每股盈餘成長率　　　　　(D) 以上皆是。

( ) 4. 以每股價格除以每股帳面價值之市場乘數稱為：
(A) 市價帳面價值比　(B) 本益比　(C) 股利殖利率　(D) 股利成長率。

( ) 5. 福興公司之加權平均資金成本為 12%，若該公司之權益資金成本為 15%，所得稅率為 25%，負債權益比率為 2：4，則該公司舉債之利率為：
(A) 12%　(B) 8%　(C) 10.8%　(D) 9.6%。

( ) 6. 清水公司 ×2 年之稅後淨利為 $4,800,000，全年流通在外普通股股數均保持為 3,000,000 股，於 ×2 年底每股市價為 $33.6，該公司沒有特別股，當年度宣告普通股現金股利 $600,000，則清水公司於 ×2 年底之本益比為：
(A) 24%　(B) 24　(C) 21　(D) 21%。

( ) 7. 鹿港公司股價為 $60 時，其本益比為 15，在盈餘不變的情況下，當股價上漲為 $90 時，其本益比將為：
(A) 10　(B) 22.5　(C) 16　(D) 20。

( ) 8. 大雅公司的本益比為 20，市價帳面價值比為 4，則其股東權益報酬率為：
(A) 40%　(B) 50%　(C) 20%　(D) 5%。

( ) 9. 勝興公司總資產週轉率為 2.5，每股總資產為 $30，該公司股票每股價格為 $120，則該公司之市價營收比為：　(A) 1.6　(B) 2　(C) 3　(D) 4。

( ) 10. 中興公司的本益比為 17.5，普通股權益報酬率為 18%，總資產報酬率為 12%，權益比率為 80%，則該公司之市價帳面價值比為：
(A) 2.10　(B) 0.97　(C) 1.45　(D) 3.15。

二、問答題

1. 何謂企業評價？可應用在哪些方面？
2. 企業評價可使用的方法有哪些？
3. 市場評價法常用的市場乘數有哪些？如何計算？
4. 如何計算自由現金流量？
5. 自由現金流量折現模式為何？折現模式選擇的適用情況為何？

三、計算及分析題

1. 下列為 4 家 3C 通路業上市公司於 ×2 年底的收盤價、本益比及每股盈餘資料：

項目	A公司	B公司	C公司	D公司
收盤價（元）	47.30	64.00	41.15	93.00
本益比	14.12	16.24	12.32	15.66
每股盈餘（元）	3.32	3.90	3.11	5.55

試作：

(1) 依本益比計算 4 家公司於 ×2 年底的預估股價。

(2) 評論本益比市場乘數於預估 3C 通路業公司股價之適合性。

2. 下列為 4 家鋼鐵業上市公司於 ×3 年底的收盤價及部分財務資料：

項目	A公司	B公司	C公司	D公司
收盤價（元）	27.00	26.20	11.45	35.20
流通在外股數（仟股）	15,425,583	998,202	647,655	200,000
權益總額（仟元）	289,687,054	23,138,429	10,631,735	4,509,836
市價帳面價值比	1.44	1.16	0.71	1.55

於 ×3 年 12 月 31 日，鋼鐵業 10 家上市公司之平均市價帳面價值比為 1.553，

試作：依市價帳面價值比計算 4 家公司於 ×3 年底的預估股價，並評論其結
果。

3. 下列為 4 家電信業上市公司於 ×2 年底的收盤價及部分財務資料：

項目	A公司	B公司	C公司	D公司
收盤價（元）	93.10	96.30	15.45	65.50
本益比	18.33	16.66	20.88	18.5
市價帳面價值比	2.06	4.81	1.46	3.04
市價營收比	3.20	3.08	2.35	2.41
每股盈餘（元）	5.12	5.79	0.56	3.61
權益總額（仟元）	360,289,823	57,433,894	35,199,210	72,793,206
營業收入淨額（仟元）	194,172,517	78,928,492	20,125,362	73,954,595
流通在外股數（仟股）	7,757,446	3,420,832	3,305,627	3,258,500

試作：

(1) 依本益比計算 4 家公司於 ×2 年底的預估股價。

(2) 依市價帳面價值比計算 4 家公司於 ×2 年底的預估股價。

(3) 依市價營收比計算 4 家公司於 ×2 年底的預估股價。

(4) 依市場乘數於各家公司之間的離散程度，賦予權數 0.5（本益比）、0.2（市價帳面價值比）、0.3（市價營收比）），計算各家公司預估之加權平均股價，並評論有關之結果。

4. 台南公司於 ×2 年底之自由現金流量為 $4,850,000，估計該公司未來的自由現金流量將以 2.5% 穩定成長。若該公司 ×2 年的加權平均資金成本為 12%，則台南公司 ×2 年底之價值為何？

5. 嘉義公司於 ×1 年底預估其 ×2 年至 ×6 年的自由現金流量如下：

單位：萬元

	×2年	×3年	×4年	×5年	×6年
自由現金流量	2,690	2,750	2,795	2,855	2,950

該公司之加權平均資金成本，×2 年至 ×6 年估計為 10%，×6 年之後（即自 ×7 年起）估計為 9%，並估計 ×6 年之後的自由現金流量成長率為 2%。

試作：以兩階段評價模式估計嘉義公司於 ×1 年底之價值。

▶ MEMO

風險分析

學習重點

1. 風險的概念
2. 企業經營面臨的風險
3. 營運槓桿與財務槓桿
4. 財務風險
5. 投資報酬率風險

FINANCIAL STATEMENT ANALYSIS

壹 風險的概念

俗話說：「天有不測風雲」；又說：「萬金難買早知道」。雖然財務報表分析可以幫助投資人或債權人在做投資或授信之決策時，根據企業各項財務比率及相關財務數據，做出審慎的決策，但企業經營所面對的環境或投資人所面對的股市，其實錯綜複雜，充滿不可預知的變數。以下幾則財經新聞就是好例子：

案例一：鴻海

鴻海（2317）在2021年3月底公布2020年營收大幅成長，但因為產品組合不利、匯率不利及業外損失，導致每股純益低於市場預期。外資法人指出，短線鴻海恐反應利空拉回，後市營運將進一步留意疫情狀況、缺料衝擊及轉投資表現，但長線電動車的發展樂觀，行情震盪後仍有回升契機。不具名的外資法人表示，鴻海2020年第4季獲利不佳，市場預期因應下修，導致股價震盪。其中，令市場意外的部分，包括上一季毛利率僅5.7%，計入康達智損失後，每股純益僅3.3元，低於市場預期，一些樂觀機構估計每股純益近4元，因此，股價勢必做出調整。

案例二：大立光

大立光（3008）2021年5月5日公布4月合併營收新台幣33.9億元，月減15%，年減27%，連續3個月較去年同期下滑，同時為近5年同期低點。大立光受到缺料衝擊，2021年4月營收失色，預期5月續弱，拖累第2季營運表現，以致股價持續疲弱，讓出股王寶座，更面臨3,000元關卡保衛戰。

營收表現失色，衝擊大立光股價，5月6日股價開低下跌70元，至2,940元，創下2月2日以來新低，進入3,000元保衛戰，收盤2,990元，表現相對大盤弱勢；相對於新科股王矽力－KY（6415）早盤強勢上攻逾9.5%、直衝3,285元歷史新高，表現兩樣情。

案例三：長榮海運

長榮海運（2603）2021年5月7日公布第一季財報，其中第一季營收899.53億元，毛利率逾51.8%，稅後盈餘360.83億元，每股盈餘（EPS）7.04元，優於市場先前預估，第一季不僅較去年同期由虧轉盈，營收、獲利及EPS都創下單季新高；由於4月起報價再次飆漲，加上5月1日起北美長約新價格較去年大增，市場預估第二季獲利可望優於第一季，意味上半年至少賺超過一個股本起跳。此外，根據最新一期出爐的SCFI指數，其中遠東到美東運價，每40呎櫃（FEU）更飆漲到7,036美元，隨著歐美線運價大好，以遠洋線為主的長榮、陽明（2609）將是最大受惠者。

前述案例1及案例2是「壞消息」；案例3是「好消息」，這些消息會影響當前的股價，但在消息出現前，投資人未必預見它的到來，這種未來的不確定性就會產生風險。

風險雖然來自不確定性，但卻未必完全等於不確定性。簡單的來說，風險是可預期到的，所以可以去分析、定價、做出控制。而某些不確定性是完全在預期之外，無法事前做出分析或定價。例如，我們可以預期某上市公司之營收或獲利會因為市場景氣的影響而有波動或變動，這些波動或變動是預期會發生的，這就是風險，但如果有一顆大太空隕石砸到臺灣，這就是風險評估之外的「不確定性」，因為這類「黑天鵝」事件並非市場或投資人所能預期的，也無法作出定價。

因為投資有風險，所以許多金融商品的廣告都會加註警語，例如，大家對這段話應耳熟能詳：「投資一定有風險，基金投資有賺有賠，申購前請詳閱公開說明書」。

本章主要針對企業經營所面臨的風險、營運槓桿及財務槓桿、財務風險與投資報酬率風險等，作深入淺出的介紹，讓讀者除了具備各種財務分析的知能與技巧外，對於風險分析也有基本的概念。

在進一步介紹各種風險之前，我們要澄清一個概念，風險的存在並不是一件壞事。如果我們問一個問題：投資人憑著什麼獲得報酬？最正確的答案就是——投資人承受某種程度的風險，所以才能獲得報酬。風險與報酬其實是兩面刃，風險越高，期望的報酬就越高，兩者呈正向的關係。就投資的目的而言，風險可以解釋為「實際投資結果與期望結果出現差距的機會」。資本市場理論的假設是：除非投資人認為可能的報酬率將可彌補風險發生的機會，否則不會願意承受風險。例如，投資人相信高風險的資本市場，其投資報酬率將高於低風險的銀行定存，所以願意承擔某種程度的風險，而將資金投注於股市，而非存放於銀行之定期存款。

因此，問題的重點並不在於如何趨避風險，而是如何量化風險，也就是將風險列入資產定價模型考量。理論上，我們把投資的風險量化成投資價格的波動。波動性大的資產（不管向上或向下），其風險性較高。我們常以標準差或貝它值（β值）來衡量所投資資產之風險，標準差或貝它值越大代表風險程度越高。例如，我們常以β係數來衡量個別股票的系統風險，β係數越高，系統風險越大。β係數或貝它值是衡量某特定股票價格波動相對於所在市場的價格波動敏感性。β係數大於1，代表的是該股票的價格波動性大於整體市場（大盤）波動性；β係數小於1，代表該股票的價格波動性相對小於整體市場的波動性。

貳　企業經營面臨的風險

古人開門起床就要煩惱七件事：柴、米、油、鹽、醬、醋、茶。現代人日常生活常面臨的風險與古人大不相同，現代人擔心的是：生病、失業、意外、升遷、減薪、裁員等各種風險。企業從設立的那一天開始，就會面臨市場景氣、匯率變動、法規變動、財務、稅務、勞工…等各種風險，每一項風險都像一顆不定時炸彈，讓企業經營如履薄冰、膽顫心寒，一點都疏忽不得。茲擇要敘述如下：

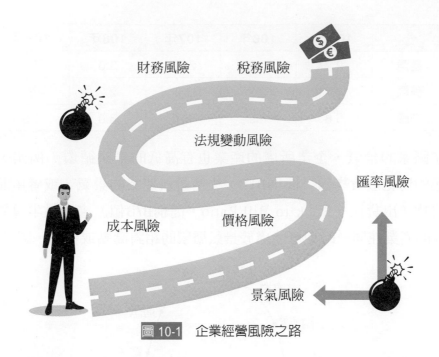

圖 10-1　企業經營風險之路

一、景氣風險

　　景氣風險指的是整體經濟成長率的波動。我們常以國內生產毛額（GDP）的成長率來衡量一個國家的經濟狀況，這是大環境的經濟指標。大環境的景氣如果熱絡，企業順水推舟就容易多了，大環境如果低迷，企業就會受到各種不利的影響。景氣有高低的循環，下圖是臺灣、美國和中國近年來GDP成長率的趨勢圖。

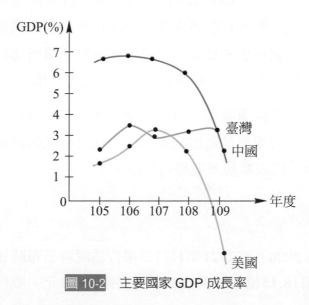

圖 10-2　主要國家 GDP 成長率

	105年	106年	107年	108年	109年
臺灣	2.2	3.3	2.80	3.0	3.3
美國	1.7	2.3	3.0	2.2	− 3.5
中國	6.8	6.9	6.7	6.0	2.3

　　除了國家的景氣，企業所處的產業也有高低的景氣循環，例如，我們可以用波羅的海乾散貨指數（簡稱BDI）來衡量航運業的景氣，或者用北美半導體設備訂貨／出貨比（Book-to-Bill Ratio，簡稱B/B值）來衡量半導體業的景氣。不同的產業在同一時期可能處於景氣循環的相對高點或低點，圖示如下：

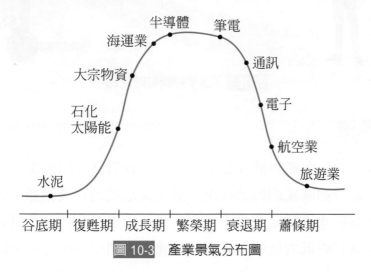

圖 10-3　產業景氣分布圖

　　近年來，受新冠肺炎（COVID-19）的影響，許多產業遭遇重大打擊，例如，航空業及旅遊業。但也有許多產業景氣反而熱滾滾，例如，海運業及半導體業。投資的第一步就是要先認識景氣風險，瞭解企業所處的大環境在未來可能面臨的有利及不利因素，調整投資組合或選擇買進時機。

　　有些投資人會參考國家發展委員會每個月所公布的景氣對策信號來判斷景氣狀況，例如景氣燈號如果是藍燈或黃藍燈，代表景氣狀況低迷，景氣燈號如果是紅燈或黃紅燈，代表當前景氣較為熱絡。

二、匯率風險

　　股王大立光（3008）在2021年1月7日舉行法說會公布時報，2020年全年匯兌損失高達新台幣18.15億元，折合每股盈餘達13.53元。換句話說，大立光一

年的匯兌損失就吃掉1.35個股本，實在非常驚人。匯兌損失主要是來自新台幣強勁升值，根據中央銀行資料，新台幣在2020年底以1美元兌28.508作收，新台幣兌美元全年升值5.61%。

新台幣升值對外銷企業不利，相對地卻對進口廠商有利，因為以新台幣計算的進口成本減少了。擁有大批海外金融資產的壽險公司也是新台幣升值的受害者，新光金控（2888）2020年11月公告之自結稅後淨額為8.17億元，11月獲利由盈轉虧主要是核心子公司新光人壽11月稅後淨損16.37億元，造成新壽鉅額虧損的主因是新台幣升值，造成單月之匯兌成本高達30幾億元。

由前述例子可看出匯率變動對企業獲利造成重大影響，企業即使想以衍生性金融商品來避險，也會面臨避險工具不足及避險成本過高的問題。

三、法令變動的風險

政府法令雖然不至於朝令夕改，讓企業無所適從。但只要法規或命令一有變動，就會對企業經營產生影響。例如，小小的一天颱風假，可能就造成臺灣整體經濟百億元的損失。年年都拿來檢討的最低工資就讓中小企業膽顫心驚，因為最低工資一提高，除了提高薪資費用外，雇主要負擔的勞、健保及退休金也跟著水漲船高，2021年每月最低基本工資由23,800元調至24,000，漲幅雖然只有0.84%，但根據勞動部的估算，雇主約增加26億元的負擔。

近年的勞基法修正、房地合一2.0、最低稅負制、反避稅條款及股利所得扣抵等法令的修改都產生重大影響，甚至2021年為因應新冠肺炎（COVID-19）所採取的加強版第三級管制措施，禁止全國八大行業開門營業，也禁止所有餐廳內用，遊樂場、健身房也關門大吉，影響更為深遠，許多企業咬牙苦撐，更有許多企業走向倒閉一途。

遵循法令是企業的責任，不遵守法令的代價事非常高昂的。舉例而言，2016年8月兆豐金控的紐約分行因未遵守當地監理機關的法令，對於應該通報的擬似洗錢帳戶漏未申報，遭美國金融監理單位罰款新台幣57億元，創國內金融在海外遭罰金額最高紀錄，董事長蔡友才也黯然下台。

參 營運槓桿與財務槓桿

　　據說古希臘偉大的科學家阿基米德曾經說過這樣的豪言壯語：「給我一支夠長的竹竿，我就能舉起整個地球」。這句話充分說明了槓桿的作用。企業經營也有這種槓桿現象，主要的密訣就是某些成本是固定的，只要收入增加，就會產生所謂的槓桿效果，主要有營運槓桿（Operational Leverage）及財務槓桿（Financial Leverage）兩種，分述如下：

一、營運槓桿

　　營運槓桿以營運槓桿程度（Degree of Operational Leverage）來衡量，主要是衡量營業收入變動對稅前息前淨利（EBIT）變動的程度。舉例而言，假設某企業營運槓桿程度是2，代表該企業的營業收入如果增加10%，則其稅前息前淨利將增加20%（10% × 2）。營業槓桿程度公式如下：

$$營業槓桿程度 = \frac{稅前息前變動幅度}{營業收入變動幅度} = \frac{邊際貢獻}{稅前息前淨利}$$

　　假設甲公司20X1年度的營業收入為$100,000，變動成本率為60%，利息費用$10,000（假設為固定費用），則該公司之簡明損益表如下：

表 10-1　甲公司 20X1 年度損益表

甲公司	
損益表	
20X1年度	
營業收入	$100,000
減：變動成本	(60,000)
邊際貢獻	$ 40,000
減：固定成本	(20,000)
稅前息前淨利	$ 20,000
減：利息費用	(10,000)
稅前淨利	$ 10,000

根據甲公司之損益表，我們可計算出甲公司之營運槓桿程度為2，亦即：

$$營運槓桿程度 = \frac{邊際貢獻}{稅前息前淨利} = \frac{\$40,000}{\$20,000} = 2$$

因此，甲公司之營業收入如果在20X2年度增加10%，我們即可預期甲公司之稅前息前淨利將增加20%，列示如下：

表 10-2　甲公司 20X2 年度損益表

甲公司		
損益表		
20X2年度		
營業收入	$110,000	（增加10%）
減：變動成本	(66,000)	
邊際貢獻	$ 44,000	
減：固定成本	(20,000)	
稅前息前淨利	$ 24,000	（增加20%）
減：利息費用	(10,000)	
稅前淨利	$ 14,000	

從表10-2可看出，甲公司在20X2年營業收入增加10%，稅前息前淨利則增加2倍，達20%，這顯示出固定成本的槓桿作用。同理，如果甲公司的營收減少15%，則其稅前息前淨利將減少30%（15% × 2）。

二、財務槓桿

財務槓桿以財務槓桿程度（Degree of Financial Leverage）來衡量，主要是衡量稅前息前變動對稅前淨利變動的程度。槓桿程度公式如下：

$$營業槓桿程度 = \frac{稅前淨利變動幅度}{稅前息前變動幅度} = \frac{稅前息前淨利}{稅前淨利}$$

以表10-1甲公司的資料為例，其財務槓桿程度為2，計算如下：

$$甲公司財務槓桿程度 = \frac{\$20,000}{\$10,000} = 2$$

　　亦即，甲公司稅前淨利的變動幅度將是稅前息前變動幅度的2倍，從表3可看出，甲公司20X2年的稅前息前淨利由$20,000，增加至$24,000，增加20%，但稅前淨利卻從$10,000增加至$14,000，增加了40%，這顯示出利息費用的槓桿效果。

　　將營業槓桿程度乘以財務槓桿程度，就能得到總槓桿程度（Degree of Total Leverage），計算如下：

$$總槓桿程度 = 營業槓桿程度 \times 財務槓桿程度$$

$$= \frac{邊際貢獻}{稅前息前淨利} \times \frac{稅前息前淨利}{稅前淨利}$$

$$= \frac{\$40,000}{\$20,000} \times \frac{\$20,000}{\$10,000} = 4$$

　　亦即，甲公司的總槓桿程度為4，所以只要甲公司的營業收入增加10%，稅前淨利就可增加40%（10% × 4），如表3所示，稅前淨利由$10,000增加至$14,000，增加了40%。

肆　財務風險

　　財務風險（Financial Risk）係指企業在各項財務活動中，由於各種難以預料和無法控制的因素，使企業在特定時期無法完全履行其財務責任的風險。例如，支票到期無法兌現、帳款到期無法償還、應納稅捐無法繳納、應付薪資無法支付及違反借款合約之條款等。違背財務責任的後果是相當嚴重的，輕則讓債信受損，重則導致企業週轉不靈，甚至倒閉。財務風險評估的幾個面向分述如下：

一、財務政策（Financial Policy）

　　企業經營階層對於財務風險方面的政策以及經營理念，與企業財務風險高低息息相關。例如，企業偏好高財務槓桿操作、偏好相對不保守的會計政策、偏好高股息配發率等，都會直接影響該企業的財務風險。因此，評估企業

的財務政策應考量下列項目：

1. 特定財務目標（例如，負債比率或財務槓桿）。
2. 會計政策（例如，折舊採直線法或加速折舊方法）。
3. 現金股利政策（例如，股利支付率）。
4. 關係人交易。

二、資本結構

資本結構即負債和股東權益之間的組成比例，負債比率越高，相對的財務風險也越高。淨值或資本額的高低也會影響企業的財務風險，淨值或資本額越高，承受虧損的能力也就越高，相對的財務風險也較小。可參閱第5章財務結構之說明。

三、現金流量適足性

現金流量是否足以支應企業的現金需求？尤其是來自營業的現金流量是否足夠？這都是評估財務風險所需要考慮的問題，詳細討論可參閱第4章現金流量分析之說明。

四、財務彈性

財務彈性（Financial Flexibility）係指企業適應經濟環境變化和掌握投資機會的能力。財務彈性所衡量的是企業的緊急應變能力。例如，當企業急需一筆現金時，企業如何有效採取行動以籌得款項？財務彈性可考量下列因素：

1. 貸款合約中的限制條款。
2. 已承諾而尚未使用的銀行授信額度。
3. 現金及短期投資。
4. 出售資產之能力。
5. 可處分之資產。
6. 關連企業的支持程度。
7. 經營者的人脈。
8. 財務操作能力。

伍　投資報酬率風險

站在投資人角度來看，風險是報酬的相對詞，投資人面臨的風險主要可分爲兩部分：系統風險（Systematic Risk）和非系統風險（Unsystematic Risk），我們可以用資本財定價模型（Capital Asset Pricing Model, CAPM）來說明：

$$R_i = R_f + \beta_i \times (\overline{R_m} - R_f) + \varepsilon_i$$

其中，R_i　代表i股票的實際報酬率

R_f　代表無風險利率

$\overline{R_m}$　代表市場報酬率的期望值

β_i　代表i股票的貝他值或β係數

ε_i　代表誤差值。

公式中的R_f無風險利率指的是零風險的投資報酬率，例如一年期的銀行定期存款利率。$\overline{R_m}$代表市場的預期報酬率，$\overline{R_m}$減去R_f就是所謂的風險溢酬（Risk Premium），亦即投資人投資股市要求較高之潛在報酬率，以彌補所承受之較高風險。β_i代表i股票的系統風險，ε_i此誤差值則代表i股票之非系統風險。因爲R_f是固定的常數項，$\overline{R_m}$是預期值，所以實際影響i股票報酬率的就只剩下β值（系統風險）與ε_i（非系統風險）。舉例而言，假設無風險利率R_f是1%，$\overline{R_m}$市場預期報酬率是6%，i股票的貝他值是1.5，則i股票的期望報酬率可計算如下：

$$
\begin{aligned}
E(R_i) &= R_f + \beta_i \times (\overline{R_m} - R_f) \\
&= 1\% + 1.5 \times (6\% - 1\%) \\
&= 8.5\%
\end{aligned}
$$

假設某投資人投資i股票的實際報酬率是9%，則可推導得出ε_i（非系統風險）爲0.5%，亦即：

$$R_i = 1\% + 1.5 \times (6\% - 1\%) + 0.5\%$$
$$= 9\%$$

非系統風險就是特定股票個別因素產生的風險,例如我們前述各節所描述的各項風險,非系統風險可以透過投資組合來分散,降低非系統風險,甚至讓非系統風險趨近於零,亦即:

$$\sum_{i=1}^{n}\varepsilon_i = 0$$

但系統風險就無法規避,因為它代表的是市場風險,所有的股票都會受到影響,例如,政治不穩定、通貨膨脹、自然災害及經濟循環等都會影響整個市場,只是某些股票受影響的程度比較大(亦即貝它值大於1的股票),某些股票受影響的程度比較小(亦即貝它值小於1的股票)。

貝它值高的股票,其風險相對較高,貝它值的計算可以用簡單的最小平方法(OLS)回歸式算出,回歸式如下:

$$Y = \alpha + \beta X$$

其中的 β 就是我們現在所說的 β 值,Y 代表某股票的實際報酬率,X 代表市場的報酬率。因此,我們只要計算出特定股票某一段期間(例如過去60天)的報酬率作為 Y 值,再計算過去60天的市場報酬率做為 X,再利用這60個觀察值輸入一般的統計軟體(如Excel),即可輕易估計出某股票的 β 值。

報酬率的計算公式如下:

$$R_i = \frac{P_t - P_{t-1} + d_t}{P_{t-1}}$$

其中 R_i 是 i 股票的報酬率;d_t 是現金股利;P_t 是 t 期股價;P_{t-1} 是前一期(P_{t-1})的股價。假設某股票最近幾天的收盤價如下:(假設這段期間未發放現金股利,所以 d_t 皆等於 0)

日期	收盤價
6/1	$100
6/2	103
6/3	99
6/4	95

　　我們就可計算出6/2的報酬率是3%[(103 − 100) ÷ 100 = 3%]，6/3的投資報酬率是− 3.9% [(99 − 103) ÷ 103 = − 3.9%]，以此類推，可算出每天的實際報酬率，至於市場報酬率的計算通常以大盤的發行量加權股價指數來計算，方法如前所述。

　　計算出各別股票的 β 值之後，再將投資組合中個股市值所佔的權重，以此權重加權計算，就可得出整體投資組合的 β 值或系統風險。風險承受能力較大的投資人可以將投資組合的系統風險設定在大於1，大盤漲時漲的比大盤多，相對的，大盤跌時，也跌的比大盤重。風險承受能力較小的投資人可以將投資組合的系統風險設定在小於1，如此一來，不易漲也不易跌，大盤漲時漲的比大盤少，大盤跌時，也跌的比大盤輕，也就是俗稱的「牛皮股」。如果投資的目的就是想擊敗大盤，當然投資標的就要選擇 β 值較高的飆股，而不是穩健的牛皮股。

本章習題

一、選擇題

( ) 1. 若投資報酬率的機率分配形狀越集中，表示風險：
   (A) 愈大　　　　　　　　　　(B) 愈小
   (C) 相等　　　　　　　　　　(D) 無關。　　　　　（證券業務員／107-4）

( ) 2. 若新加入投資組合之證券，其貝它（β）係數比原投資組合貝它係數小，則新投資組合貝它係數會：
   (A) 增加　　　　　　　　　　(B) 不變
   (C) 減少　　　　　　　　　　(D) 不一定。　　　（證券業務員／107-4）

( ) 3. 一般而言，投資下列金融工具的風險狀況依序為何？　甲.短期公債；乙.股票；丙.認購權證；丁.長期公債　　　（證券業務員／107-4）
   (A) 乙＞丁＞甲＞丙　　　　　(B) 丙＞甲＞丁＞乙
   (C) 甲＞乙＞丙＞丁　　　　　(D) 丙＞乙＞丁＞甲。

( ) 4. 若排除市場風險，股票之個別風險為：
   (A) 系統的、可透過投資組合分散的
   (B) 系統的、不可分散的
   (C) 非系統的、可透過投資組合分散的
   (D) 非系統的、不可分散的。　　　（證券業務員／107-2）

( ) 5. 若證券預期報酬率等於無風險利率，則貝它（Beta）係數為：
   (A) 0　　　　　　　　　　　　(B) 1
   (C) － 1　　　　　　　　　　 (D) 不一定。　　　（證券業務員／107-1）

( ) 6. 若一市場為半強式效率市場，則：
   (A) 此一市場必可以讓技術分析專家賺取超額利潤
   (B) 股價未來之走勢可以預測
   (C) 投資小型股的獲利通常比大型股為佳
   (D) 此市場僅可能使內部人賺取超額利潤。　　　（證券業務員／107-1）

( ) 7. 一般而言，投資人在選擇投資計劃時：
   (A) 應選擇風險最高的計劃
   (B) 報酬率最高的計劃通常風險程度最低
   (C) 報酬率最低的計劃通常風險程度最低
   (D) 風險程度和報酬率之間並無關係。　　　（證券業務員／107-1）

二、問答題

1. 風險與不確定性有何不同？
2. 企業常面臨的裝運風險有那些？
3. 何謂財務風險？
4. 如何計算營運槓桿程度？
5. 如何計算財務槓桿程度？
6. 何謂系統風險？
7. 何謂非系統風險？
8. 何謂財務彈性？
9. 財務政策可由那些面向衡量？

三、計算及分析題

1. 雲林公司 ×1 年度的營業收入為 $2,000,000，營業利益為 $400,000，變動營業成本及費用 $600,000，則雲林公司 ×1 年度之營業槓桿度為若干？

2. 假設某一投資組合只有兩種資產，第一種資產佔 70%，其貝它值為 1.2，另外一種資產的貝它值為 1.5，試計算此投資組合之貝它值為若干？

3. 某股票之貝它值為 1.6，若市場無風險利率為 2%，市場預期報酬為 10%，試計算此股票之預期報酬率為若干？

4. 某股票之貝它值為 1.5，若市場無風險利益為 3%，此股票之預期報酬率為 9%，則市場預期報酬率為若干？

5. 台中公司權益資金成本為 20%，借款利率是 10%，假設所得稅率為 20%，台中公司負債權益比為 6：4，已知台中公司擬向銀行貸款來擴建新廠房，試問台中公司之資金成本為若干？

6. 台北公司 ×1 年度之營業收入為 $3,000,000，變動營業成本及費用為 $1,200,000，固定營業成本及費用為 $1,000,000，假設台北公司 ×1 年之銀行借款為 5,000,000，利率為 4%，則台北公司 ×1 年度之營業槓桿程度、財務槓桿程度及總槓桿程度各為若干？

特殊個案探討

本章將以上市或上櫃公司之實際案例，探討實際上常碰到的重要財務揭露案例，諸如關係人交易之揭露、轉投資及交叉持股、收入認列及盈餘管理等。經由這些案例，讀者當更能瞭解財務報表中可能出現的異常或陷阱，這有助於實際從事財報分析時，做成更好的投資和授信決策。

壹　關係人交易之揭露

關係人交易（Related Party Transaction）指的是買賣雙方具有某種程度的關係，因此，交易的性質並非正常的公平交易，例如，公司與董監事之間的交易、公司與關係企業之交易、母子公司間交易等。

關係人交易並不一定是有問題的交易，但因其性質特殊，所以必須在財務報表附註中作適當的揭露，包括關係人之名稱與關係，與關係人間之重大進貨、銷貨、財產交易及債權債務情形，關係人間的交易大致可分為下列數種型態：(1)進貨或銷貨；(2)融資或背書保證；(3)財產交易；(4)相互投資；(5)其他類型，例如營業費用或研發費用之分攤。案例一是裕隆汽車（2201）部分關係人交易情形。

案例一：裕隆汽車製造公司之關係人交易

裕隆汽車（2201）財報所示，投資關聯企業之金額及持股比率如下：

投資關聯企業

單位：新台幣仟元

	109年12月31日	108年12月31日
具重大性之關聯企業		
裕隆日產公司	$10,770,926	$10,619,377
中華汽車公司	4,146,769	3,898,949
鴻華先進科技公司	7,431,785	–
	22,349,480	14,518,326
	6,611,404	6,559,453
個別不重大之關聯企業	$28,960,884	$21,077,779

持股比例

公司名稱	109年12月31日	108年12月31日
裕隆日產公司	50.02%	50.02%
中華汽車公司	8.87%	8.87%
鴻華先進科技公司	49.00%	–

　　裕隆對裕隆日產（2227）之持股雖超過50%，但裕隆根據核心技術及主要原料供應等業務經營關鍵項目判斷，對裕隆日產並不具實質控制力，故未將裕隆日產列為合併個體。

　　裕隆銷貨給關係人之金額及比重如下：

帳列項目	關係人類別	109年度	108年度
銷貨收入	關聯企業		
	裕隆日產公司	$11,719,035	$12,928,433
	其他	12,349,685	13,474,824
		24,068,720	26,403,257
	合資	3,750	154,952
	其他關係人	1,525,168	1,443,039
		$25,597,638	$28,001,248
	佔公司總銷貨百分比	47.6%	48.2%

　　裕隆從關係人進貨之金額及比重如下：

進貨

關係人企業	109年度	108年度
關聯企業		
裕隆日產公司	$15,693,343	$17,108,780
其他	957,830	1,068,952
	16,651,173	18,177,732
合資		
東風裕隆汽車公司	216,848	815,129
其他關係人		
日商日產公司	8,840,735	9,568,706
其他	605,971	496,126
	9,446,706	10,064,832
	$26,314,727	$29,057,693
佔公司總進貨百分比	56.3%	61.3%

　　根據這些資料，我們大略可看出，裕隆和關係人交易的重大性，尤其是和裕隆日產公司的交易比重更為顯著。關係人交易比重過高，可能產生集團間利益分配的問題，對小股東而言，將衍生出對待股東公平性的議題。所以，「關係人」交易是台灣公司治理指標（RCGI）—待股東公平性的一個重要次指標（X3-3）。但關係人交易金額或比重高並不意味著待股東公平性較差，但過高的關係人交易將造成財務報表透明度降低。

　　因此，股份有限公司股東出資方式有四種：(1)現金出資；(2)債權出資；(3)財產出資；(4)技術出資。

　　公司法在民國104年修法後，新增閉鎖性股份有限公司，公司法356-3條規定，閉鎖性股份有限公司發起人之出資除現金外，得以公司事業所需之財產、技術、勞務或信用抵充之。但以勞務、信用抵充之股數，不得超過公司發行股份總數之一定比例。以技術或勞務出資者，應經全體股東同意，並經章程載明其種類、抵充之金額及公司核給之股數。

　　因此，針對閉鎖性股份有限公司，股東出資又增加了勞務出資與信用出資這兩種出資方式。閉鎖性股份有限公司係指股東人數不超過五十人，並於章程定有股份轉讓限制之非公開發行公司（公司法356-1條）。

討論

(1) 我國審計準則公報中對關係人交易有何規定？

(2) 企業如何規避關係人交易揭露之規定？例如，與曾孫公司之交易需不需要揭露？

(3) 在本案例中，個案公司與關係人交易頻繁，尤其與台灣鏵司公司之進貨及銷貨金額皆十分顯著，投資人關切的重點為何？

(4) 企業如何利用關係人交易進行利益輸送？

(5) 財政部對企業間不合常規移轉定價有何規定？

貳 勞務出資

公司法中不同組織關於股東出資之規定，各不相同。例如，公司法156條有關股份有限公司之出資規定如下：

股東之出資，除現金外，得以對公司所有之貨幣債權、公司事業所需之財產或技術抵充之；其抵充之數額需經董事會決議。

案例二：勞務出資

勞務出資衍生了兩個問題，一是稅務問題，另一是會計處理問題。就會計問題而言，「勞務」或「信用」是否公司之資產？認列之後如何衡量及攤銷？

舉例而言，李先生以勞務出資取得甲公司1,000萬股股票。對甲公司而言，甲公司之股本增加1,000萬元，但甲公司並未取得任何相對應的資產，這相對應的資產只是李先生在未來數年必須提供「勞務」的承諾。截至目前為止國際財務會計準則或美國財務會計準則並未承認員工之人力資源列為資產，唯一的例外是職業球員的簽約金，但職業球員有交易市場，簽約所支付的簽約金也非常明確，所以「球員合約」列為職業球隊的資產無可厚非。但一般的勞工，其「勞務」價值如何衡量？是否客觀？是否合理？茲事體大。

依經濟部104年7月30日經商字第10402419190號函之說明，公司股東以勞務出資時，應依股東間協議勞務抵充出資金額分別認列預付費用及股本，後續預付費用亦應依股東協議內容及勞務提供之經濟效益年限，分年將預付費用依其勞務提供性質轉列相關費用。

截止目前為止，有許多閉鎖性股份有限公司已經成立，有許多股東以勞務方式出資，在公司的財務報表中，可能會出現預付薪資或未攤銷費用，代表股東的勞務出資。從財報分析的角度來看，這些「預付費用」或「未攤銷費用」，其價值是否客觀？是否合理可靠？閱讀者要小心判斷。

討論

(1) 何謂閉鎖性股份有限公司？

(2) 勞務出資有何限制？

(3) 勞務出資者如何計算取得股票所得？

(4) 勞務出資之會計處理為何？

(5) 勞務出資之價值應如何衡量？

參 投資性不動產

投資性不動產係為賺取租金或資本增值或兩者兼具而持有之不動產（包含符合投資性不動產定義而處於建造過程中之不動產及使用權資產）。投資性不動產亦包括目前尚未決定未來用途所持有之土地。

自有及租賃取得之投資性不動產原始以成本（包括交易成本）衡量。後續則有(1)成本模式及(2)公允價值模式等兩種。在資產負債表中，以成本模式衡量之投資性不動產係以成本減除累計折舊及累計減損後之金額認列，以公允價值模式衡量者，則以其公允價值認列，公允價值之變動於發生當期認列於損益。

大部分公司投資性不動產皆採成本模式，少數採用公允價值模式，案例三即國泰金控採公允價值模式之投資性不動產介紹。

案例三：國泰金控投資性不動產

國泰金控旗下之國泰人壽擁有為數可觀的商辦大樓，堪稱全國數一數二的「包租公」，這些商辦大樓帳列投資性不動產，國泰金（2882）對投資性不動產的會計政策如下：

自有及租賃取得之投資性不動產原始以成本（包括交易成本）衡量。所有投資性不動產後續以公允價值模式衡量，公允價值變動於發生當期認列於損益。

建造中之投資性不動產其公允價值無法可靠決定者，係以成本減除累計減損損失後之金額認列，於公允價值能可靠決定或建造完成時（孰早者），改按公允價值衡量。

投資性不動產係以開始轉供自用日之公允價值轉列不動產及設備。不動產及設備之不動產於結束自用轉列投資性不動產時，原帳面金額與公允價值間之差額係認列於其他綜合損益。

投資性不動產除列時，淨處分價款與資產帳面金額間之差額係認列於損益。

在國泰金控資產負債表上，109年及108年12月31日之投資性不動產淨額分別為419,476,228仟元及408,696,108仟元，相關之揭露如下：

1. 投資性不動產明細

單位：新台幣仟元

	109.12.31	108.12.31
土地	$302,181,742	$298,205,802
房屋及建築	112,634,024	104,791,226
建造中之不動產	1,528,547	4,546,717
預付房地款－投資	3,131,915	1,152,363
合計	$419,476,228	$408,696,108

2. 投資性不動產收入及費用

	109年度	108年度
投資性不動產之租金收入	$11,594,935	$11,315,269
減：當年度產生租金收入之投資性不動產所發生之直接營運費用	(710,371)	(703,000)
減：當年度未產生租金收入之投資性不動產所發生之直接營運費用	(151,083)	(137,975)
合計	$10,733,481	$10,474,294

3. 合併公司持有不動產一部分目的係為賺取租金或資本增值，其他部分係供自用。若各部分可單獨出售，則分別以投資性不動產或不動產及設備處理。若各部分無法單獨出售，則僅於自用部分佔個別不動產5%以下時，始將該不動產分類為投資性不動產項下。

4. 截至109年12月31日止，投資性不動產（不包括建造中的投資性不動產及預付房地款–投資）中屬國泰人壽之部分計377,583,061仟元。投資性不動產係以大樓出租為主要業務，其性質皆為營業租賃，主要租約內容與一般性租賃契約內容相同，租金收入有年繳、半年繳、季繳、月繳及一次繳清等方式。合併公司持有之投資性不動產未有設定質押之情況。

5. 合併公司投資性不動產之所有權未被提供為他人債務擔保以外之其他限制，其信託財產所有權未受限制，另未有違反保險業辦理國外投資管理辦法第11條之2第3項第2款規定之情事。

6. 國泰人壽及其子公司投資性不動產之公允價值係分別由下列具備我國不動產估價師資格之聯合估價師事務所估價師進行估價，其估價日期分別為109年及108年12月31日：

估價師事務所名稱	109年12月31日	108年12月31日
戴德梁行不動產估價師事務所	楊長達、李根源、胡純純、蔡家和	楊長達、李根源
第一太平戴維斯不動產估價師事務所	蔡玉芬、張譯之、張宏楷	戴廣平、蔡玉芬、張譯之、張宏楷
瑞普國際不動產估價師事務所	吳紘緒、蔡友翔、徐　益	吳紘緒、蔡友翔
大有國際不動產估價師聯合事務所	梁祐齊、高玉智、林俊翰	王璽仲、梁祐齊
尚上不動產估價師聯合事務所	王鴻源	王鴻源
信義不動產估價師聯合事務所	遲維新、紀亮安、蔡文哲、王士鳴	遲維新、紀亮安、蔡文哲、王士鳴
麗葉不動產估價師聯合事務所	陳玉霖、羅一肇	陳玉霖
世邦魏理仕不動產估價師聯合事務所	施甫學、李智偉	施甫學、李智偉

7. 公允價值之決定係依市場證據支持，採用之評價方法主要為比較法、收益法之直接資本化法、收益法之折現現金流量分析法、成本法及土地開發分析法等。商辦大樓及住宅具有市場流通性，且近鄰地區有類似比較案例及租金案例，因此評價方法以比較法及收益法為主；旅館、百貨公司及商場

未來能長期帶來穩定租金收入，故以收益法之直接資本化法或折現現金流量分析法為評價主要方法；出租用工業廠房以比較法及成本法評估；位於工業區之量販店，建議因特定使用目的而興建，市場上少有成交案例故以成本法為主；工商綜合區物流專區興建中之素地及倉儲建物，以成本法進行評價。

討論

(1) 何謂投資性不動產？

(2) 投資性不動產應如何評價？

(3) 投資性不動產如採公允價值模式，公允價值應如何衡量？

(4) 投資性不動產公允價值之變動，應如何認列？

(5) 投資性不動產在資產負載表上應如何列示？

(6) 投資性不動產與自用不動產如何區分？如果共用一棟大樓，又應如何區分？

肆 加密資產

電動車龍頭特斯拉（Tesla）在2021年2月提交給美國證券交易委員會（SEC）的10-K年度財報中指出，該公司已投資了價值約15億美元的比特幣（Bitcion），也打算在不久的將來，將接受消費者以比特幣付款來購買該公司的產品，消息傳出的當天，比特幣價格即自38,903美元大幅攀升，漲幅已超過19%。

特斯拉表示，該公司是以2021年1月更新其投資策略，在基於分散與靈活的概念下，以部分現金投資其它儲備資產，包括數位資產、黃金、基金或其它，而迄今該公司已買入了總價值約15億美元的比特幣，還打算未來將允許消費者以比特幣購買特斯拉產品。

美國已有許多上市公司投資了比特幣，例如主要開發商業智慧軟體與行動程式的MicroStrategy，去年便已購入價值4.25億美元的比特幣資產，以避免通貨膨脹；電子支付業者Square亦在去年宣布，以5,000萬美元的價格購買了4,709個比特幣，理由是相信加密貨幣可強化其經濟能力。

不過馬斯克對比特幣的看法今天突然急轉彎，2021年5月13日他卻突然宣布，特斯拉將不接受比特幣的付款方式，稱比特幣挖礦燃燒太多化石燃料，不夠環保。

案例四：比特幣之會計處理

廣義的加密資產可以區分為加密通貨（Cryptocurrencies）與加密代幣（Token）兩大類，加密通貨，例如比特幣及以太幣，通常與傳統的法定貨幣有一定相似之處，可用於交換商品或勞務。該等資產亦可持有作為長期投資或供交易或投機目的使用。

至於加密代幣，是一種可使用分佈式分類帳技術（DIT, Distributed ledger technology）方式儲存、移轉或交易的數位資產。加密代幣通常係透過首次代幣發行而產生。法定貨幣數位化，例如數位化人民幣即屬此類。

企業購置或持有類似比特幣之資產，在會計上應列為何種資產？

國際會計準則理事會（IASB）自2018年1月提出研究專案，蒐集並了解國際間加密通貨及代幣交易之普及程度及市場上財報編制者之會計處理，經過長達近一年半的意見徵詢，國際財務報導準則解釋委員會（International Financial Reporting Interpretations Committee, IFRIC）終於在2019年6月對「持有加密通貨之會計處理（Holding of Crypto-Currencies）」發布議事決議（Agenda Decisions），對加密通貨持有方之會計提供指引，依該決議，加密通貨不符合金融資產之定義。因此，持有比特幣不能列為現金、合約資產或其他金融資產。

IFRIC進一步根據以下理由評估加密通貨非屬現金：(1)加密通貨儲存價值低、(2)價值具高度波動性、(3)可交換商品或勞務，但大部分企業不會以加密通貨之價值做為衡量商品或勞務之價值，尚未被廣泛接受為交易媒介、及(4)非中央銀行所發行之貨幣。

既然不是現金或其他金融資產，那加密通貨應以無形資產認列，按成本減除累計減損衡量。

由於IAS 38「無形資產」明訂該準則不適用於供正常營業過程出售的資產，倘若企業持有加密資產的目的是為了在正常營業過程中出售，IFRIC提議應依IAS2「存貨」規定認列為存貨，依取得時之公允價值入帳，後續並依據成本及淨變現價值孰低衡量。

討論

(1) 加密通貨是否為現金？

(2) 加密通貨是否為金融資產？

(3) 加密通貨是否為無形資產？

(4) 加密通貨是否為存貨？

伍 生物資產

國際會計準則（IAS）第41號「農業」，規範下列農業活動有關事項之會計處理：(a)生物資產，例如卜蜂公司養的雞或台糖公司養的豬；(b)收成點之農業產品，例如卜蜂公司養的雞所生之蛋或台糖公司養的豬宰殺之豬屠體；及(c)生物資產有關之政府補助。

生物資產係指與農業活動有關，具生命之動物或植物，但農產品則是生物資產所收成之物。案例五即茂生農經（1240）有關生物資產及農產品釋例。

案例五：茂生農經公司之生物資產

茂生農經公司對生物資產所採用之會計政策如下：

「生物資產除公允價值無法可靠衡量之情況外，於原始認列時及每一財務報導期間結束日以公允價值減出售成本衡量。以公允價值減出售成本原始認列生物資產所產生之利益或損失，以及生物資產公允價值減出售成本之變動所產生之利益或損失，應於發生當期計入損益。公允價值無法可靠衡量之生物資產，應以其成本減所有累計折舊及所有累計減損損失衡量。」

茂生農經公司109年底及108年底資產負債表中，有關生物資產列示如下：

		單位：新台幣仟元
	109.12.31	108.12.31
生物資產－流動	$71,077	$44,950
生物資產－非流動	10,520	10,019
合計	$81,597	$54,969

茂生農經公司109年及108年度之綜合損益表中，有關生物資產之損益列示如下：

				單位：新台幣仟元
	109年度		108年度	
	金額	%	金額	%
營業收入（附註四、二五及三四）	$2,276,984	100	$1,818,705	100
營業成本（附註十一、二六及三四）	2,010,106	88	1,556,240	86
原始認列生物資產之利益（損失）（附註四及十二）	5,498	–	(2,136)	–
生物資產當期公允價值減出售成本之變動利益（附註四及十二）	69,635	3	8,333	–
營業毛利	342,011	15	268,662	14

茂生農經公司109年度生物資產之變動情形如下：

	肉豬	肉禽	種豬	合計
109年1月1日餘額	$34,102	$10,848	$10,019	$54,969
增添	–	28,895	–	28,895
投入成本及費用	125,229	162,957	–	288,186
出售	(151,851)	(203,748)	(2,798)	(358,397)
原始認列生物資產之利益	5,498	–	–	5,498
公允價值減出售成本之變動利益	40,288	29,347	–	69,635
本期折舊	–	–	(4,111)	(4,111)
移轉	(7,410)	–	7,410	–
報廢	–	(3,078)	–	(3,078)
109年12月31日餘額	$45,856	$25,221	$10,520	$81,597

茂生農經生物資產其他相關揭露如下：

1. 合併公司之生物資產包括飼養於彰化、南投及嘉義等地區之肉豬、種豬及肉禽。合併公司擁有肉豬、種豬及肉禽數量如下：

	109年12月31日	108年12月31日
肉豬	12,404頭	11,421頭
種豬	1,207頭	1,145頭
肉禽	375,124隻	250,609隻

2. 合併公司採用公允價值法進行評價之肉豬，其公允價值之決定取決於行政院農業委員會畜產行情資訊網公告之全台毛豬交易平均售價，肉豬平均飼養期間約7～9月，故技公允價值時不設算任何之折現率。繁殖用之種豬市價取得不易，且由於病害等外部因素使現金流量折現估計之價值較為不可靠，因此以成本法衡量。生產性之生物資產之成本係依照可生產期間依直線法計提折舊，種豬之耐用年限約36～43個月。肉禽生產週期短，於飼養期間直接之市價取得困難，且前述生物資產由於氣候及病害等外部因素使現金流量折現估計之價值較為不可靠，因此以成本法衡量。

3. 合併公司與生物資產相關之財務風險主要源自於肉豬及肉禽價格之變動，合併公司預期於可預見之未來肉豬及肉禽價格並不會出現重大下跌，因此並未簽訂衍生合約。合併公司定期檢視對肉豬及肉禽價格之預期，以考量採取積極財務風險管理措施之必要性。

4. 109及108年度原始認列生物資產以及生物資產公允價值減出售成本之變動總利益分別為75,133仟元及6,197仟元。

討論

(1) 何謂生物資產？

(2) 何謂農產品？

(3) 生物資產應如何認列及衡量？

(4) 農產品應如何認列及衡量？

本章習題

一、選擇題

( ) 1. 下列何者為公司之關係人？
(A) 員工　(B) 大客戶　(C) 採權益法之被投資公司　(D) 部門經理。

( ) 2. 關係人交易複雜，所顯示的意義為何？
(A) 公司性質特殊　　　　　　(B) 有不法行為
(C) 財務透明度差　　　　　　(D) 財務報表不值得信賴。

( ) 3. 子公司買回母公司之股票，其交易之本質為何？
(A) 子公司之投資　(B) 視同庫藏股　(C) 策略性投資　(D) 融資手段。

( ) 4. 集團交叉持股複雜，所顯示的意義為何？
(A) 企業多角化經營　　　　　(B) 公司規模大
(C) 應編製合併報表　　　　　(D) 高財務槓桿操作。

( ) 5. 甲公司持有乙公司 40% 普通股股權，乙公司持有丙公司 30% 之股權，則甲公司對丙公司之實質影響力為若干？
(A) 等於 12%　(B) 小於 12%　(C) 大於 12%　(D) 無法判斷。

( ) 6. 下列何者不會列入企業之投資性不動產項下？
(A) 持有供增值之土地　(B) 辦公大樓　(C) 專利權　(D) 供出租廠房。

( ) 7. 下列敘述何者錯誤？
(A) 公司有一閒置土地目前尚未決定未來用途，此土地屬於投資性不動產
(B) 公司有一商場，目前各樓層都順利租出，此商場屬於投資性不動產
(C) 公司興建一住宅，目前已完工且已開始銷售，此住宅屬於投資性不動產
(D) 公司興建一辦公大樓，目前尚未完工，但規劃未來完成後全部用於出租，此建造中之大樓屬於投資性不動產。

( ) 8. 下列何者不會列入企業之生物資產項下？
(A) 種植之果樹　(B) 收穫之果實　(C) 飼養隻乳牛　(D) 以上皆是。

( ) 9. 甲公司在台北市興建一棟 20 層樓的建築物，作為商辦大樓出租。甲公司針對此建築物之會計處理，正確者為：
(A) 認列為「投資性不動產」
(B) 認列為「不動產、廠房及設備」
(C) 認列為「存貨」
(D) 最好認列為「不動產、廠房及設備」，但若認列為「投資性不動產」亦可接受。

( ) 10. 分期付款銷貨原則上應該在哪一時點承認銷貨毛利？

(A) 收到訂金時　(B) 銷貨點　(C) 收款年度　(D) 按帳款期間平均認列。

( ) 11. 鐵路局之鐵軌枕木採汰舊法或重置法計提折舊，此係依據：

(A) 經濟個體假設　(B) 客觀原則　(C) 行業特性原則　(D) 成本原則。

( ) 12. 下列何者不適合作為短期償債能力分析的指標？

(A) 現金比率　(B) 流動比率　(C) 速動比率　(D) 負債比率。

（高級業務員／ 110-1）

( ) 13. 在公司營業呈穩定狀況下，應收帳款週轉天數的減少表示：

(A) 公司實施降價促銷措施

(B) 公司給予客戶較長的折扣期間及賒欠期限

(C) 公司之營業額減少

(D) 公司授信政策轉嚴。　（高級業務員／ 110-1）

二、問答題

1. 何謂關係人？試列舉之。

2. 何謂關係人交易？在財務報表中應如何揭露？

3. 長、短期投資之「未實現跌價損失」應如何認列？

4. 子公司買回母公司之股票，是否應視為庫藏股交易？

5. 何謂收入認列原則？收入認列的標準為何？

6. 何謂生物資產？何謂農產品？試舉例之。

7. 加密貨幣在資產負債表上應列為何項目？

8. 何謂投資性不動產？

9. 依我國公司法之規定，公司在那些情況下可買回已發行流通在外之股份？

10. 何謂大沖洗（Big Bath）？在哪些情況下比較容易出現這種現象？

三、計算及分析題

1. 甲公司將帳上成本 $50,000 的土地一筆，以 $100 賣給董事長張三，公司的主辦會計小林認為此項交易金額太小，並不重要，所以未在財務報表揭露。

試作：

(1) 何謂重要性（Materiality）？上述交易是否符合重要性的定義？

(2) 如果你是會計師，在發現上述情形時，你會怎麼處理？

2. 甲公司轉投資成立持股 98% 之三家子公司：小林投資公司、小陳投資公司及小張投資公司。這三家子公司隨即在公開市場買進甲公司之股票，並將甲公司之股票持往銀行質押借款。

   試作：

   (1) 從會計的觀點來看，如果甲公司不能買回自身的股票，那小林、小陳及小張公司可否買進甲公司之股票？

   (2) 從銀行的觀點來看，小林、小陳及小張公司以甲公司之股票質押借款，這是有擔保借款還是無擔保借款？

3. 甲公司經營會員制的高爾夫球場，會員入會費為 $500,000，憑會員證可使用球場並按優惠價格計算，非會員則只能在平日使用球場，並且按正常價格收費。

   試作：

   (1) 甲公司在收取入會費時是否能承認收入？

   (2) 甲公司高爾夫球場設施是否完善？球場的數目多寡與收入之認列時點有無關連？

4. 華隆公司於 77 年 6 月將某地段之土地以 $259,000,000 賣給國華人壽，國華人壽隨即以 $265,000,000 出售予翁大銘，81 年翁大銘又將該筆土地以 $168,000,000 售予國華人壽。

   試作：假設華隆公司、翁大銘及國華人壽彼此皆為關係人，試評論上述交易。

▶MEMO

A

中英名詞對照

FINANCIAL STATEMENT ANALYSIS

B

習題解答

第一章

一、選擇題

1. (B)　2. (C)　3. (B)　　4. (A)　5. (D)　6. (D)　7. (D)　8. (A)　9. (C)　10.(D)
11.(A)　12.(C)　13.(D)

三、計算及分析題

1. 下列管道可獲得公司財務報表：

    (1) 公司年報

    (2) 公司公開說明書

    (3) 公司網站

    (4) 台灣證券交易所公開資訊觀測站（網址：http://newmops.tse.com.tw/）

    (5) 其他財務資料庫

2. 其他財務資訊來源：

    (1) 年報

    (2) 公開說明書

    (3) 財務預測

    (4) 分析師建議報告

    (5) 營業額公告

    (6) 法說會

    (7) 新聞稿

3. (1) 財務報表附註

    (2) 預估全年淨利：

    $597 / 3 \times 4 = 796億

    股利支付率：$(2+0.5) / 3.97 = 63\%$

    股數：$597 / 2.42 = 246.7$億股

    預估股利＝$$796 / 246.7 \times 63\% = 2

    預估現金股利＝$$2 - 0.5 = 1.5

    (3) 預估股利＝$$(597+230) / 246.7 \times 63\% = 2.1

    預估現金股利＝$$2.1 - 0.5 = 1.6

第二章

一、選擇題

1. (A) 2. (C) 3. (B) 4. (B) 5. (D) 6. (D) 7. (C) 8. (A) 9. (A) 10.(B)
11.(A) 12.(B)

三、計算及分析題

1. (1) $\$1,000,000 / (1-80\%)=\$5,000,000$

   (2) $\$5,000,000 / 1,000=5,000$

   (3) $(1,000,000+500,000) / 200=7,500$

2. 請自行上網查詢。

3. (1)

×1年度	×2年度	×3年度	×4年度	×5年度	×6年度
100	108	75	125	133	117

   (2) 略

   (3) $\$1,400,000$

4. (1) 許多因素並未反映在承銷價公式中,例如,管理階層的聲譽、產業領導地位、市場環境(多頭或空頭)等許多因素都有影響。

   (2) 參閱課文。

5. (1) 固定成本$=\$20,000+30,000+15,000=\$65,000$

   每杯咖啡邊際貢獻$=\$120-(15+5)=\$100$

   損益兩平點$=\$65,000 / 100=650$(杯)

   (2) $\$120\times800=\$96,000$(收入)

   $\$20\times800=16,000$(變動成本)

   本月損益$=\$96,000-65,000-16,000=\$15,000$

6. (略)

7. (略)

第三章

一、選擇題

1.(B)　2.(B)　3.(D)　4.(D)　5.(D)　6.(B)　7.(C)　8.(C)　9.(B)　10.(C)
11.(A)　12.(C)　13.(B)

三、計算及分析題

1. (1) 速動比率 $= \dfrac{\text{速動資產}}{\text{流動負債}}$

   (2) 流動比率 $= \dfrac{\text{流動資產}}{\text{流動負債}}$

   (3) 營運資金 $=$ 流動資產 $-$ 流動負債

   (4) 現金比率 $= \dfrac{(\text{現金及約當現金} + \text{短期投資})}{\text{流動資產}}$

2. (1) 流動資產 $= \$450{,}000 + \$240{,}000 + \$360{,}000 + \$600{,}000 - \$30{,}000 + \$480{,}000 + \$60{,}000 = \$2{,}160{,}000$

   (2) 流動負債 $= \$180{,}000 + \$495{,}000 + \$45{,}000 = \$720{,}000$

   (3) 速動資產 $= \$2{,}160{,}000 - \$480{,}000 - \$60{,}000 = \$1{,}620{,}000$

   (4) 流動比率 $= \dfrac{\$2{,}160{,}000}{\$720{,}000} = 3$

   (5) 速動比率 $= \dfrac{\$1{,}620{,}000}{\$720{,}000} = 2.25$

3.

交易事項	流動比率	速動比率	營運資金
(1) 沖銷壞帳	0	0	0
(2) 賒購商品	－	－	0
(3) 宣告現金股利	－	－	－
(4) 支付已宣告之現金股利	＋	－	0
(5) 長期負債轉列一年內到期負債	－	－	－
(6) 以應付票據償還應付帳款	0	0	0
(7) 應收帳款收現	0	0	0
(8) 提列壞帳費用	－	－	－

4. (1) 流動比率1.39　(2) 速動比率0.87　(3) 營運資金$1,134,000

5. (1) 流動比率1.84　(2) 速動比率0.71　(3) 營運資金$260,000

6.

	營運資金	流動比率	速動比率
(1)	不變	不變	不變
(2)	減少	減少	減少
(3)	不變	不變	不變
(4)	增加	增加	增加
(5)	不變	不變	不變

7.

	流動比率	速動比率	營運資金
(1)	增加	增加	增加
(2)	增加	不一定	不變
(3)	不變	不變	不變
(4)	減少	減少	減少
(5)	減少	不一定	不變

第四章

一、選擇題

1. (B)　2. (C)　3. (C)　4. (C)　5. (A)　6. (B)　7. (B)　8. (A)　9. (B)　10.(A)
11.(B)

三、計算及分析題

1.

東南公司
現金流量表（部分）
×2年度

本期純益		$1,000,000
調整項目：		
出售土地利益	$(200,000)	
折舊費用	800,000	
商譽攤銷	140,000	
應收帳款增加	(300,000)	
存貨減少	150,000	
應收利息減少	20,000	
應付帳款增加	100,000	710,000
營業活動之淨現金流入		$1,710,000

2. (1) 現金再投資比率

$$= \frac{\$2,000,000-(\$200,000+\$100,000)}{\$7,800,000+\$4,600,000+\$2,400,000+(\$420,000-\$220,000)}$$

$$= \frac{\$1,700,000}{\$15,000,000} = 11.33\%$$

(2) 現金再投資比率係用以表達企業營業活動現金流量保留數得用以再投資於各項營業資產之可能性。西北公司×2年營業活動現金流量保留數僅可用以再投資該公司營業資產現額之11.33%。

3.

年度	節省之現金支出	$P_{\overline{n}|i}^{(3)}$	現值
1	$40,000	0.909091	$36,364
2	60,000	0.826446	49,587
3	30,000[1]	0.751315	22,539
4	80,000	0.683013	54,641
5	120,000[2]	0.620921	74,511
節省現金流入之現值合計數			$237,642
減：現金流出數（購價）			200,000
淨現值			$37,642

(1) 已將第三年底之機器大修支出$50,000予以扣除。

(2) $120,000中包括殘值$20,000。

(3) $P_{\overline{n}|i}$ 表n期利率為西南公司最低必要報酬率10%之$1複利現值。

依上述分析可知，西南公司購買該機器之淨現值為$37,642，淨現值大於零，表該機器之投資報酬率大於西南公司之最低必要報酬率，故購置該機器為一可行方案。

4. （略）

5. （略）

6. （略）

7. 東北公司

現金流量表（部分）
×5年度

營業活動之現金流量：
現銷及應收帳款收現
　進貨付現　　　　　　　　　　　　　$5,750,000
　薪資費用付現　　　　　　　　　　　(4,020,000)
　保險費用付現　　　　　　　　　　　　(80,000)
　利息費用付現　　　　　　　　　　　　(70,000)
　所得稅付現　　　　　　　　　　　　 (110,000)
　　　　　　　　　　　　　　　　　　 (385,000)

營業活動之淨現金流入　　　　　　　　$1,085,000

8. (1) 現金流量比率

①流動負債＝$160,000＋$40,000＋$30,000＋$150,000＝$380,000

②現金流量比率 $= \dfrac{\$1,085,000}{\$380,000} = 285.83\%$

(2) 現金流量允當比率

①近五年營業活動之淨現金流入量合計數

＝$600,000＋$300,000＋$450,000＋$580,000＋$1,085,000

＝$3,015,000

②近五年資本支出合計數

$= \$200,000 + \$200,000 \times (1+20\%) + \$200,000 \times (1+20\%)^2 + \$200,000$
$\times (1+20\%)^3 + \$200,000 \times (1+20\%)^4 = \$1,488,320$

③近五年存貨增加額合計數＝$100,000＋$150,000＋$200,000＝$450,000

（其中×1年及×5年存貨係呈減少，故不計入）

④近五年核發現金股利之合計數＝$200,000×5＝$1,000,000

⑤現金流量允當比率

$= \dfrac{\$3,015,000}{\$1,488,320 + \$450,000 + \$1,000,000} = \dfrac{\$3,015,000}{\$2,938,320} = 102.6\%$

(3) 現金再投資比率

    ①流動資產＝$200,000＋($450,000－$50,000)＋$80,000＋$100,000

$$=\$780,000$$

    ②營運資金＝$780,000－$380,000＝$400,000

    ③投資（非流動）＝$400,000

    ④不動產、廠房設備毛額＝$600,000＋$480,000＋$300,000＝$1,380,000

    ⑤現金再投資比率

$$=\frac{\$1,085,000-\$200,000}{\$1,380,000+\$400,000+\$400,000}=\frac{\$885,000}{\$2,180,000}=40.6\%$$

9.（略）

第五章

一、選擇題

1. (C)   2. (D)   3. (A)   4. (D)   5. (A)   6. (B)   7. (A)   8. (B)   9. (B)   10. (A)

11.(D)   12.(A)

三、計算及分析題

1. 稅後淨利：($10,000,000－$7,500,000－$2,000,000－$200,000)×(1－25%)＝$225,000

   資產報酬率：[$225,000＋$200,000×(1－25%)] / $3,125,000＝12%

   淨值報酬率：$225,000 / $2,343,750＝9.6%

   財務槓桿指數：9.6% / 12%＝0.8

2. 信義公司普通股流通在外股數：$1,200,000 / ($4－$2)＝600,000（股）

   權益總額：$40×600,000＝$24,000,000

   負債比率：$12,000,000 / ($12,000,000＋$24,000,000)＝33.33%

3. 權益總額：$55×200,000 / 2.5＝$4,400,000

   資產總額：$4,400,000 / (1－37.5%)＝$7,040,000

   負債總額：$7,040,000×37.5%＝$2,640,000

4.（略）

5. (1)

財務比率	仁愛公司	和平公司
①利息保障倍數	($85,000＋$10,000) ／ $10,000 ＝9.5倍	($138,000＋$32,000) ／ $32,000 ＝5.31倍
②負債比率	$160,000 ／ $356,000＝44.94%	$575,000 ／ $985,000＝58.38%
③負債對權益比率	$160,000 ／ $196,000＝81.63%	$575,000 ／ $410,000＝140.24%
④固定比率	$180,000 ／ $196,000＝91.84%	$520,000 ／ $410,000＝126.83%

(2)綜合言之，仁愛公司具有較佳之長期償債能力，其有較高之利息保障倍數，較低之負債比率，且其自有資金除支應固定資產的投資外，尚有餘額移作其他用途。

6. (1)

項目	台南公司		高雄公司	
	金額	百分比	金額	百分比
流動負債	$300,000	13.04	$ 3,600,000	15.00
非流動負債	400,000	17.39	6,000,000	25.00
其他負債	100,000	4.35	1,400,000	5.83
負債合計	800,000	34.78	11,000,000	45.83
特別股股本	100,000	4.35	2,000,000	8.33
普通股股本	700,000	3.43	4,000,000	16.67
資本公積	500,000	21.74	3,700,000	15.42
保留盈餘	200,000	8.70	3,300,000	13.75
權益合計	1,500,000	65.22	13,000,000	54.17
負債及權益總計	$2,300,000	100.00	$24,000,000	100.00

(2)綜合言之，台南公司之負債比率較低，其具有較佳之長期償債能力，且其資金來源傾向以發行普通股獲得。

7. 財務槓桿指數：

×1年：15.2% ／ 8.4%＝1.81

×2年：14.6% ／ 8.6%＝1.70

×3年：14.2% ／ 8.8%＝1.61

由上述計算可知，嘉義公司財務槓桿指數均大於1，顯示其舉債經營是有利的，但指數卻逐年下降，主要原因為其負債比率逐年下降所致，而負債比率下降之因，又係因其長期負債逐年減少所致，因此，該公司有必要檢討其融資政策，以使財務槓桿發揮最大之效果。

8. 資產報酬率＝[稅後淨利＋利息費用×(1－稅率)] / 資產總額

   (1)[稅後淨利＋$700,000×9%×(1－25%)] / $2,000,000＝6%

   　　$120,000＝稅後淨利＋$47,250

   　　稅後淨利＝$72,750

   　　屬於普通股股東盈餘：$72,750－$400,000×7%＝$44,750

   　　普通股股東權益報酬率：$44,750 / ($600,000＋$200,000)＝5.59%

   (2)[稅後淨利＋$700,000×9%×(1－25%)] / $2,000,000＝9%

   　　$180,000＝稅後淨利＋$47,250

   　　稅後淨利＝$132,750

   　　屬於普通股股東盈餘：$132,750－$400,000×7%＝$104,750

   　　普通股股東權益報酬率：$104,750 / ($600,000＋$200,000)＝13.09%

   (3)將資產報酬率與股東權益報酬率相互比較後，可以瞭解台中公司舉債經營是否有利。當資產報酬率為6%時，由於低於資金成本6.75%(9%×0.75)，致使普通股股東權益報酬率下降至5.59%；當資產報酬率為9%時，由於高於資金成本6.75%，可產生正向的財務槓桿作用，故可使普通股股東權益報酬率增加至13.09%。

9.

高雄公司
綜合損益表
×2年度

銷貨收入		$3,000,000③
銷貨成本		
期初存貨	$ 437,500①	
購貨	1,925,000	
期末存貨	(262,500)	2,100,000②
銷貨毛利		$ 900,000
營業費用		(700,000)
營業利益		$ 200,000
營業外支出		
利息費用		(40,000)⑤
稅前淨利		$ 160,000
所得稅費用		(40,000)
本期淨利		$ 120,000④

計算說明：

① 期初存貨：$262,500 / 60%＝$437,500

② 存貨週轉率：銷貨成本 / 平均存貨

　　銷貨成本 / [($437,500＋$262,500) / 2]＝6

　　銷貨成本＝$350,000×6＝$2,100,000

③ 銷貨收入＝$2,100,000 / (1－30%)＝$3,000,000

④ 本期淨利＝$12×10,000＝$120,000

⑤ 稅前淨利＝$120,000 / (1－25%)＝$160,000

　　利息保障倍數：($160,000＋利息費用) / 利息費用＝5

　　利息費用＝$40,000

10.（略）

11.（略）

第六章

一、選擇題

1. (B)　　2. (C)　　3. (C)　　4. (D)　　5. (C)　　6. (D)　　7. (A)　　8. (A)　　9. (C)　　10. (C)

三、計算及分析題

1. (1) 應收帳款週轉率 $=\dfrac{\$2,500,000}{\dfrac{1}{2}(\$475,000+\$450,000)}=5.4$（次）

(2) 應收帳款收款天數 $=\dfrac{365天}{5.4次}=67.6$（天）

(3) 存貨週轉率 $=\dfrac{\$2,000,000}{\dfrac{1}{2}(\$600,000+\$550,000)}=3.5$（次）

(4) 存貨銷售天數 $=\dfrac{365天}{3.5次}=104.3$（天）

2. 營業週期＝應收帳款收款天數＋存貨銷售天數

$4,000,000 / $135,000＝29.63（次）

365天／29.63＝12.3（天）

$3,000,000 / $225,000＝13.33（次）

365天／13.33＝27.4（天）

12.3＋27.4≒40（天）

3. (1)與(2)設流動資產為x，流動負債為y。

$$\frac{x}{y}＝7.5 －(1)式$$

x－y＝$260,000－(2)式

x＝$260,000＋y－代入(1)式

$$\frac{\$260,000+y}{y}＝7.5 ， \$260,000＋y＝7.5y$$

$260,000＝6.5y

y＝$40,000－代入(2)式

x－$40,000＝$260,000

x＝$300,000

(3) $\dfrac{速動資產}{流動負債}＝3.75$

速動資產＝(流動負債×3.75)＝$40,000×3.75＝$150,000

(4) 流動資產－速動資產＝存貨

$300,000－$150,000＝$150,000（存貨）

(5) 存貨週轉率＝$\dfrac{銷貨成本}{\frac{1}{2}(\$150,000+\$100,000)}$＝4.32

銷貨成本＝$540,000

銷貨收入＝$540,000／(1－40%)＝$900,000

應收帳款週轉率＝$\dfrac{\$900,000}{\frac{1}{2}(\$70,000+期末應收帳款)}$＝11.25

期末應收帳款＝$90,000

(6) 現金＝$150,000－$90,000＝$60,000

4. (1)

財務比率	×3年度	×2年度
①營運資金	$500,000 - $340,000 = $160,000	$400,000 - $300,000 = $100,000
②流動比率	$\dfrac{\$500,000}{\$340,000} = 1.47$	$\dfrac{\$400,000}{\$300,000} = 1.33$
③速動比率	$\dfrac{(\$500,000 - \$250,000)}{\$340,000} = 0.74$	$\dfrac{(\$400,000 - \$200,000)}{\$300,000} = 0.67$
④應收帳款週轉率(次)	$\dfrac{\$1,400,000}{\frac{1}{2}(\$105,000 + \$110,000)} = 13.02$	$\dfrac{\$1,500,000}{\frac{1}{2}(\$110,000 + \$120,000)} = 13.04$
⑤應收帳款收款天數(天)	$\dfrac{365天}{13.02次} = 28.03$	$\dfrac{365天}{13.04次} = 27.99$
⑥存貨週轉率(次)	$\dfrac{\$1,120,000}{\frac{1}{2}(\$250,000 + \$200,000)} = 4.98$	$\dfrac{\$1,020,000}{\frac{1}{2}(\$200,000 + \$280,000)} = 4.25$
⑦存貨銷售天數(天)	$\dfrac{365天}{4.98次} = 73.29$	$\dfrac{365天}{4.25次} = 85.88$

(2) 德昌公司×3年短期流動性較×2年略有改善，流動比率、速動比率及存貨銷售天數皆有進步。

5. (1) 減損損失不影響現金流量。

(2) 不動產、廠房及設備週轉率上升。

6. 營業週期＝存貨銷售天數＋應收帳款收現天數＝60.8天＋73天≒134天

7. （略）

第七章

一、選擇題

1. (C) 2. (B) 3. (B) 4. (D) 5. (A) 6. (C) 7. (B) 8. (B) 9. (C) 10.(B)
11.(B) 12.(C)

三、計算及分析題

1. (1) 信義公司：

① 毛利＝$100,000－$50,000＝$50,000

② 淨利＝$100,000－$50,000－$48,750＝$1,250

③ 總資產＝$50,000＋$75,000＝$125,000

和平公司：

① 毛利＝$12,500－$6,250＝$6,250

② 淨利＝$12,500－$6,250－$5,000＝$1,250

③ 總資產＝$50,000＋$75,000＝$125,000

(2) 杜邦投資報酬分析

(3) 改善建議

信義公司與和平公司之毛利率均為50%，且公司總資產收益率亦同為1%，惟信義公司其淨利率1.25%，遠低於和平公司之10%，若信義公司欲提升其總資產收益率，則應以下列方式以提高其淨利率：

① 提高每單位售價。

② 改變產品之組合，停產低利潤之產品，而增加生產高利潤之產品。

③ 加強研發，控制產品成本，以降低其銷貨成本，提高其淨利率。

④ 進行管銷費用之成本效益分析，加強控制以降低管銷費用，提升其淨利率。

和平公司之資產週轉率0.1，遠低於信義公司之0.8，若和平公司欲提升其總資產收益率，則應以下列方式以提高其淨利率：

① 處分閒置資產。

② 購買高效率之資產、設備，以取代低效率之資產、設備。

③ 加強行銷策略，提升銷貨水準。

2. (1) 同業之資產週轉率 $= \dfrac{48\%}{20\%} = 2.4$

令忠孝公司依同業資產週轉率其應有之總資產＝x，則

$\dfrac{\$2,400}{x} = 2.4$ ，x＝$1,000，相較於忠孝公司現行總資產水準$1,200，該公司應縮減總資產$200（即$1,200－$1,000）。

(2) 令忠孝公司依同業資產週較率其應有之銷貨收入＝y，則

$\dfrac{y}{\$1,200} = 2.4$ ，y＝$2,880，相較於忠孝公司現行銷貨收入$2,400，該公司應提高銷貨收入$480（即$2,880－$2,400）。

3. (1) 損益兩平點銷售數量 $= \dfrac{總固定成本}{每單位售價 - 每單位變動成本}$

$$= \dfrac{\$100,000}{\$25 - \$20} = 20,000 \text{（單位）}$$

損益兩平點銷貨收入 $= \$25 \times 20,000 = \$500,000$

(2) 變動成本率 $= \$20 / \$25 = 80\%$

營運槓桿程度 $= \dfrac{(1-V)S}{(1-V)S - TFC} = \dfrac{0.2 \times 40,000 \times \$25}{0.2 \times 40,000 \times \$25 - \$100,000}$

$$= \dfrac{\$200,000}{\$100,000} = 2$$

(3) 達成目標之銷售數量 $= \dfrac{總固定成本 + 目標淨利}{每單位售價 - 每單位變動成本}$

$$= \dfrac{\$100,000 + \$300,000}{\$25 - \$20} = 80,000 \text{（個）}$$

(4) 令達成目標之每單位售價 $= z$，則：

$$\dfrac{\$100,000 + \$200,000}{z - \$20} = 50,000$$

$z = \$26$

(5) 新舊生產方式之成本結構

① 新生產方式之損益兩平點銷售數量 $= \dfrac{\$30,000}{\$25 - \$22} = 10,000 \text{（單位）}$

② 達成目標之銷售數量 $= \dfrac{\$30,000 + \$300,000}{\$25 - \$22} = 110,000 \text{（單位）}$

③ 新生產方式於銷售數量40,000單位下，其營運槓桿程度：

變動成本率 $= \$22 / \$25 = 88\%$

營運槓桿程度 $= \dfrac{0.12 \times 40,000 \times \$25}{0.12 \times 40,000 \times \$25 - \$30,000} = \dfrac{\$120,000}{\$900,000} = 1.33$

新生產方式於銷售數量40,000單位下，其營運槓桿程度為1.33，小於舊生產方式於同銷售水準（即40,000單位）下之營運槓桿程度2，其表示新生產方式下總固定成本($30,000)小於舊生產方式之總固定成本($100,000)，因此其營運槓桿程度較小，新生產方式愈容易達到損益兩平（新生產方式之損益兩平點銷售數量為10,000單位小於舊生產方式下之損益兩平點銷售數量20,000單位），惟當該公司銷貨水準達到損益兩平點銷貨水準之後，舊生產方式因營運槓桿程較大，故其淨利增加之幅度將高於營運槓桿程度較小之新生產方式。

4. 內部投資報酬率，係指將使一投資所產生之淨現金流入之折現值合計數，等於其投資之原始投資額的折現率，亦即：

$400,000 \times P_{\overline{1}|i} + \$600,000 \times P_{\overline{2}|i} + \$2,000,000 \times P_{\overline{3}|i}$

$+(\$5,000,000 - \$1,000,000) \times P_{\overline{4}|i} + \$4,800,000 \times P_{\overline{5}|i} = \$8,074,606$

經查複利現值表可計得內部投資報酬率 $i=10\%$，此內部投資報酬率大於和平公司之最低必要報酬率，表該方案係為可行。

5. (1) 財務槓桿指數 $= \dfrac{淨值收益率}{總資產收益率} = \dfrac{40\%}{總資產收益率} = 2$

  　　總資產收益率 $=20\%$

  　　總資產收益率 $=$ 淨利率 $\times$ 資產週轉率 $=$ 淨利率 $\times 0.4 = 20\%$

  　　淨利率 $=50\%$

  　　淨利率 $= \dfrac{淨利}{銷貨淨額} = \dfrac{\$1,000}{銷貨淨額} = 50\%$

  　　銷貨收入 $=\$2,000$

  (2) 資產週轉率 $= \dfrac{銷貨淨額}{總資產} = \dfrac{\$2,000}{總資產} = 0.4$

  　　資產總額 $=\$5,000$

  (3) 淨值收益率 $= \dfrac{淨利}{淨值} = \dfrac{\$1,000}{淨值} = 40\%$

  　　淨值 $=\$2,500$

  　　負債總額 $=$ 資產總額 $-$ 淨值 $= \$5,000 - \$2,500 = \$2,500$

  (4) 淨利率 $= \dfrac{淨利}{銷貨淨額} = \dfrac{\$1,000}{\$2,000} = 50\%$

6. （略）

7. （略）

8. （略）

9. （略）

第八章

一、選擇題

1. (B)   2. (C)   3. (B)   4. (A)   5. (D)   6. (A)   7. (C)   8. (D)   9. (D)   10.(B)

三、計算及分析題

1. $3,000,000$仟元$\times(1+10\%)\times(1+9\%)\times(1+8\%)\times(1+5\%)=4,078,998$仟元

2. 年度變動銷管費用：$300,000$仟元－$240,000$仟元＝$60,000$仟元

   年度銷貨收入：$60,000$仟元÷$6\%=1,000,000$仟元

   1月份銷貨收入：$1,000,000$仟元$\times 8\%=80,000$仟元

   1月份預計銷管費用：

   固定銷管費用($240,000$仟元÷12)　　　$20,000$仟元

   變動銷管費用($80,000$仟元$\times 6\%$)　　　$4,800$仟元

   　　　　　　　　　　　　　　　　　　$24,800$仟元

3. 營業活動淨現金流入：$\$12,000,000\times(1-25\%)+\$8,000,000-\$3,000,000$

   　　　　　　　　　　$=\$14,000,000$

   可用於擴充計畫之現金：$\$14,000,000-\$1,500,000-\$600,000=\$11,900,000$

   需籌措資金：$\$40,000,000-\$11,900,000=\$28,100,000$

4. 預計現金收入：$\$60,000+\$100,000=\$160,000$

   預計現金需求：$\$188,000+\$30,000=\$218,000$

   需融資金額：$\$218,000-(\$46,000+\$160,000)=\$12,000$

5. ×2年稅後淨利預測為$669,750，計算如下：

營業收入淨額①		$6,930,000
營業成本②		(4,368,000)
營業毛利		$2,562,000
營業費用		
行銷費用③	$940,000	
管理費用	600,000	(1,540,000)
利息費用④		(129,000)
稅前淨利		$ 893,000
所得稅費用（25%）		(223,250)
本期淨利		$ 669,750

計算說明：

① $6,000,000×105%×110%＝$6,930,000

② $4,000,000×105%×104%＝$4,368,000

③ $520,000＋$420,000＝$940,000

④ $120,000＋$300,000×3%＝$129,000

6.

(1)

忠孝公司
預計綜合損益表
×1年1月1日至6月30日

銷貨收入		$4,500,000
銷貨成本		
材料耗用①	$1,695,000	
直接人工	600,000	
製造費用②	1,278,000	
減：期末製成品存貨	(250,000)	(3,323,000)
銷貨毛利		$1,177,000
銷管費用③		(822,000)
稅前淨利		$ 355,000
減：估計所得稅		(88,750)
本期淨利		$ 266,250

計算說明：

① $300,000×6－$105,000＝$1,695,000

② ($30,000＋$105,000＋$3,000＋$75,000)×6＝$1,278,000

③ $140,000×6－$18,000＝$822,000

(2)

忠孝公司
預計資產負債表
×1年6月30日

資產			負債及權益		
流動資產			流動負債		
現金		$ 75,000	應付帳款③		$ 300,000
應收帳款①		1,125,000	應付所得稅		88,750
原料存貨		105,000	流動負債合計		$ 388,750
製成品存貨		250,000	借入款④		158,000
預付費用		18,000	負債合計		$ 546,750
流動資產合計		$1,573,000	權益		
不動產、廠房及設備			股本		$ 2,302,000
設備	$2,100,000		保留盈餘		266,250
減：累計折舊	(630,000)	$1,470,000	權益合計		$ 2,568,250
無形資產					
專利權②		72,000			
不動產、廠房及設備合計		$1,542,000			
資產總計		$3,115,000	負債及權益總計		$3,115,000

計算說明：

① 預期收款期間為45天，故六月底之應收帳款餘額為1.5個月銷貨的金額。

　$750,000×1.5＝$1,125,000

② $90,000－$3,000×6＝$72,000

③ 進貨條件為n/30，故六月底之應付帳款餘額為一個月份購買原料的金額$300,000。

④ 六個月份之現金需求，包括期末現金要求餘額及六個月份須支付的現金。

　$75,000＋$300,000×5＋($100,000＋$30,000＋$75,000＋$140,000)×6

　＝$3,645,000

　銷貨之現金收入：$750,000×4.5＝$3,375,000

　可使用現金：$112,000＋$3,375,000＝$3,487,000

　現金不足須予融資金額：$3,645,000－$3,487,000＝$158,000

7.

和平公司
預計損益表
×2年度第一季

銷貨收入		$750,000
銷貨成本		(450,000)
銷貨毛利		$300,000
銷管費用		
壞帳費用	$7,500	
研究發展費用	45,000	
銷售費用①	75,000	
管理費用	30,000	
折舊費用②	7,500	(165,000)
稅前淨利		$135,000
所得稅費用(25%)		(33,750)
本期淨利		$101,250

計算說明：

① $750,000×5\%＋$12,500×3＝$75,000$

② $300,000 / 20×\dfrac{3}{12}＋$150,000 / 10×\dfrac{3}{12}＝$7,500$

8. （略）

第九章

一、選擇題

1. (D)　　2. (B)　　3. (D)　　4. (A)　　5. (B)　　6. (C)　　7. (B)　　8. (C)　　9. (A)　　10. (D)

三、計算及分析題

1. (1) 平均本益比＝$(14.12＋16.24＋12.32＋15.66)÷4＝14.585$

　　　A公司預估股價＝$3.32×14.585＝$48.42$

　　　B公司預估股價＝$3.90×14.585＝$56.88$

　　　C公司預估股價＝$3.11×14.585＝$45.36$

　　　D公司預估股價＝$5.55×14.585＝$80.95$

　(2) A公司的估計股價$48.42非常接近其×2年底的收盤價$47.30，而C公司的估計股價$45.36亦相當接近其×2年底的收盤價$41.15。綜合觀之，以市場乘數本益比估計台灣3C通路業公司之股價，應有相當程度的適合性。

2. (1) A公司預估股價＝(289,687,054仟元×1.553)÷15,425,583仟股＝$29.16

B公司預估股價＝(23,138,429仟元×1.553)÷998,202仟股＝$36.00

C公司預估股價＝(10,631,735仟元×1.553)÷647,655仟股＝$25.49

D公司預估股價＝(4,509,836仟元×1.553)÷200,000仟股＝$35.02

(2) 同產業各公司間之市場乘數若有太大差距，則以產業平均值估計個股價格，可能會減損預測之眞確性。若樣本公司有關市場乘數之值與產業平均值相似，則期將成爲適合的預測變數。例如，A公司及D公司的市價帳面價值比，均非常接近產業平均值，尤其是D公司，因此，此兩家公司的預估股價就非常接近個股收盤價。

3. （略）

4. $\times 2$ 年底之價值 $= \dfrac{\$4,850,000 \times (1+2.5\%)}{12\% - 2.5\%} = \$52,328,947$

5. 嘉義公司各年度自由現金流量折現至106年底之價值計算如下：

單位：萬元

	×2年	×3年	×4年	×5年	×6年	×6年以後
自由現金流量	2,690	2,750	2,795	2,855	2,950	
現值因子（10%）	0.909	0.826	0.751	0.683	0.621	
折現值	2,445	2,272	2,099	1,950	1,832	26,694

×6年以後有關之自由現金流量於×1年底的價值爲26,694萬元之計算如下：

估計×7年自由現金流量：$2,950 \times (1+2\%) = 3,009$（萬元）

×6年以後之自由現金流量折算至×1年底的現值：

$$\dfrac{1}{(1+10\%)^5} \times \dfrac{3,009}{9\% - 2\%} = 0.621 \times 42,986 = 26,694 （萬元）$$

嘉義公司×1年底之價值＝2,445＋2,272＋2,099＋1,950＋1,832＋26,694
＝37,292（萬元）

第十章

一、選擇題

1. (B)　　2. (C)　　3. (D)　　4. (C)　　5. (A)　　6. (D)　　7. (C)

三、計算及分析題

1.

營業收入	$2,000,000
減：變動營業成本	(600,000)
邊際貢獻	1,400,000
減：固定費用	(1,000,000)
營業利益	$ 400,000

$$營業槓桿程度 = \frac{1,400,000}{400,000} = 3.5$$

2. 投資組合之貝它值為組合中之資產貝它值之加權平均，亦即：

投資組合貝它值 = 1.2 × 70% + 1.5 × 30% = 1.29

3. $E(R) = 2\% + 1.6 × (10\% - 2\%) = 14.8\%$

4. $9\% = 3\% + 1.5 × (E(R_m) - 3\%)$

$\therefore E(R_m) = 7\%$

市場溢酬 = 7% - 3% = 4%

5. 台中公司資金成本 = 20% × 40% + 10% × (1 - 20%) × 60%

= 12.8%

6.

營業收入	$3,000,000
減：變動成本	(1,200,000)
邊際貢獻	1,800,000
減：固定成本	(1,000,000)
營業利益	800,000
減：利息費用	(200,000)
稅前淨利	$ 600,000

$$營業槓桿程度 = \frac{1,800,000}{800,000} = 2.25$$

$$財務槓桿程度 = \frac{800,000}{600,000} = 1.33$$

總槓桿程度 = 2.25 × 1.33 = 3

第十一章

一、選擇題

1. (C)　　2. (C)　　3. (B)　　4. (D)　5. (C)　　6. (C)　　7. (C)　　8. (B)　　9. (A)　10.(B)
11.(C)　　12.(D)　　13.(D)

三、計算及分析題

1. (1) 會影響決策判斷之資訊即爲重要性資訊，可由金額相對大小及交易性質來判斷是否具重要性，本例爲關係人交易，性質特殊，故符合重要性定義。

   (2) 建議公司在財務報表附註中揭露。

2. (1) 會計觀點是實質重於形式，甲公司與小林、小陳與小張公司爲母子公司，屬同一經濟個體，所以如果甲公司不能買回自身股票，小林等公司應該也不能買進甲公司股票。

   (2) 形式上是有擔保借款，但實質上卻是無擔保，因爲這些公司同屬一經濟個體，就像右手借錢，以左手擔保一樣，並不可靠。

3. (1) 因甲公司尚未提供服務，所以不宜在收取入會費時承認收入。

   (2) 無關。收入認列的標準是：①已實現或可實現；②已賺得。

4. 此爲典型的關係人交易，在形式上也許沒有問題，但從實質來看，交易的標的還在關係人手上，但巨額款項已流入個人手中，有利益輸送之嫌。

▶MEMO

► **MEMO**

國家圖書館出版品預行編目資料

財務報表分析 / 李元棟, 王光華, 林有志, 蕭子
誼, 王瀅婷編著. --五版. -- 新北市：
全華圖書，2021.11
面 ； 公分
ISBN 978-986-503-973-8 (平裝)
1. 財務報表 2.財務分析
495.47　　　　　　　　　　　110018863

財務報表分析（第五版）

作者 / 李元棟、王光華、林有志、蕭子誼、王瀅婷

發行人 / 陳本源

執行編輯 / 呂昱潔

封面設計 / 楊昭琅

出版者 / 全華圖書股份有限公司

郵政帳號 / 0100836-1 號

印刷者 / 宏懋打字印刷股份有限公司

圖書編號 / 0806504

五版二刷 / 2024 年 01 月

定價 / 新台幣 450 元

ISBN / 978-986-503-973-8

全華圖書 / www.chwa.com.tw

全華網路書店 Open Tech / www.opentech.com.tw

若您對本書有任何問題，歡迎來信指導 book@chwa.com.tw

臺北總公司(北區營業處)
地址：23671 新北市土城區忠義路 21 號
電話：(02) 2262-5666
傳真：(02) 6637-3695、6637-3696

南區營業處
地址：80769 高雄市三民區應安街 12 號
電話：(07) 381-1377
傳真：(07) 862-5562

中區營業處
地址：40256 臺中市南區樹義一巷 26 號
電話：(04) 2261-8485
傳真：(04) 3600-9806(高中職)
　　　(04) 3601-8600(大專)

得 分

全華圖書（版權所有，翻印必究）
財務報表分析
CH01 財務報表分析基本概念

班級：_____
學號：_____
姓名：_____

證照題—證券商業務員

( ) 1. 上市公司資產負債表上的會計科目均為：
(A)實帳戶 (B)虛帳戶 (C)混合帳戶 (D)實帳戶、虛帳戶皆有 (106-2)

( ) 2. 下列何者屬於不能明確辨認，無法單獨讓售之無形資產？
(A)專利權 (B)商標權 (C)特許權 (D)商譽 (106-2)

( ) 3. 相同經濟事實的兩公司同一年的折舊方式皆採用年數合計法，係強化哪項品質特性？ (A)忠實表述 (B)攸關性 (C)比較性 (D)重大性 (106-3)

( ) 4. 下列何者會使保留盈餘增加？
(A)本期純損 (B)以資本公積彌補虧損 (C)股利分配 (D)庫藏股交易 (106-3)

( ) 5. 合併綜合損益表之合併總損益應歸屬於：
(A)合併商譽 (B)合併商譽及長期股權投資之減損
(C)母公司業主 (D)母公司業主及非控制權益 (106-3)

( ) 6. 企業提供期中財務報表主要在滿足下列何種目標？
(A)提供攸關的資訊 (B)提供可供比較的資訊
(C)提供可靠的資訊 (D)提供及時的資訊 (106-3)

( ) 7. 下列敘述何者不正確？
(A)無形資產皆不能與企業分離，亦不能獨立轉讓
(B)自行發展的商譽不應該入帳
(C)開辦費應列為當期費用
(D)重大修繕支出 能增加設備使用年限，應作資本支出 (106-3)

( ) 8. 財務比率分析並未分析下列公司何項財務特質？
(A)流動能力與變現性 (B)獲利能力的速度
(C)購買力風險 (D)槓桿係數 (106-4)

( ) 9. 「相同企業不同期間或不同企業相同期間的類似資訊能夠互相比較對資訊使用者才有意義」，係指會計資訊的品質特性之：
(A)完整性 (B)攸關性 (C)可行性 (D)比較性 (106-4)

( ) 10.在閱讀以IFRSs編製的財報，應注意的要點為？
  (A)IFRSs採用「公允價值」原則
  (B)IFRSs採「合併報表」方式表達
  (C)IFRSs是「原則基礎」，而非「細則基礎」
  (D)以上皆是 (106-4)

( ) 11.會計上採用應計基礎，是基於下列何項會計原則？
  (A)一致性原則 (B)成本原則 (C)配合原則 (D)收入認列原則 (108-1)

( ) 12.下列何項不可能會出現在企業的綜合損益表？
  (A)處分投資利益（損失） (B)庫藏股票
  (C)研發費用 (D)外幣兌換利益（損失） (108-1)

( ) 13.下列關於重大性原則之敘述，何者錯誤？
  (A)金額大到足以影響決策者之判斷
  (B)只有重大性的項目才須入帳
  (C)不具重大性之項目可不必嚴格遵守會計原則
  (D)重大性項目需考慮其成本效益 (108-1)

( ) 14.資本市場可分為：
  (A)匯率市場和股票市場 (B)股票市場和債券市場
  (C)外匯市場與債券市場 (D)金融市場和不動產市場

( ) 15.將一項利息收入誤列為營業收入，將使當期淨利：
  (A)虛增 (B)虛減 (C)不變 (D)選項(A)(B)(C)皆非

( ) 16.某公司公告其上一季之獲利超過市場上的預期，其股價因此一正面消息之揭
  露而大漲，此一現象乃為何種市場效率形式之表彰？
  (A)強式 (B)半強式 (C)弱式 (D)半弱式 (109-1)

( ) 17.證券承銷商輔導公司上市（櫃），係屬於哪種資本市場之行為？
  (A)初級市場 (B)次級市場 (C)流通市場 (D)交易市場 (109-2)

( ) 18.公開發行有價證券之公司，應於每會計年度終了後多久內公告並申報年度財
  務報告？ (A)二個月 (B)三個月 (C)五個月 (D)六個月 (110-2)

( ) 19.會計師辦理財務報告之查核簽證，若發生錯誤或疏漏，主管機關得視情節之
  輕重，為何種處分？
  (A)警告 (B)停止其二年以內辦理「證券交易法」所定之簽證
  (C)撤銷簽證之核准 (D)選項(A)(B)(C)均可為之 (110-2)

( ) 20.下列何者不是權益證券（Equity Securities）？
  (A)普通股 (B)存託憑證 (C)公司債 (D)特別股 (110-2)

得　分

財務報表分析
CH02 財務報表分析方法

班級：＿＿＿＿＿＿＿＿

學號：＿＿＿＿＿＿＿＿

姓名：＿＿＿＿＿＿＿＿

證照題─證券商業務員

(　　) 1. 財務比率分析並未分析下列公司何項財務特質？
　　　(A)流動能力與現性　　　　　　　(B)槓桿係數
　　　(C)購買力風險　　　　　　　　　(D)獲利能力的速度　　　　　　(104-1)

(　　) 2. 萬安公司在共同比財務分析中，若比較基礎為資產負債表者，應以何項目作為100%？
　　　(A)負債總額　　　　　　　　　　(B)權益總額
　　　(C)資產總額　　　　　　　　　　(D)不動產、廠房及設備總額　　(106-1)

(　　) 3. 在間接法編製的現金流量表中，應單獨揭露哪些項目之現金流出？
　　　(A)利息支付金額　　　　　　　　(B)所得稅支付金額
　　　(C)選項(A)、(B)皆須單獨揭露　　(D)選項(A)、(B)皆不須單獨揭露　(106-1)

(　　) 4. 下列何者為動態分析？
　　　(A)同一報表科目與類別的比較　　(B)不同期間報表科目互相比較
　　　(C)相同科目數字上的結構比較　　(D)比率分析　　　　　　　　　(106-1)

(　　) 5. 以間接法編製之現金流量表，在計算現金流量時處分不動產、廠房及設備利益應列為：
　　　(A)營業活動本期純益之加項　　　(B)營業活動本期純益之減項
　　　(C)投資活動之加項　　　　　　　(D)投資活動之減項　　　　　　(106-1)

(　　) 6. 將綜合損益表中之銷貨淨額設為100%，其餘各損益項目均以其占銷貨淨額的百分比列示，請問是屬於何種財務分析的表達方法？
　　　(A)水平分析　(B)趨勢分析　(C)動態分析　(D)垂直分析　　　　　(106-2)

(　　) 7. 財務報表之資料可應用於下列哪些決策上？
　　　(A)信用分析（授信）　　　　　　(B)合併之分析
　　　(C)財務危機預測　　　　　　　　(D)選項(A)、(B)、(C)皆是　　　(106-2)

(　　) 8. 共同比（Common-size）分析是屬於何種分析？
　　　甲.趨勢分析；乙.結構分析；丙.靜態分析；丁.動態分析
　　　(A)乙和丙　(B)甲和丁　(C)甲和丙　(D)乙和丁　　　　　　　　　(106-3)

( ) 9. 編製現金量表時，公司通常不需要下列哪一種資訊？
(A)去年之資產負債表 　　　　　(B)去年之綜合損益表
(C)今年之資產負債表 　　　　　(D)今年之綜合損益表 　　　　　(106-3)

( ) 10.以間接法編製之現金流量表，處分不動產、廠房及設備利益應列為：
(A)營業活動本期純益之加項 　　(B)營業活動本期純益之減項
(C)投資活動之加項 　　　　　　(D)投資活動之減項 　　　　　(106-3)

( ) 11.財務比率分析並未分析下列公司何項財務特質？ 　　　　　(109-1)
(A)流動能力與變現性　(B)獲利能力的速度　(C)購買力風險　(D)槓桿係數。

( ) 12.中里公司採定期盤存制，本年度該公司銷貨成本為$10,000，期初存貨
$5,000，本期進貨$20,000，則期末存貨為：
(A) $10,000　(B) $15,000　(C) $25,000　(D) $35,000 　　　　　(109-1)

( ) 13.下列何者是使用存貨週轉率分析時應注意事項？
(A)存貨之季節性變動 　　　　　(B)存貨評價之方法
(C)存貨之存在性 　　　　　　　(D)選項(A)(B)(C)皆是 　　　　　(109-1)

( ) 14.現金流量比率等於： 　　　　　(109-1)
(A)營業活動現金流量／現金　(B)營業活動淨現金流量／流動資產　(C)營業
活動淨現金流量／流動負債　(D)營業活動現金流量／非營業活動現金流量。

( ) 15.分析公司真實價值的證券分析方法是屬於：
(A)基本分析　(B)技術分析　(C)人氣分析　(D)資金分析 　　　　　(110-2)

( ) 16.共同比（Common-size）分析是屬於何種分析？
甲.趨勢分析；乙.結構分析；丙.靜態分析；丁.動態分析
(A)乙和丙　(B)甲和丁　(C)甲和丙　(D)乙和丁 　　　　　(110-2)

證照題─高級業務員

( ) 17.公司宣告並發放現金股利，則：
(A)純益增加 　　　　　　　　　(B)營運現金流量增加
(C)現金減少 　　　　　　　　　(D)選項(A)(B)(C)皆是 　　　　　(110-1)

( ) 18.償還短期借款，應列為何種活動之現金流出？
(A)投資活動　(B)營業活動　(C)籌資活動　(D)其他活動 　　　　　(110-1)

( ) 19.承租人的租金付現數於現金流量表上可如何分類：
(A)營業活動、投資活動 　　　　(B)營業活動、籌資活動
(C)投資活動、籌資活動 　　　　(D)只有營業活動 　　　　　(110-1)

( ) 20.下列何者屬資產負債表上之不動產、廠房及設備？ 　　　　　(110-1)
(A)非供營業使用之土地　(B)運輸設備　(C)無形資產　(D)遞延所得稅資產。

得　分

財務報表分析

CH03 短期償債能力分析

班級：＿＿＿＿＿＿＿＿＿

學號：＿＿＿＿＿＿＿＿＿

姓名：＿＿＿＿＿＿＿＿＿

證照題—證券商業務員

( )1. 在何種成本流動假設之下，依永續盤存制與定期盤存制所算出的存貨價值一定會相同？
(A)移動平均法　　　　　　　　(B)加權平均法
(C)先進先出法　　　　　　　　(D)選項(A)、(B)、(C)皆是　　　　(106-2)

( )2. 某公司於12月30日以起運點交貨方式賒購一批商品存貨，該筆貨品於12月31日並未運達該公司，故公司並未記錄此進貨交易，此錯誤將造成流動比率：
(A)高估　(B)低估　(C)沒有影響　(D)不一定　　　　(106-2)

( )3. 下列何者對速動比率無任何影響？
(A)宣告現金股利　　　　　　　(B)支付前所宣告的現金股利
(C)沖銷呆帳　　　　　　　　　(D)以成本價賒銷出售存貨　　　　(106-2)

( )4. 出售長期投資，成本$20,000，售價$25,000，對營運資金及流動比率有何影響？
(A)營運資金增加，流動比率不變　(B)營運資金不變，流動比率增加
(C)二者均增加　　　　　　　　(D)二者均不變　　　　(106-2)

( )5. 下列有關「零用金」之敘述何者正確？　(A)設立零用金時，企業之現金餘額減少　(B)動支零用金時應立即認列相關之費用　(C)撥補零用金時不需認列相關之費用　(D)撥補零用金時帳載現金餘額會減少　　　　(106-3)

( )6. 流動負債是指預期在何時償付的債務？
(A)一年內　(B)一個正常營業循環內　(C)一年或一個正常營業週期內，以較長者為準　(D)一年或一個正常營業週期內，以較短者為準　　　　(106-3)

( )7. 下列何者是測驗一企業短期償債能力之最佳比率？
(A)速動比率　(B)普通股每股盈餘　(C)本益比　(D)純益比　　　　(106-3)

( )8. 某公司預付三個月保險費，則：　(A)流動比率上升　(B)速動比率上升
(C)存貨週轉率下降　(D)選項(A)(B)(C)皆非　　　　(106-4)

( )9. 下列何項作法可增加流動比率（假設目前為1.3）？
(A)以發行長期負債所得金額償還短期負債　(B)應收款項收現
(C)以現金購買存貨　(D)賒購存貨　　　　(106-4)

( ) 10. 高潭公司宣告股票股利，宣告前之流動比率為1.5，則宣告後：
(A)流動比率下降　(B)保留盈餘減少　(C)權益總額減少
(D)流動比率、保留盈餘及權益均減少
(106-4)

( ) 11. 下列有關應收帳款之敘述，何者正確？
(A)應收帳款高，償債能力高　(B)應收帳款較大之公司，其應收帳款週轉率一定較低　(C)應收帳款之備抵損失評估應以稅法規定為準　(D)償債能力評估時亦應注意應收帳款之品質
(108-3)

( ) 12. 吉安公司的流動比率為1，若該公司的流動負債為$90,000，流動資產有現金、應收帳款及存貨，其平均庫存存貨值為$10,000，則酸性比率（速動比率）應為何？　(A)0.89　(B)1　(C)1.25　(D)1.33
(108-3)

( ) 13. 已宣告而未發放之股票股利屬於下列何類項目？
(A)資產　(B)流動負債　(C)長期負債　(D)權益
(109-1)

( ) 14. 公司賒購存貨將使速動比率：
(A)增加　(B)減少　(C)不變　(D)視原來速動比率是否大於1而定
(109-2)

( ) 15. 資產負債表中的流動項目，不應該包括以下哪一項？
(A)賒帳過期一年以上，但尚未收回的應收帳款
(B)購買短期債券投資的溢價部分
(C)非以再出售為目的進行購併其他公司而認列的商譽
(D)應收客戶帳款有貸方餘額者
(109-2)

( ) 16. 下列敘述何者正確？　(A)流動資產科目間之轉換，對營運資金與流動比率均無影響　(B)存貨高估將使酸性測驗比率提高　(C)獲利能力強之企業，償債能力亦必定良好　(D)由淨值之成長可看出企業之獲利能力
(109-3)

( ) 17. 償還應付帳款將使流動比率：
(A)增加　(B)減少　(C)不變　(D)不一定
(109-3)

( ) 18. 和仁公司106年底盤點存貨時，並未將新城公司寄銷的商品列入盤點，則下列何者正確？　(A)銷貨成本將低估　(B)進貨成本將低估　(C)銷貨毛利將低估　(D)銷貨成本仍為正確
(109-4)

( ) 19. 下列何者不屬於衡量短期償債能力之指標？
(A)變現力指數　(B)負債比率　(C)速動比率　(D)流動比率
(110-1)

( ) 20. 下列敘述何者正確？　(A)進行股票分割將使每股面額與流通在外股數增加　(B)已宣告未發放之現金股利為公司之流動負債　(C)發放股票股利將使現金減少　(D)發放股票股利將使權益總數減少
(110-1)

得　分

財務報表分析

CH04 現金流量分析

班級：＿＿＿＿＿＿＿

學號：＿＿＿＿＿＿＿

姓名：＿＿＿＿＿＿＿

證照題—證券商業務員

(　　) 1. 編製現金流量表時，公司通常不需要下列哪一種資訊？
(A)去年之資產負債表　　　　　　(B)去年之綜合損益表
(C)今年之資產負債表　　　　　　(D)今年之綜合損益表 (107-1)

(　　) 2. 企業出售無形資產所得的收入，應列為現金流量表上的哪一個項目？
(A)籌資活動的現金流入　　　　　(B)投資活動的現金流入
(C)營業活動的現金流入　　　　　(D)其他調整項目 (107-2)

(　　) 3. 以間接法編製之現金流量表，處分不動產、廠房及設備利益應列為：
(A)營業活動本期淨利之加項　　　(B)營業活動本期淨利之減項
(C)投資活動之加項　　　　　　　(D)投資活動之減項 (107-3)

(　　) 4. 在間接法下折舊是加在淨利上，以計算來自何種活動之現金流量？
(A)投資　(B)營業　(C)籌資　(D)管理 (107-3)

(　　) 5. 以間接法編製之現金流量表，處分不動產、廠房及設備利益應列為：
(A)營業活動本期淨利之加項　　　(B)營業活動本期淨利之減項
(C)投資活動之加項　　　　　　　(D)投資活動之減項 (107-4)

(　　) 6. 豐田公司向銀行借款$5,000,000，並以廠房作擔保，這項交易將在現金流量
表中列作：
(A)來自營業活動之現金流量　　　(B)來自投資活動之現金流量
(C)來自籌資活動之現金流量　　　(D)非現金之投資及籌資活動 (108-1)

(　　) 7. 下列何者屬於現金流量表中的籌資活動部分？
(A)購買設備　　　　　　　　　　(B)現金增資
(C)購買債券投資　　　　　　　　(D)處分設備所得款項 (108-1)

(　　) 8. 在間接法編製的現金流量表中，應單獨揭露哪些項目之現金流出？
(A)利息支付金額　　　　　　　　(B)所得稅支付金額
(C)選項(A)(B)皆須單獨揭露　　　(D)選項(A)(B)皆不須單獨揭露 (108-1)

(　　) 9. 非金融業之公司所收利息或股利收入，應列為何種活動之現金流入？
(A)營業活動　(B)融資活動　(C)投資活動　(D)其他活動 (108-2)

(　) 10. 下列何者屬於現金流量表中的籌資活動？
(A)購買設備　(B)現金增資　(C)購買債券投資　(D)處分設備　(108-3)

(　) 11. 在間接法編製的現金流量表中，應單獨揭露哪些項目之現金流出？
(A)利息支付金額
(B)所得稅支付金額
(C)選項(A)(B)皆須單獨揭露
(D)選項(A)(B)皆不須單獨揭露　(108-3)

(　) 12. 南平公司X6年度純益$320,000，其他有關資料如下：折舊$85,000，預收租金減少數$15,000，出售不動產、廠房及設備損失$40,000，銀行借款$509,000則由營業活動產生之現金淨流入為何？
(A)$90,000　(B)$210,000　(C)$430,000　(D)$460,000　(108-3)

(　) 13. 在間接法下折舊是加在淨利上，以計算來自何種活動之現金流量？
(A)投資　(B)營業　(C)籌資　(D)管理　(108-4)

(　) 14. 南平公司106年度純益$320,000，其他有關資料如下：折舊$85,000，預收租金減少數$15,000，出售不動產、廠房及設備損失$40,000，支付現金股利$140,000，銀行借款$509,000則由營業活動產生之現金淨流入為何？
(A)$90,000　(B)$210,000　(C)$430,000　(D)$460,000　(108-4)

(　) 15. 在計算淨現金流量允當比率時，分母包括最近五年度之：甲.資本支出；乙.存貨增加額；丙.現金股利
(A)僅甲、乙　(B)僅甲、丙　(C)僅乙、丙　(D)甲、乙、丙　(109-1)

(　) 16. 平和公司出售舊機器收入$50,000，則：
(A)營運活動現金流量減少
(B)籌資活動現金流量減少
(C)現金流量率下降
(D)投資活動現金流量增加　(109-1)

(　) 17. 下列何者通常不會影響企業的現金流量？（考慮所得稅）
(A) 銷貨折讓　(B)員工薪資　(C)利息費用　(D)折舊費用　(109-2)

(　) 18. 計算由營業產生之營運資金須加回本期之折舊金額，是因為：
(A)折舊非為營業交易
(B)減少本期多提列之折舊
(C)折舊不耗用營運資金
(D)提列折舊可以少繳稅　(109-4)

(　) 19. 編製現金流量表時，公司通常不需要下列哪一種資訊？
(A)去年之資產負債表
(B)去年之綜合損益表
(C)今年之資產負債表
(D)今年之綜合損益表　(109-4)

(　) 20. 一個正在成長中之企業，下列何項活動最可能產生負的現金流量？
(A)營業活動
(B)融資活動
(C)投資活動
(D)與顧客間之往來　(109-4)

得　分

財務報表分析
CH05 財務結構分析

班級：＿＿＿＿＿＿＿＿

學號：＿＿＿＿＿＿＿＿

姓名：＿＿＿＿＿＿＿＿

證照題—證券商業務員

(　　) 1. 公司採用完工比例法或全部完工法，工程結束後，何者會使其累計每股盈餘較大？（假設不考慮稅，且其他條件不變下）
(A)完工比例法　(B)全部完工法　(C)不一定　(D)二法相等 (106-2)

(　　) 2. 王先生投資T公司股票可獲利20%與5%的機會分別為1/3、2/3，則此投資期望報酬率為：　(A)20%　(B)10%　(C)5%　(D)0% (106-3)

(　　) 3. 應付公司債溢價之攤銷，將：
(A)增加利息收入　　　　　　　　(B)減少利息收入
(C)減少利息費用　　　　　　　　(D)增加利息費用 (106-3)

(　　) 4. 某公司相關資料如下：流動負債20億元、非流動負債30億元、流動資產50億元、非流動資產50億元，則該公司的負債比率為何？
(A)50%　(B)60%　(C)70%　(D)80% (106-3)

(　　) 5. 甲公司與乙公司相比較，營業槓桿比為2：1，財務槓桿比為2：3，則當 公司銷貨量變動幅 一樣，則甲公司每股盈餘變動幅度為何？
(A)較高　(B)較小　(C)一樣　(D)無法比較 (106-3)

(　　) 6. 按面值發放股票股利給股東，會使公司：
(A)權益增加　(B)權益減少　(C)保留盈餘、股本及權益均不變
(D)保留盈餘減少，股本增加，權益不變 (106-3)

(　　) 7. 下列何者為有價證券評等選用之指標？
(A)資本結構　　　　　　　　　　(B)每股盈餘
(C)股價穩定性　　　　　　　　　(D)選項(A)、(B)、(C)皆是 (106-3)

(　　) 8. 下列何者會使保留盈餘增加？
(A)本期純損　　　　　　　　　　(B)以資本公積彌補虧損
(C)股利分配　　　　　　　　　　(D)庫藏股交易 (106-4)

(　　) 9. 九如公司收到應收帳款，則（考慮立即影響）：
(A)負債權益比率上升　(B)盈餘對固定支出的保障比率上升
(C)現金對固定支出的保障比率上升　(D)選項(A)(B)(C)皆是 (106-4)

( ) 10.下列何者會使保留盈餘增加？
(A)公司重整沖銷資產　(B)股利分配　(C)前期收益調整
(D)選項(A)(B)(C)皆非 (106-4)

( ) 11.以發行股票償還長期負債會使負債比率：
(A)降低　(B)提高　(C)不變　(D)視原負債比率之高低而定 (109-2)

( ) 12.假設芊芊公司X1年底平均資產總額為$2,800,000，平均負債總額為
$1,600,000，利息費用為$140,000，所得稅率為20%，總資產報酬率為
12%，則權益報酬率為何？
(A)12.00%　(B)13.33%　(C)10.56%　(D)18.67% (109-3)

( ) 13.公司發放股票股利將使：
(A)資產減少　(B)負債減少　(C)權益減少　(D)權益不變 (109-3)

( ) 14.某公司相關資料如下：流動負債20億元、非流動負債50億元、流動資產50億
元、非流動資產50億元，則該公司的負債比率為何？
(A)50%　(B)60%　(C)70%　(D)80% (109-3)

( ) 15.企業之長期償債能力與下列何者較無關？　(A)獲利能力　(B)利息保障倍數
(C)資本結構　(D)不動產、廠房及設備週轉率 (109-4)

( ) 16.上月底東里科技在海外發行可轉換公司債（ECB）以籌措資金興建廠房，這
對東里科技的財務比率將有何影響？　(A)降低其自有資本比率　(B)提高營
業毛利率　(C)提高不動產、廠房及設備週轉率　(D)提高其本益比 (110-1)

( ) 17.瑞源公司108年度稅前純益$45,000，所得稅率25%，利息費用$5,000，請問瑞
源公司利息保障倍數為何？
(A)8.5　(B)10　(C)5.63　(D)選項(A)(B)(C)皆非 (110-1)

( ) 18.下列何者非為評估企業長期償債能力應考慮之因素？
(A)資產結構　(B)存貨週轉率　(C)資本結構　(D)獲利能力 (110-1)

( ) 19.花蓮公司的流動資產為$800,000，不動產、廠房及設備淨額為$2,400,000，此
外無其他資產項目，流動負債為$500,000，此外無其他負債項目，權益為
$1,500,000，則長期資金對不動產、廠房及設備的比率為何：
(A)50%　(B)62.5%　(C)112.5%　(D)133.33% (110-1)

( ) 20.X9年基隆綜合損益表列報之利息費用$40,000，所得稅費用$60,000，淨利
$240,000；同年之資產負債表顯示總資產$2,400,000，流動負債$300,000，非
流動負債為$900,000，則財務槓桿比率為何？
(A)0.5　(B)1　(C)1.5　(D)2 (110-1)

得　分

財務報表分析
CH06 週轉率及經營能力分析

班級：＿＿＿＿＿＿＿＿＿
學號：＿＿＿＿＿＿＿＿＿
姓名：＿＿＿＿＿＿＿＿＿

證照題─證券商業務員

(　) 1. 下列何種行業通常有較低的應收帳款週轉率？
(A)航空公司　(B)便利商店　(C)管理顧問公司　(D)百貨公司 (105-2)

(　) 2. 存貨週轉率係測試存貨轉換為下列哪項科目的速度？
(A)銷貨收入　(B)銷貨淨額　(C)製造成本　(D)銷貨成本 (105-4)

(　) 3. 在公司營業呈穩定狀況下，應收帳款週轉天數的減少表示：
(A)公司實施降價促銷措施　(B)公司給予客戶較長的折扣期間及賒欠期限
(C)公司之營業額減少　　　(D)公司授信政策轉嚴 (106-1)

(　) 4. 光輝公司存貨週轉率為12，應收帳款週轉率為24，假設一年以360天計
算，光輝公司的「營業循環週期」為：
(A)30天　(B)45天　(C)60天　(D)90天 (106-1)

(　) 5. 已知小熊公司賒銷淨額為$10,000，平均應收帳款$2,000，則其應收帳款收款
期間為幾天（一年365 天）？
(A)60天　(B)63天　(C)70天　(D)73天 (106-3)

(　) 6. 將信用條件由1/10，n/30改為1/15，n/30，假設其他因素不變，則應收帳款週
轉率將：
(A)提高　(B) 低　(C)不變　(D)無法判斷 (106-3)

(　) 7. 下列何者係在分析企業資產使用之效率？ (106-3)
(A)權益/平均資產總額　　　　　　　(B)流動資產/平均資產總額
(C)不動產、廠房及設備/平均資產總額　(D)銷貨收入淨額/平均資產總額

(　) 8. 存貨週轉率愈低，則：
(A)毛利率愈高　　　　　　(B)有過時存貨的機會愈大
(C)缺貨的風險愈高　　　　(D)速動比率愈高 (106-4)

(　) 9. 下列有關應收帳款之敘述，何者正確？
(A)應收帳款高，償債能力高
(B)應收帳款較大之公司，其應收帳款週轉率一定較低
(C)應收帳款之備抵呆帳評估應以稅法規定為準
(D)償債能力評估時亦應注意應收帳款之品質 (106-4)

（請沿虛線撕下）

( ) 10.六合公司本年度存貨週轉率比上期增加許多，可能的原因為：
(A)本年度存貨採零庫存制　(B)本年度認列鉅額的存貨過時跌價損失
(C)產品製造時程縮短　　　(D)選項(A)(B)(C)都是可能的原因　　　(106-4)

( ) 11.存貨過多、存貨週轉率過低，可能造成企業何種損失或風險？
(A)滯銷風險提高　　　　　　(B)資金成本增加
(C)倉儲成本增加　　　　　　(D)選項(A)(B)(C)皆是　　　(104-3)

( ) 12.應收帳款週轉率偏低之可能原因為：
(A)客戶清償能力不佳　　　　(B)授信政策過嚴
(C)收款效率高　　　　　　　(D)授信期間短　　　(104-4)

( ) 13.下列何者非存貨週轉率很高的原因？
(A)原料短缺　(B)產品價格下降　(C)存貨不足　(D)存貨積壓過多　(108-1)

( ) 14.下列何者是使用存貨週轉率分析時應注意事項？
(A)存貨之季節性變動　　　　(B)存貨評價之方法
(C)存貨之存在性　　　　　　(D)選項(A)(B)(C)皆是　　　(109-1)

( ) 15.存貨週轉率愈高，則：
(A)有過時存貨的機會愈小　　(B)缺貨的風險愈低
(C)毛利率愈高　　　　　　　(D)流動比率愈高　　　(109-2)

( ) 16.東澳公司的存貨週轉天數為50天，應收帳款週轉天數為70天，應付帳款週轉天數為40天，則東澳公司的淨營業循環為幾天？
(A)120天　(B)40天　(C)80天　(D)160天　　　(109-4)

( ) 17.現金週轉率係指下列何項比率？　　　(109-4)
(A)平均現金對資產總額之比率　　　(B)銷貨收入淨額對平均現金之比率
(C)平均現金對銷貨收入淨額之比率　(D)流動資產總額對平均現金之比率

( ) 18.和平公司的存貨平均銷售期間為30天，應收帳款平均收帳期間為16天，應付帳款週轉天數為22天，則和平公司的營業循環為幾天？
(A)68天　(B)46天　(C)42天　(D)40天　　　(110-1)

( ) 19.下列何者較不適合作為分析經營效率的指標？
(A)不動產、廠房及設備週轉率　(B)平均收現期間
(C)應收帳款週轉率　　　　　　　(D)銷貨毛利率　　　(110-1)

( ) 20.衡量資產運用效率的指標為：
(A)銷貨收入÷營運資金　　　(B)毛利率
(C)權益報酬率　　　　　　　(D)營業淨利率　　　(110-1)

得 分	

財務報表分析
CH07 獲利能力及成長率分析

班級：＿＿＿＿＿＿＿＿＿

學號：＿＿＿＿＿＿＿＿＿

姓名：＿＿＿＿＿＿＿＿＿

證照題─證券商業務員

( ) 1. 下列何者係分析企業資產使用之效率？
   (A)權益／平均資產總額　　(B)流動資產／平均資產總額
   (C)固定資產／平均資產總額　(D)銷貨收入淨額／平均資產總額 (105-4)

( ) 2. 下列何者非為舉債經營之好處？
   (A)總資產報酬率可能大於借債之成本
   (B)權益報酬率可能大於總資產報酬率
   (C)所得稅負可以減輕
   (D)舉債之成本可能大於權益報酬率 (106-1)

( ) 3. 下列何者不會影響當年度總資產報酬率？
   (A)由短期銀行貸款取得現金　　(B)發放股票股利
   (C)發行股票取得現金　　(D)宣告並發放現金股利 (106-1)

( ) 4. 下列有關綜合損益表之表達，何者不正確？
   (A)應揭露稅後淨利　　　　(B)原則上應以多站式方式表達
   (C)公開發行公司應計算每股盈餘　(D)顯示特定期間之財務狀況 (106-1)

( ) 5. 將綜合損益表中之銷貨淨額設為100%，其餘各損益項目均以其占銷貨淨額的
   百分比列示，請問是屬於何種財務分析的表達方法？
   (A)水平分析　(B)趨勢分析　(C)動態分析　(D)垂直分析 (106-2)

( ) 6. 毛利率係以銷貨毛利除以下列何者？
   (A)銷貨總額　(B)銷貨淨額　(C)銷貨成本　(D)進貨 (106-2)

( ) 7. 下列何者指標不具獲利能力分析價值？ (106-4)
   (A)毛利率　(B)純益率　(C)營業費用對銷貨淨利之比率　(D)存貨週轉率

( ) 8. 下列何種情況下，邊際貢獻率一定會上升？ (106-4)
   (A)損益兩平銷貨收入上升　　　　(B)損益兩平銷貨單位數量降低
   (C)變動成本占銷貨淨額百分比下降　(D)固定成本占變動成本的百分比下降

( ) 9. 下列何者係在分析企業資產使用之效率？ (107-1)
   (A)權益／平均資產總額　　　　(B)流動資產／平均資產總額
   (C)不動產、廠房及設備／平均資產總額　(D)銷貨收入淨額／平均資產總額

( ) 10.下列何者係在分析企業資產使用之效率？ (107-2)

(A)權益／平均資產總額　(B)流動資產／平均資產總額

(C)不動產、廠房及設備／平均資產總額　(D)銷貨收入淨額／平均資產總額

( ) 11.下列何種情況下，邊際貢獻率一定會上升？ (107-2)

(A)損益兩平銷貨收入上升　　　　　(B)損益兩平銷貨單位數量降低

(C)變動成本占銷貨淨額百分比下降　(D)固定成本占變動成本的百分比下降

( ) 12.採用損益兩平（Breakeven）分析時，所隱含的假設之一是在攸關區間內：

(A)總成本保持不變　(B)單位變動成本不變　(C)單位固定成本不變

(D)變動成本和生產單位數間並非直線的關係 (107-3)

( ) 13.下列何種情況下，邊際貢獻率一定會上升？

(A)損益兩平銷貨收入上升　(B)損益兩平銷貨單位數量降低　(C)變動成本占

銷貨淨額百分比下降　(D)固定成本占變動成本的百分比下降 (107-4)

( ) 14.有些企業的毛利率會比較高，其可能的原因不包括下列何者？ (107-4)

(A)產品市場處於加速成長期　(B)產業內價格競爭和緩

(C)產品之寡占、獨占性強　(D)機器設備使用較短之耐用年限攤銷折舊費用

( ) 15.採用損益兩平（Breakeven）分析時，所隱含的假設之一是在攸關區間內：

(A)總成本保持不變　(B)單位變動成本不變　(C)單位固定成本不變

(D)變動成本和生產單位數間並非直線的關係 (108-1)

( ) 16.吉利電腦公司產品單價原為$1,500，由於市場競爭激烈而降價至$1,000假設

所有成本均為變動成本，且原來的毛利率為40%，則降價後銷售數量需為降

價前的多少比率，才能維持原有的銷貨毛利金額？

(A)600%　(B)900%　(C)300%　(D)150% (108-2)

( ) 17.某公司的淨利率為0.2，總資產週轉率為2，平均資產總額／平均權益比為

3，則總資產報酬率為？

(A)20%　(B)40%　(C)60%　(D)選項(A)(B)(C)皆非 (108-2)

( ) 18.衡量一個企業來自營業活動現金流量是否足以支應資本支出、存貨淨增加數

及現金股利需求的比率稱為：　(A)每股現金流量　(B)現金流量比率

(C)現金流量允當比率　(D)防禦區間比率 (108-4)

( ) 19.吉利電腦公司產品單價原為$1,500，由於市場競爭激烈而降價至$1,000假設

所有成本均為變動成本，且原來的毛利率為50%，則降價後銷售數量需為降

價前的多少比率，才能維持原有的銷貨毛利金額？

(A)600%　(B)900%　(C)300%　(D)150% (110-1)

( ) 20.菁桐咖啡每杯售價為$35，變動成本每杯為$3.5，固定成本每月約為

$56,000，如果預期下個月銷貨會成長$82,000，請問其淨利預期會增加多

少？　(A)$73,800　(B)$82,000　(C)$41,600　(D)$49,600 (110-1)

得 分

全華圖書（版權所有，翻印必究）

財務報表分析

CH8 財務預測

班級：＿＿＿＿＿＿＿

學號：＿＿＿＿＿＿＿

姓名：＿＿＿＿＿＿＿

證照題—證券商業務員

( ) 1. 企業管理當局依其計畫及經營環境，對未來財務狀況、經營成果及現金流量所作的最適估計，稱為：

(A)財務預測　(B)財務分析　(C)投資規劃　(D)目標管理　　　　(105-3)

( ) 2. 企業編製財務預測應基於適當的基本假設，在評估假設的適當性時，應考慮哪些因素？甲.總體經濟指標；乙.產業景氣資訊；丙.歷年營運趨勢及型態

(A)僅甲和乙　(B)僅乙和丙　(C)僅甲和丙　(D)甲、乙和丙　　　(107-4)

( ) 3. 和仁公司106年底盤點存貨時，並未將新城公司寄銷的商品列入盤點，則下列何者正確？

(A)銷貨成本將低估　　　　　　　(B)進貨成本將低估

(C)銷貨毛利將低估　　　　　　　(D)銷貨成本仍為正確　　　　　(108-4)

( ) 4. 如有跡象顯示資產可能發生減損時，下列何項資產需進行減損測試？

(A)商譽　(B)存貨　(C)退休辦法下之資產　(D)遞延所得稅資產　(108-4)

( ) 5. 下列哪些屬於綜合損益表上營業外費用的一種？

(A)會計政策變動影響數　　　　　(B)不動產、廠房及設備之處分損失

(C)促銷期間的贈品費用　　　　　(D)銷貨折讓　　　　　　　　　(108-4)

( ) 6. 資產（商譽除外）如未依法令規定辦理重估價，當減損損失迴轉時應：

(A)視為利益　　　　　　　　　　(B)視為費用減少

(C)視為資產成本增加　　　　　　(D)視為累計折舊減少　　　　　(108-4)

( ) 7. 中里公司採定期盤存制，2017年度該公司銷貨成本為$10,000，期初存貨$5,000，本期進貨$20,000，則期末存貨為：

(A)$10,000　(B)$15,000　(C)$25,000　(D)$35,000　　　　　　(109-1)

( ) 8. 不動產、廠房及設備之取得成本應包括購價，並：

(A)加計延遲付款之利息　(B)扣除現金折扣

(C)加計搬運不慎損壞修理之成本　(D)選項(A)(B)(C)皆正確　　　(109-1)

( ) 9. 假設前期期末存貨高估$1,000，本期期末存貨又高估$1,000，則本期銷貨毛利將：　(A)高估$2,000　(B)低估$2,000　(C)高估$1,000　(D)無影響　(109-1)

（請沿虛線撕下）

(　) 10.下列何者是對的？

(A)流通在外股數＋庫藏股股數＝發行股數

(B)流通在外股數＋庫藏股股數＝額定股數

(C)流通在外股數＋特別股股數＝額定股數

(D)流通在外股數＋特別股股數＝發行股數 (109-2)

(　) 11.股票發行之溢價應列入：

(A)股本　(B)資本公積　(C)保留盈餘　(D)其他綜合損益 (109-2)

(　) 12.甲公司X7年1月1日帳列「長期投資－乙公司」已上市普通股50%股權，X7年乙公司淨利為$200,000，甲公司並獲配其發放現金股利$20,000，則甲公司該年度可認列投資收益：

(A)$100,000　(B)$40,000　(C)$60,000　(D)$80,000 (109-2)

(　) 13.立力公司有35,000股普通股流通在外，發行面額為$10另有按面額$100發行之5%累積特別股5,000股流通在外立力公司過去四年及今年皆未發放股利，若本年度預宣告發放$100,000之股利，則今年底分配給特別股之股利是多少？

(A)$150,000　(B)$125,000　(C)$360,000　(D)$100,000 (109-2)

(　) 14.在其他條件相同下，投資人對於下列哪一種特別股的要求報酬率較高？

(A)參加特別股　(B)累積特別股　(C)可贖回特別股　(D)可轉換特別股 (109-3)

(　) 15.企業編製合併財務報表時，備抵損失之提列：　(A)應以母公司之債權為基礎　(B)應以子公司之債權為基礎　(C)應以合併公司間互相沖銷債權債務後之債權為基礎　(D)應以母公司與子公司加總之債權為基礎 (109-3)

(　) 16.投資人對成熟公司股票的預期報酬，主要來自於：

(A)公司銷售成長　(B)股票股利　(C)差價　(D)現金股利 (109-4)

(　) 17.未被股市預期的利率下跌，將造成股價：

(A)下跌　(B)上漲　(C)不一定下跌或上漲　(D)先跌後漲 (109-4)

(　) 18.企業編製財務預測時採用的「基本假設」，是指企業針對關鍵因素未來發展的何種結果所作的假設？

(A)最樂觀的結果　　　　　　　(B)最悲觀的結果

(C)最可能的結果　　　　　　　(D)和最近一期相同的結果 (110-1)

(　) 19.中華公司於X9年7月1日發行股票2,000股，每股面額$10取得一機器設備，經查該日該項設備之帳面金額為$25,000（原成本$40,000－累計折舊$15,000），市價為$30,000，則中華公司應認列此資產：

(A)$40,000　(B)$20,000　(C)$25,000　(D)$30,000 (110-1)

(　) 20.下列何者不是銷貨成本增加的原因？　(A)會計方法改變　(B)產品市場需求變動　(C)勞動市場改變　(D)以上皆能造成銷貨成本增加。 (110-2)

得 分

全華圖書（版權所有，翻印必究）

財務報表分析

CH9 企業評價

班級：_____

學號：_____

姓名：_____

證照題—證券商業務員

( ) 1. A股票自2013年到2016年的股票報酬率分別為14%、−10%、−2%、18%，請問A股票這四年的算術平均年報酬率為何？
(A)5% (B)6% (C)6.5% (D)8% (108-3)

( ) 2. 某特別股的每股股利是2元，投資人對該股票的要求報酬率是8%，則此特別股的真實價值應為：(A)25元 (B)30元 (C)32元 (D)16元 (108-3)

( ) 3. 若甲公司股票在明年之可能報酬率分別為20%、30%，而其機率分別為0.3、0.7，則此甲股票明年之期望報酬率為：
(A)24% (B)25% (C)26% (D)27% (108-3)

( ) 4. 依據資本資產訂價模型（CAPM），所謂價位偏低的股票，是指該股票的預期報酬率：
(A)小於要求報酬率　　　　　　(B)等於要求報酬率
(C)大於要求報酬率　　　　　　(D)大於或等於要求報酬率 (108-3)

( ) 5. 一般而言，「股價淨值（帳面價值）比」與「本益比」兩者呈：
(A)正相關 (B)負相關 (C)零相關 (D)不一定相關 (108-4)

( ) 6. 某上市公司之股票發行量為1,000萬股，股價45元，本益比為15倍，該公司年度盈餘等於？
(A)15,000,000元 (B)30,000,000元 (C)45,000,000元 (D)60,000,000元 (108-4)

( ) 7. 其他條件相同，盈餘成長率愈高的公司，投資人對其股票可接受的本益比：
(A)不一定，視投資人風險偏好而定　(B)不一定，視總體環境而定
(C)愈低　　　　　　　　　　　　　(D)愈高 (109-1)

( ) 8. 股利折現模式，不適合下列哪種公司的股票評價？
(A)銷售額不穩定的公司　　　　(B)負債比率高的公司
(C)連續多年虧損的公司　　　　(D)正常發放現金股利的公司 (109-1)

( ) 9. 本益比可作下列何種分析？
(A)獲利能力分析　　　　　　　(B)投資報酬率分析
(C)短期償債能力分析　　　　　(D)資金運用效率分析 (109-1)

( ) 10.甲公司目前股價是50元，已知該公司今年每股可賺2.5元，試求該公司目前本益比倍數是多少？ (A)2 (B)1/2 (C)1/20 (D)20 (109-2)

( ) 11.資本資產訂價模型（CAPM）預測一股票之期望報酬率高於市場投資組合報酬率，則貝它（β）係數：
(A)小於1 (B)大於1 (C)大於0 (D)小於0 (109-2)

( ) 12.某公司今年每股發放股利3元，在股利零成長的假設下，已知投資人的必要報酬率為6%，則每股普通股的預期價值為：
(A)36元 (B)40元 (C)45元 (D)50元 (109-3)

( ) 13.普通股權益與流通在外普通股股數之比，可瞭解每股股票的：
(A)帳面金額 (B)票面價值 (C)市場價值 (D)清算價值 (109-3)

( ) 14.南州公司的本益比為15倍，權益報酬率為12%，則其市價淨值(帳面價值)比為： (A)0.2 (B)0.9 (C)1.5 (D)1.8 (109-3)

( ) 15.其他條件相同，下列哪種事件最可能降低股票的本益比？
(A)投資人的風險規避傾向降低 (B)股利發放率增加
(C)國庫券殖利率增加 (D)通貨膨脹預期下跌 (109-4)

( ) 16.對獲利不佳的資產股而言，下列何種評價方法較適當？
(A)本益比法 (B)現金流量折價法
(C)每股股價除以每股重估淨值 (D)股利殖利率 (109-4)

( ) 17.已知曉臣公司股價每股$52，每股股利$2，每股帳面金額$46，每股盈餘$4，請問曉臣公司的本益比為？ (A)12倍 (B)16倍 (C)8倍 (D)13倍 (109-4)

( ) 18.假設甲投資組合之預期報酬率為12%，貝它係數為1.2，市場風險溢酬為5%，根據資本資產訂價模型（CAPM）計算之無風險利率應為何？
(A)2% (B)2.4% (C)6% (D)9.6% (110-1)

( ) 19.某公司今年發放3元的股利，若預期其股利每年可以7%的固定成長率成長，及股東的要求報酬率為12%時，則其預期一年後股價最可能為：
(A)53元 (B)56.8元 (C)64.2元 (D)84.2元 (110-1)

( ) 20.其他條件相同，公司資訊取得較不易的公司，投資人要求的合理本益比應：
(A)較低
(B)較高
(C)不一定，視投資人效用而定
(D)不一定，視投資人風險偏好而定 (110-1)

得　分

財務報表分析

CH10 風險分析

班級：＿＿＿＿＿＿＿＿＿

學號：＿＿＿＿＿＿＿＿＿

姓名：＿＿＿＿＿＿＿＿＿

證照題—證券商業務員

(　) 1. 若一投資組合為所有相關期望報酬率的投資組合中，風險最小者，則我們稱此投資組合為：

(A)市場投資組合　　　　　　　　(B)最小變異投資組合

(C)效率投資組合　　　　　　　　(D)切線投資組合 (107-1)

(　) 2. 產業分析對股票分析的重要性在於：

(A)不同產業的股票表現差異性大　(B)選對產業比選對個股重要

(C)選對產業比市場研判重要　(D)不同產業股票價格有齊漲齊跌現象 (107-1)

(　) 3. 比較兩種以上的投資商品的風險時，為了衡量系統性風險的差異，一般而言會使用哪一類指標？

(A)貝它係數　(B)變異係數　(C)標準差　(D)變異數 (107-1)

(　) 4. 對投資人而言，下列何者屬於可分散風險？

(A)甲公司主動為員工全面加薪增加成本

(B)英國脫離歐盟

(C)貨幣供給額的變動

(D)法定正常工時由「每2週84小時」縮減為「每週40小時」 (107-1)

(　) 5. 王先生投資T公司股票可獲利30%與6%的機會分別為1/3、2/3，則此投資期望報酬率為：　(A) 20%　(B) 10%　(C) 14%　(D) 7% (107-2)

(　) 6. 其它條件不變，對投資人而言本益比（P/E Ratio）通常：

(A)愈小愈好　(B)越高越好　(C)一定大於30　(D)選項(A)(B)(C)皆非 (107-2)

(　) 7. 當公司舉債過多時，公司營運會面臨較大的風險，以致投資報酬產生不確定性，此類風險稱之為：

(A)利率風險　(B)購買力風險　(C)贖回風險　(D)財務風險 (107-2)

(　) 8. 投資於股票的報酬等於：

(A)資本利得　　　　　　　　　(B)股利所得

(C)資本所得加股利所得　　　　(D)資本利得加利息所得 (107-2)

(　) 9. 小華以每股40元買入股票1張，並以每股44元賣出，期間並收到其現金股利每股2元，請問小華得到的股利收益為何？

(A) 4,000元　(B) 6,000元　(C) 2,000元　(D) 46元 (107-3)

（　）10.何者不屬於衍生性金融工具？　　　　　　　　　　　　　　　　(107-3)
　　　　(A)期貨契約　(B)選擇權　(C)公司債　(D)遠期契約

（　）11.投資人透過有效的分散投資：　　　　　　　　　　　　　　　　(107-3)
　　　　(A)可以獲得較大的預期報酬　　　　(B)無法獲得預期報酬
　　　　(C)可降低風險　　　　　　　　　　(D)保證獲得無風險報酬

（　）12.某甲持股之貝它係數為1，若市場預期報酬率為12%，則其持股之預期報酬
　　　　為：(A)高於12%　(B)12%　(C)低於12%　(D)選項(A)(B)(C)皆非　(107-4)

（　）13.下列何者是貨幣市場工具的特性？
　　　　(A)高報酬　(B)高風險　(C)到期日長　(D)低風險　　　　　　(107-4)

（　）14.公司的財務槓桿越小，則貝它（Beta）係數會：
　　　　(A)越大　(B)越小　(C)不變　(D)無關　　　　　　　　　　　(109-4)

（　）15.影響金融市場中所有資產報酬的事件，其衝擊屬於全面性的風險有那些？
　　　　甲.利率風險；乙.購買力風險；丙.政治風險
　　　　(A)僅甲、乙　(B)僅乙、丙　(C)僅甲、丙　(D)甲、乙、丙　　(109-4)

（　）16.假設甲投資組合之預期報酬率為12%，貝它係數為1.2，市場風險溢酬為
　　　　5%，根據資本資產定價模型（CAPM）計算之無風險利率應為何？
　　　　(A) 2%　(B) 2.4%　(C) 6%　(D) 9.6%　　　　　　　　　　　(110-1)

（　）17.無風險資產的貝它（Beta）係數為：
　　　　(A) 0　(B) –1　(C) 1　(D)無限大　　　　　　　　　　　　　(110-1)

（　）18.關於我國景氣對策信號之敘述何者為非？
　　　　(A)紅燈表示景氣熱絡
　　　　(B)綠燈表示景氣低迷
　　　　(C)藍燈表示景氣衰退
　　　　(D)黃藍燈屬於注意性燈號，需觀察未來走向　　　　　　　　(110-1)

（　）19.小蔡以每股20元買進1張普通股，並於3個月後以每股23元賣出，期間並收到
　　　　現金股利。若小蔡投資該普通股之報酬率為25%，則現金股利應為：
　　　　(A) 0.8元　(B) 1元　(C) 1.5元　(D) 2元　　　　　　　　　(110-1)

（　）20.以下哪一種證券報酬間之相關性可以最有效的風險分散？
　　　　(A)相關性高　　　　　　　　(B)互為負相關
　　　　(C)互為正相關　　　　　　　(D)個證券間報酬無關　　　　　(110-1)

得 分

全華圖書（版權所有，翻印必究）
財務報表分析
CH11 特殊個案探討

班級：＿＿＿＿＿＿＿
學號：＿＿＿＿＿＿＿
姓名：＿＿＿＿＿＿＿

證照題—證券商業務員

( ) 1. 發現前期損益有誤時，應： (A)調整期初保留盈餘，並更正前期財務報表 (B)調整期初保留盈餘，但不需追溯更正前期財務報表 (C)調整當期損益 (D)作為遞延資產或負債，並於適當期間攤銷 (105-2)

( ) 2. 如果沒有證據顯示其持股未具控制能力，則當投資公司直接或是間接持有被投資公司有表決權之股份超過多少時，即應該認定對被投資公司有控制能力？ (A)20% (B)25% (C)50% (D)100% (105-2)

( ) 3. 母公司與子公司間交易所產生損益，稱為： (105-2)
(A)內部損益 (B)綜合損益 (C)少數股權損益 (D)合併借項或是合併貸項

( ) 4. 金銀書店售出圖書禮券，並收到現金，此一交易對財務報表的影響為：
(A)收入增加 (B)收入減少 (C)負債增加 (D)負債減少 (105-2)

( ) 5. 盈餘的創造主要來自於經常性活動，則其盈餘品質：
(A)愈低 (B)不變 (C)愈高 (D)不一定 (105-3)

( ) 6. 受贈一筆土地（非政府之贈與），該資產應如何入帳？
(A)一律列為收入 (B)按取得時之公允價值入帳
(C)按成本入帳 (D)作備忘分錄 (105-3)

( ) 7. 於編製合併報表時，需將子公司沖銷後之普通股股東權益餘額轉列：
(A)非控制權益 (B)資本公積 (C)庫藏股 (D)投資收益 (105-3)

( ) 8. 下列何者為窗飾之作法？ (105-3)
(A)低列備抵呆帳 (B)將去年底已進貨的交易今年才入帳
(C)去年出貨給關係人，今年則有大筆的銷貨退回 (D)選項(A)(B)(C)皆是

( ) 9. 下列何者在生產完成時認列收益？
(A)大宗小麥 (B)造船 (C)手機 (D)選項(A)(B)(C)皆非 (105-4)

( ) 10.前期損益錯誤之調整應置於： (105-4)
(A)資產負債表「權益」項下 (B)保留盈餘表「期初保留盈餘」項下
(C)以附註方式揭露即可 (D)列於綜合損益表「非常損益」項下

( ) 11.企業之主要財務報表為綜合損益表、資產負債表、權益變動表及現金流量表，其中動態報表有幾種： (A)一種 (B)二種 (C)三種 (D)四種 (110-1)

（請沿虛線撕下）

（　　）12.阿寶公司於109年第一季末發現108年底存貨低列了\$500,000，已知該公司適用的稅率均為20%，則：

(A)108年度損益表應予重編，增加銷貨成本\$500,000及減少所得稅費用\$100,000

(B)108年度損益表應予重編，直接調整淨利\$400,000

(C)109年第一季的期初保留盈餘金額應調整增加\$400,000

(D)108年度的錯誤會在109年度自動抵銷，故不需任何調整　　　　　(110-1)

（　　）13.有用的財務資訊應同時具備攸關性與忠實表述兩項基本品質特性，下列何者屬於「攸關性」的內容？

(A)財務資訊能讓使用者用以預測未來結果

(B)讓使用者了解描述現象所須之所有資訊，包括所有必要之敘述及解釋

(C)財務資訊對經濟現象的描述，能讓各自獨立且具充分認知的經濟現象觀察者，達成對經濟現象的描述為忠實表述的共識　　　　　(110-1)

（　　）14.編製現金流量表時，下列何選項在現金流量表中屬於籌資活動？

(A)發放股票股利　　　　　　　(B)收到現金股利

(C)出售不動產、廠房及設備　　(D)買回庫藏股票　　　　　(110-1)

（　　）15.下列何者並非現金流量表之功能？

(A)評估公司盈餘的品質　　　　(B)評估對外部資金的依賴程度

(C)評估公司的財務彈性　　　　(D)評估資產的管理效能　　　(110-1)

（　　）16.下列何者不屬於盈餘分配之項目？

(A)法定盈餘公積　(B)特別盈餘公積　(C)股東股利　(D)資本公積配股　(110-1)

（　　）17.下列何者不屬於權益項目？

(A)股本　(B)應付現金股利　(C)保留盈餘　(D)資本公積　　　　(110-1)

證照題—高級業務員

（　　）18.設流動比率為3：1，速動比率為1：1，如以部分現金償還應付帳款，則：

(A)流動比率下降　　　　　　　(B)流動比率不變

(C)速動比率下降　　　　　　　(D)速動比率不變　　　　　　(110-1)

（　　）19.紐約公司109年度帳列稅前盈餘為\$1,400,000，其中包括免稅利息收入\$300,000，該公司另可享受\$100,000之投資抵減。假設所得稅率為20%，則紐約公司109年度之有效稅率（Effective Tax Rate）為：

(A) 33.33%　(B) 30.91%　(C) 40.00%　(D) 8.57%　　　　　(110-1)

（　　）20.新竹公司×9年帳列銷貨收入\$2,400,000，銷貨成本\$1,400,000，期末存貨比期初存貨增加\$20,000，期末應收帳款比期初應收帳款減少\$18,000，期末應付帳款比期初應付帳款餘額增加\$16,000，則新竹公司×9年支付貨款的現金為何？

(A) \$1,364,000　(B) \$1,396,000　(C) \$1,404,000　(D) \$1,576,000。　(110-1)

23671 新北市土城區忠義路 21 號
全華圖書股份有限公司
行銷企劃部　收

廣 告 回 信
板橋郵局登記證
板橋廣字第540號

✂（請由此線剪下）

讀 者 回 函 卡

掃 QRcode 線上填寫 ▶▶▶

姓名：　　　　　　　　　　生日：西元　　　　年　　　月　　　日　　性別：□男 □女

電話：（　　　）　　　　　　　　　　手機：

e-mail：（必填）

註：數字零，請用 ⊕ 表示，數字 1 與英文 L 請另註明並書寫端正，謝謝。

通訊處：□□□□□

學歷：□高中・職　□專科　□大學　□碩士　□博士

職業：□工程師　□教師　□學生　□軍・公　□其他

學校／公司：　　　　　　　　　　　　　科系／部門：

需求書類：

□A. 電子 □B. 電機 □C. 資訊 □D. 機械 □E. 汽車 □F. 工管 □G. 土木 □H. 化工 □I. 設計
□J. 商管 □K. 日文 □L. 美容 □M. 休閒 □N. 餐飲 □O. 其他

本次購買圖書為：　　　　　　　　　　　　　　　書號：

您對本書的評價：

封面設計：□非常滿意　□滿意　□尚可　□需改善，請說明

內容表達：□非常滿意　□滿意　□尚可　□需改善，請說明

版面編排：□非常滿意　□滿意　□尚可　□需改善，請說明

印刷品質：□非常滿意　□滿意　□尚可　□需改善，請說明

書籍定價：□非常滿意　□滿意　□尚可　□需改善，請說明

整體評價：請說明

您在何處購買本書？

□書局　□網路書店　□書展　□團購　□其他

您購買本書的原因？（可複選）

□個人需要　□公司採購　□親友推薦　□老師指定用書　□其他

您希望全華以何種方式提供出版訊息及特惠活動？

□電子報　□DM　□廣告（媒體名稱　　　　　　　　　　　　　）

您是否上過全華網路書店？（www.opentech.com.tw）

□是　□否　您的建議

您希望全華出版哪方面書籍？

您希望全華加強哪些服務？

感謝您提供寶貴意見，全華將秉持服務的熱忱，出版更多好書，以饗讀者。

填寫日期：　　　／　　　／

2020.09 修訂

親愛的讀者：

感謝您對全華圖書的支持與愛護，雖然我們很慎重的處理每一本書，但恐仍有疏漏之處，若您發現本書有任何錯誤，請填寫於勘誤表內寄回，我們將於再版時修正，您的批評與指教是我們進步的原動力，謝謝！

全華圖書　敬上

勘 誤 表

書　號			
頁　數	行　數	書　名	作　者
		錯誤或不當之詞句	建議修改之詞句

我有話要說：（其它之批評與建議，如封面、編排、內容、印刷品質等⋯⋯）